内 容 简 介

本书从实变函数论的发展简史出发，深入浅出地阐述了实变函数论的基本理论、基本问题和基本方法.本书共分为六章，内容包括：实变函数论发展简史、集合与点集、可测集、可测函数、勒贝格积分理论和勒贝格意义下的微分与不定积分等.本书各部分主题鲜明，逻辑性强，内容的讲解由浅入深，对基本概念的阐述透彻，着力将每个知识点与中学的数学知识和大学的数学分析知识联系起来，便于读者比较与加深理解，增加对知识背景的认识.书中也极力渗透拓扑学思想及较勒贝格积分理论更加一般的积分理论，为后续课程的学习奠定基础.书中每节配有适量的习题，其中既有对易于混淆的基础知识的考查，也有更为深刻的结果.书末附有习题答案与提示，便于教师教学和学生自学.

本书既可作为高等院校数学与应用数学专业实变函数论课程的教材，也可作为非数学专业该课程的教学参考书，还可作为相关科研人员的参考书.

为了方便教师多媒体教学，作者提供与教材配套的相关内容的电子资源（包括电子教案、ppt 课件、习题答案、试题库等），需要者请电子邮件联系 chengxiaoliang92@163.com.

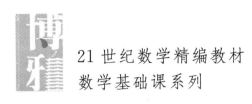

21 世纪数学精编教材

数学基础课系列

实变函数论

许静波　程晓亮　编著

北京大学出版社

PEKING UNIVERSITY PRESS

图书在版编目(CIP)数据

实变函数论/许静波,程晓亮编著. —北京:北京大学出版社,2014.2
(21世纪数学精编教材·数学基础课系列)
ISBN 978-7-301-23757-1

Ⅰ. ①实… Ⅱ. ①许… ②程… Ⅲ. ①实变函数论－高等学校－教材 Ⅳ. ①O174.1

中国版本图书馆 CIP 数据核字(2013)第 010897 号

书　　　　名：	实变函数论
著作责任者：	许静波　程晓亮　编著
责 任 编 辑：	曾琬婷
标 准 书 号：	ISBN 978-7-301-23757-1/O · 0963
出 版 发 行：	北京大学出版社
地　　　　址：	北京市海淀区成府路 205 号　100871
网　　　　址：	http://www.pup.cn　新浪官方微博:@北京大学出版社
电 子 信 箱：	zyjy@pup.cn
电　　　　话：	邮购部 62752015　发行部 62750672　编辑部 62767347　出版部 62754962
印 　刷 　者：	三河市北燕印装有限公司
经 　销 　者：	新华书店
	787mm×980mm　16 开本　10.75 印张　230 千字
	2014 年 2 月第 1 版　2023 年 8 月第 3 次印刷
印　　　　数：	6001—7500 册
定　　　　价：	34.00 元

未经许可,不得以任何方式复制或抄袭本书之部分或全部内容。
版权所有,侵权必究
举报电话:010-62752024　电子信箱:fd@pup.pku.edu.cn

前　言

实变函数是指其自变量(单变量或多变量)与函数值均为实数的函数.实变函数论是以实变函数作为研究对象的一个数学分支.实变函数论课程是数学与应用数学专业的必修课程.它的概念与思想渗透到数学的许多分支,如测度论、概率论、数理统计、积分方程、微分方程、量子力学、计算数学、泛函分析、分形几何、小波分析、调和分析、动力系统、随机过程和随机分析等,对形成近代数学的一般拓扑学和泛函分析两个重要分支有着极为重要的影响.实变函数论和古典数学分析不同,它是一种比较高深精细的理论,是数学的一个重要分支,它在数学各个分支的应用是现代数学的特征.本书从实变函数论的发展简史出发,深入浅出地阐述实变函数论的基本理论、基本问题和基本方法.

全书共分为六章,内容包括:实变函数论发展简史、集合与点集、可测集合、可测函数、勒贝格积分理论和微分与不定积分等.第一章介绍实变函数论的发展历程,使读者更详尽地掌握实变函数论发展的历史进程,从整体把握本门课程的脉络,也为做进一步的探索研究指明方向.第二章介绍集合及其运算、集合的基数、不可数无穷集、$\mathbb{R}^n$ 中的点集、点的分类与开集、闭集及其构造等内容.实变函数论主要考查定义在可测集上的可测函数,建立较黎曼积分理论更为一般的勒贝格积分理论,因此集合论的基础知识是学习本门课程的预备知识.虽然从中学到大学的许多课程都或多或少地涉及集合的相关知识,但这里主要使学生掌握定义可测集所需要的诸如集合的基数、$\mathbb{R}^n$ 中点的分类和一些常见的、有重要意义的集合,与以前所学的相关知识侧重点不同.为了内容的完整和学生自学的方便,我们对这部分知识简要阐述.第三章由求平面图形面积的"过剩"近似值与"不足"近似值出发,将其一般化,定义集合的外测度与内测度.说明并不是所有的集合都满足外测度的有限可加性这个最基本的性质,进而将 $\mathbb{R}^n$ 中所有的集合分为可测集与不可测集两大类.对于满足测度有限可加性的可测集类,我们研究它的构造,揭示它与我们最常见、最简单的集合——博雷尔集的关系,从而使学生对这类新的集合感到并不陌生.该章的最后,我们也介绍乘积空间与截口的概念,得到由低维空间生成高维空间及由高维空间得到低维空间的具体方法.第四章介绍实变函数论的研究对象——可测函数.我们从建立勒贝格积分理论的实际需要出发,利用集合的可测性定义函数的可测性,并应用可测集的性质研究可测函数的基本性质.为了说明可测函数并不脱离我们熟悉的最简单的函数,我们深入探讨了可测函数与简单函数的关系,得出简单函数一定是可测函数,且任何可测函数一定能用简单函数列逼近,即其为简单函数列的极限函数.对于可测函数序列,我们定义了几乎处处收敛与依测度收敛这两种新的、有广泛应用的收敛,并研究了它们与一致收敛的关系.叶果洛夫定理阐述了几乎处处收敛的函数列在满足一定的条件下可以部分地"恢复"一致收敛性,为我们处理极限问题提供有力工具.鲁金定理对可测函数的本质进行刻画,使我们更加清楚可测函数的结构问题,它得到几乎处处取有限值的可测函数一定是部分连续或"基本连续"的,为研究可测函数提供了有效手段.第五章为本书的核心内容,讲述了勒贝格积分理论.该章时刻将勒贝格积分理论与黎曼积分理论进行比较研究,说明这种理论较黎曼积分理论的进步之处,同时也指出二者也是有着密切联系的,黎曼积分的许多性质和结果同样被勒贝格积分继承下来.我们知道黎曼积分在处理积分与极限换序方面的条件要求近乎于苛刻,而勒贝格积分的三大极限定理——勒贝格控制收敛定理、勒维渐升列积分定理与法都引理说明在实现积分与极限交换次序方面勒贝格积分的要求宽松得多,这也是勒贝格积分最引以为豪的成功之处.该章的最后给出黎曼可积的充分必要条件,即其不连续点构成的集合的测度为零,使我们清晰地看到黎曼可积函数的构造,同时解决了黎曼积分一直想解决,但又解决不了的问题.第六章探讨勒贝格不定积分与微分之间的关系,给出勒贝格积分意义下的微积分基本定理——牛顿-莱布尼茨公式成立的充分条件.该章首先将数学分析中导数的概念与不定积分的概念进行推广,然后由浅入深地对单调函数、有界变差函数的可微性进行讨论,最后找到使牛顿-莱布尼茨公式成立的函数类——绝对连续函数类,并对其可微性与导数的勒贝格可积性深入探讨.对于勒贝格意义下重积分与累次积分的关系与分部积分公式,得到了与黎曼积分类似的结果.

  在本书的编写过程中,全国十余所兄弟院校的同行提出了很多宝贵的建议,本书的出版得到了北京大学出版社的大力支持,在此我们表示诚挚的谢意.

  本书既可以作为高等院校数学与应用数学专业实变函数论课程的教材,也可作为非数学专业该课程的教学参考书,还可作为相关科研人员的参考书.

  本书内容虽然经过编者们多次讨论、审阅、修改,但限于编者的水平,不妥之处仍然会存在,恳请广大同行和读者给予批评指正.

编 者

2013 年 8 月

目 录

第一章 实变函数论发展简史 ………… (1)
 一、实变函数论产生的背景与意义 …… (1)
 二、实变函数论的发展历史 ………… (2)

第二章 集合与点集 ……………………… (6)
 §2.1 集合及其运算 …………………… (6)
  一、集合的概念 ………………………… (6)
  二、集合的运算 ………………………… (7)
  三、域(代数) …………………………… (9)
  四、集合列的上极限、下极限与
   极限 …………………………………… (10)
  习题 2.1 ……………………………… (12)
 §2.2 集合的基数 ……………………… (13)
  一、集合的对等与基数 ………………… (13)
  二、可数集 ……………………………… (16)
  习题 2.2 ……………………………… (19)
 §2.3 不可数无穷集 …………………… (19)
  习题 2.3 ……………………………… (21)
 §2.4 $\mathbb{R}^n$ 中的点集 …………………… (22)
  一、度量空间 …………………………… (22)
  二、邻域与极限 ………………………… (23)
  三、与距离有关的其他概念 …………… (23)
  习题 2.4 ……………………………… (24)
 §2.5 点的分类 ………………………… (25)
  一、内点、聚点与边界点 ……………… (25)
  二、孤立集与稠密集 …………………… (27)
  习题 2.5 ……………………………… (28)
 §2.6 开集、闭集及其构造 …………… (29)
  一、开集、闭集及其性质 ……………… (29)
  二、一维开集、闭集、完备集的构造 … (31)
  三、康托尔集 …………………………… (32)
  四、$\mathbb{R}^n(n \geqslant 2)$ 中的开集与闭集 ……… (33)
  习题 2.6 ……………………………… (34)

第三章 可测集 …………………………… (36)
 §3.1 勒贝格测度 ……………………… (36)
  一、勒贝格外测度 ……………………… (36)
  二、勒贝格内测度 ……………………… (39)
  三、勒贝格测度 ………………………… (40)
  习题 3.1 ……………………………… (46)
 §3.2 可测集类与可测集的
   构造 …………………………………… (48)
  一、博雷尔集的可测性 ………………… (48)
  二、可测集的构造 ……………………… (50)
  习题 3.2 ……………………………… (52)
 §3.3 乘积空间 ………………………… (52)
  习题 3.3 ……………………………… (53)

第四章 可测函数 ………………………… (54)
 §4.1 可测函数的概念及其简单
   性质 …………………………………… (55)
  一、可测函数的概念 …………………… (55)
  二、可测函数的性质 …………………… (57)
  三、可测函数与简单函数的关系 …… (59)
  习题 4.1 ……………………………… (61)
 §4.2 可测函数列的几种收敛性 … (62)
  一、几乎处处收敛与一致收敛 ……… (63)
  二、几乎处处收敛与依测度收敛 …… (65)
  习题 4.2 ……………………………… (69)

目录

§4.3　可测函数的构造——可测函数与连续函数的关系 ……………… (69)
 一、鲁金定理及其逆定理 ………… (70)
 二、可测函数的连续逼近
  ——弗雷歇定理 ……………… (73)
 习题4.3 ……………………………… (73)

第五章　勒贝格积分理论 …………… (74)
§5.1　黎曼积分回顾与勒贝格积分简介 ………………………………… (74)
§5.2　有界函数的勒贝格积分及其性质 ………………………………… (76)
 一、小和与大和 …………………… (77)
 二、勒贝格积分及其存在条件 …… (78)
 三、勒贝格积分与黎曼积分的关系 … (81)
 四、勒贝格积分的性质 …………… (82)
 习题5.2 ……………………………… (87)
§5.3　一般可测函数的勒贝格积分 …………………………………… (88)
 一、非负函数的勒贝格积分 ……… (88)
 二、一般函数的勒贝格积分 ……… (89)
 三、勒贝格积分的几何意义 ……… (94)
 习题5.3 ……………………………… (95)
§5.4　勒贝格积分的极限定理 ……… (96)
 一、勒贝格控制收敛定理及其推论 … (97)
 二、勒维定理 ……………………… (101)
 三、法都引理 ……………………… (104)
 四、三大极限定理的等价性 ……… (106)
 五、黎曼积分存在的充分必要条件 … (107)
 习题5.4 ……………………………… (109)

第六章　勒贝格意义下的微分与不定积分 ……………………… (111)
§6.1　基本概念 ……………………… (111)
 一、导数 …………………………… (111)
 二、勒贝格不定积分 ……………… (114)
 三、有界变差函数 ………………… (114)
 四、绝对连续函数 ………………… (121)
 习题6.1 ……………………………… (125)
§6.2　有界变差函数的可微性 ……… (125)
 一、单调函数的可微性 …………… (125)
 二、有界变差函数的可微性 ……… (127)
 习题6.2 ……………………………… (129)
§6.3　勒贝格积分意义下的牛顿-莱布尼茨公式 ……………………… (129)
 一、勒贝格积分意义下的积分上、下限函数及其性质 ……………… (129)
 二、绝对连续函数的可微性——勒贝格积分意义下的牛顿-莱布尼茨公式 … (132)
 习题6.3 ……………………………… (135)
§6.4　富比尼定理与分部积分公式 ………………………………… (135)
 一、重积分与累次积分的关系 …… (135)
 二、分部积分公式 ………………… (138)
 习题6.4 ……………………………… (139)

参考文献 ……………………………… (140)
名词索引 ……………………………… (141)
习题答案与提示 ……………………… (145)

第一章 实变函数论发展简史

> 实变函数是指其自变量(单变量或多变量)与函数值均为实数的函数. 实变函数论(real function theory)是以实变函数作为研究对象的一个数学分支,其创始人是法国数学家勒贝格(H. L. Lebesgue,1875—1941).

一、实变函数论产生的背景与意义

实变函数论是微积分学的发展与革新. 微积分产生于十六七世纪,发展于 18 世纪,成熟于 18 世纪末 19 世纪初. 随后数学家对其进行广泛的研究,建立起今天我们所熟悉的数学分析. 也正是在那时,黎曼(B. Riemann,1826—1866)积分意义下的许多奇怪现象被发现. 19 世纪初,人们猜想连续函数除个别点外都是可微的. 但德国数学家维尔斯特拉斯(K. Weierstrass,1815—1897)找到了一个由级数定义的函数,其连续但处处不可微. 这一事实让许多数学家大为震惊. 之后,有人陆续发现了具有有限导数但不黎曼可积的函数、连续但不分段单调的函数等. 上述现象启发我们,在数学中仅依靠直观的想象与猜想是行不通的. 另外,黎曼积分在极限与积分交换次序、微积分基本定理与可积函数空间的完备性等方面具有较大的局限性. 为了深入地研究函数的性质,使得运算变得灵活,以勒贝格为代表的数学家们建立了新的测度理论与积分理论,即勒贝格测度理论与积分理论,它是经典黎曼积分理论的深刻变革与发展.

黎曼可积性与分割的子区间长度及函数在每个子区间上的振幅有关,而函数的振幅大小涉及连续性的问题,为了保证函数的黎曼可积性,其不连续点必须能被长度总和任意小的区间覆盖. 事实上,用勒贝格测度的思想来说,就是要求所研究函数的不连续点构成的集合的测度为零. 随着理论的深入与实际应用范围的拓宽,各种各样"奇特"的函数摆在人们面前,其性质也亟待研究. 由于在黎曼积分的范围内对具有无穷多次激烈震荡的函数无法进行研究,于是勒贝格提出不分割函数的定义区间,而从分割函数的值域入手定义积分.

勒贝格积分理论克服了黎曼积分理论的不足.首先,勒贝格积分的被积函数是定义在$\mathbb{R}^n$中可测集上的可测函数,其定义域可以是有界可测集,也可以是无界可测集,这就克服了黎曼积分对被积函数"基本连续"的限制;其次,勒贝格积分理论在积分与极限交换次序、重积分化为累次积分等方面更加灵活;再次,这种理论的引入还使数学分析中很难讲清楚的道理,如单调函数的可微性、黎曼可积的充分必要条件等变得清晰明确,甚至初等数学中的一些基本概念与结果也只有用到实变函数论的知识才能解释清楚.更值得一提的是,勒贝格积分理论充满了新思想和新方法,它的出现更具实际意义,正是由于这种理论方法的出现,使得测度论、概率论、数理统计、积分方程、微分方程、量子力学、计算数学、泛函分析、分形几何、小波分析、调和分析、动力系统、随机过程和随机分析等学科得到了空前的繁荣.实变函数论是现代数学的标志之一.

二、实变函数论的发展历史

"数学和科学中的巨大进展,几乎总是建立在几百年中作出一点一滴贡献的许多人的工作之上的,需要一个人走出那最高和最后的一步,这个人要能足够敏锐地从纷乱的猜测和说明中清理出前人有价值的想法,有足够的想象力把这些碎片重新组织起来."这是美国数学家莫里斯·克莱因(Morris Kline,1908—1992)在他的名著《古今数学思想》中的一段话.事实上,在勒贝格提出他的测度理论与积分理论之前,许多数学家已经做出了大量具有铺路石意义的工作.

斯蒂尔杰斯(Stieltjes,1856—1894)积分是黎曼积分理论的第一次发展,在现代数学中起了重要作用.斯蒂尔杰斯是荷兰数学家,他在1894年发表的论文《连分数理论》中推广了黎曼积分.为了表示一个解析函数序列的极限,他将积分区间推广到无穷区间,但遗憾的是这种积分不具有普遍性.斯蒂尔杰斯的贡献还包括:研究了发散级数及其连分式展开,为连分式解析理论的研究奠定了基础;与庞加莱各自独立地给出了级数渐近于一个函数的定义;提出了"矩量问题";研究了正交多项式;给出了近似积分法;等等.

约当(C.Jordan,1838—1922)是法国数学家,他在测度论方面的贡献是提出了"约当容量"的概念.他的《分析教程》是19世纪后期分析学的标准教材.在该书中,他定义了闭区间$[a,b]$上点集E的外容量与内容量,提出"若E的内、外容量相等,则E具有容量".随后他将容量概念推广到高维空间,证得其具有有限可加性,即有限个互不相交的具有容量集合的并集依然具有容量,且并集的容量等于各个集合的容量之和.尽管约当容量的思想与勒贝格测度的思想已经相当接近,但在约当意义下有限区间中的有理数集不具有容量,有界开集等常见的集合不一定具有容量,因此利用约当容量测量集合不尽完善.在约当定理中,他指出简单闭曲线能将平面分成两个区域.约当的重要工作还体现在代数学方面,他发展了有限群论,研究了置换群、有限可解群,证得群论中的一系列有限性定理.

博雷尔(E. Borel,1871—1956)对容量理论进行了完善.博雷尔是 20 世纪伟大的数学家,1871 年 1 月 7 日出生于法国圣阿弗里克,1956 年 2 月 3 日逝世于法国巴黎.他是一位多产的数学家,论文及论著有三百多种,其中很多被翻译成外文,在分析学、函数论、数论、代数学、几何学、数学物理、概率论等诸多分支都有杰出的贡献.法国数学家弗雷歇(Frechet,1878—1973)曾说:"仅仅为了归纳、简述博雷尔的作品就需要数卷篇幅."而法国数学家蒙泰尔(Montel)说:"博雷尔的思想将会长久地继续在研究中发挥影响,就像远处的星光散布到广阔的空间."在测度论方面,博雷尔的开创性工作是将"点集 E 的容量由有限个覆盖 E 的区间长度和逼近"变为"有界开集的测度定义为其构成区间的长度总和";对可数个互不相交的可测集的并集的测度进行定义,定义其为每个集合测度的和;若点集 A 与 B 均可测,且 $A \supset B$,则定义 $A-B$ 的测度等于 A 的测度减去 B 的测度.他还研究了零测集.在分析学方面,他系统、深入地研究了发散级数的性质,给出了绝对可和性的概念,发展了可和性级数理论,证得绝对可和的发散级数可以像收敛级数一样进行运算;他完善了海涅(Heine,1821—1881)提出的覆盖定理,证得一个区间的所有开覆盖中能够选出有限个子覆盖,即现在所说的海涅-博雷尔定理或有限覆盖定理.博雷尔将概率论与测度论相结合,首次提出可数事件的概率,填补了古典有限概率和几何概率之间的空白.此外,他在对策论方面的研究也颇有建树,将最优策略、混合策略、均衡策略和无限策略应用于战争及经济建设.在数学中,以他的姓氏命名的概念和结论有:博雷尔函数、博雷尔测度、博雷尔变模、博雷尔集、博雷尔强大数律、博雷尔同构、博雷尔定理等.

勒贝格 1875 年 6 月 28 日出生于法国博韦,1941 年 7 月 26 日逝世于法国巴黎.他的毕生精力都献给了数学事业,成为 20 世纪法国最有影响的分析学家之一.勒贝格是博雷尔的学生.在博雷尔思想的影响下并结合前人的工作,勒贝格建立了新的测度理论与积分理论.他在 1902 年发表的著名论文《积分,长度与面积》与随后出版的两部论著《论三角级数》(1903 年)和《积分与原函数的研究》(1904 年)中第一次阐述了测度理论与积分思想,并在之后的几年中对它进行了补充和完善.以他名字命名的勒贝格积分理论是对积分学的重大突破.在测度论方面,对于闭区间 $[a,b]$ 上的点集 E,他首先定义了外测度,即外测度为所有覆盖 E 的区间列的长度和的下确界;其次,将 E 的内测度定义为 $[a,b]$ 的测度减去 $[a,b]-E$ 的外测度,若 E 的内、外测度相等,则称其为可测集.为了降低讨论的复杂程度,现在基本上不采用内测度的定义方式,而通常利用卡拉泰奥多里条件定义可测集.对于勒贝格积分思想与黎曼积分思想的区别,勒贝格做过一个形象而生动的描述:"我必须偿还一笔钱.如果我从口袋中随意地摸出来各种不同面值的钞票,逐一地还给债主直到全部还清,这就是黎曼积分;不过,我还有另外一种做法,就是把钱全部拿出来并把相同面值的钞票放在一起,然后再一起付给应还的数目,这就是我的积分."对勒贝格的评价,美国数学史家克兰(Kline)说:"勒贝格的工作是本世纪的一个伟大贡献,确实赢得了公认,但和通常一样,也并不是没有遭到一定的阻力的."勒贝格在他的《工作介绍》中写道:"对于许多数学家来说,我成了没有导数的函数的人,虽然我在任何时候也不曾完全让我自己去研究或思考这种函数.因为埃尔米特表现出来的恐惧和厌恶差不多每个人都会感觉到,所以任何时候,只要当我试图参加一个数学讨论会时,总会有些分析家说:'这不会使你感兴趣的,我们在讨论有导数的函数.'或者一位几何学家就会用他的语言说:'我们在讨论有切平面的曲面.'"勒贝格积分理论真正得到大众的认可并得以应用是在 20 世纪 30 年代. 勒贝格的贡献还包括:用积分理论研究三角级数;改进了函数可以展开为三角级数的充分条件;推广了导数概念;证得勒贝格意义下的牛顿-莱布尼茨公式;提出了因次理论;证明了贝尔范畴各类函数的存在性;在拓扑学中引入了紧性的定义和紧集的勒贝格数;等等. 在数学中,以他的姓氏命名的概念有:勒贝格函数、勒贝格测度、勒贝格积分和、勒贝格积分、勒贝格空间、勒贝格分解、勒贝格分类、勒贝格面积、勒贝格准则、勒贝格脊、勒贝格数、勒贝格点、勒贝格链、勒贝格不等式、勒贝格谱数等;以他的姓氏命名的定理也有很多. 作为对他杰出贡献的肯定,比利时、法国、英国、丹麦、波兰、罗马尼亚、苏联等国家都曾聘他为科学院院士或数学学会会员;获得胡勒维格奖、彭赛列奖和赛恩吐奖等.

后来维塔利(G. Vitali,1875—1932)、卡拉泰奥多里(C. Carathéodory,1873—1950)、黎斯(F. Riesz,1880—1956)等人又对这种理论进行了深入的研究.

维塔利是意大利数学家、力学家,1875 年出生于拉韦纳,1932 年逝世于博洛尼亚,因维塔利定理出名. 维塔利定理在选择公理的假设下给出了多个勒贝格不可测集,后来人们将这些集合命名为维塔利集合. 他对可测函数性质做了早期研究,给出了绝对连续函数的概念,他的维塔利覆盖引理也是测度理论的一条基本原理. 此外,他还研究了解析函数列的极限函数的解析性、积分与极限交换次序等问题.

卡拉泰奥多里是希腊数学家,1873 年 9 月 13 日出生于柏林,1950 年 2 月 2 日逝世于慕尼黑. 他在数学方面作出了许多杰出的贡献. 在测度论方面,他提出了测度扩张方法,利用卡拉泰奥多里条件定义可测集,这也是目前绝大多数教材采用的方法,其形式简单,便于验证;在函数论方面,他研究了函数值分布论,并将单位圆上单连通域的保形变换定理进行了简化,得到了边界对应理论;在偏微分方程方面,他研究了变分法与一阶偏微分方程的关系,利用得到的结论解决了拉格朗日问题;在几何学方面,他发展了变分法,把光滑曲线的相关理论推广到有角曲线上,提出了解曲线场的概念. 另外,他在狭义相对论与热力学公理化等方面也取得了很多重要的成果.

不得不提到的一点是,在研究集合的外测度时,勒贝格发现外测度不满足有限可加性这个最基本的性质,即有限个互不相交的集合的并集的外测度等于每个集合分别求外测度之和,因此他将不满足上述性质的集合排除在外,提出不可测集的概念,但遗憾的是迄今为止对于不可测集的存在与否仍然没有准确的答案.我们通常熟悉的构造不可测集的方法中需要用到在数学界中一直饱受争议的选择公理.对于选择公理,有许多不同的等价说法,一种简单的描述方式如下:设 $\mathscr{C}$ 是由一些非空集合构成的集族,我们可以从 $\mathscr{C}$ 的每个集合中分别选出一个元素组成一个新的集合.

现代数学中的许多重要结果都是在承认选择公理的基础上得以证明的,如点集拓扑学中的吉洪诺夫(Tychonoff)定理、线性代数中的基底存在定理、泛函分析中的巴拿赫(Banach)扩张定理等等.法国数学家庞加莱(J. H. Poincare,1854—1912)在评价选择公理时曾说:"我们围住了一群羊,但是羊棚里或许已经有狼了."因此,不管怎么说,对于选择公理存在的"隐患",在短期内似乎可以不放在心上,但在数学发展的历史长河中是迟早要被解决的.

此外,在勒贝格积分理论意义下反常积分 $\int_0^{+\infty} \frac{\sin x}{x} \mathrm{d}x$ 依然不存在等问题都是勒贝格积分的不足之处.直到现在,建立满足各种各样理论需要与实际需求的新的积分理论还是数学家们孜孜以求的目标.

第二章 集合与点集

> 数学中很早就进行了有关集合各种问题的研究. 19 世纪 70 年代,集合论作为独立的数学分支登上历史舞台,其创始人是德国数学家康托尔(Cantor,1845—1918). 他对集合进行了深入和系统的探讨. 到 21 世纪,集合思想已渗入到现代分析数学的各个分支,成为现代数学的标志之一. 实变函数论就是建立在集合论基础上的一个数学分支. 本章介绍实变函数论中涉及的集合理论,并对 $\mathbb{R}^n$ 中点集的拓扑进行研究. 这是后面各章内容的基础.

§2.1 集合及其运算

一、集合的概念

集合是数学的基本研究对象之一,它的引入是为了抽象地研究事物的整体结构与特征,以便更加细致地讨论事物的本质特点. 集合的概念有各种不同的描述方法,但本质上是一致的.

定义 1 有限个或无限多个固定事物的全体称为**集合**,通常用大写英文字母 $A,B,C,\cdots$ 来表示.

集合中的每个个体事物称为该集合的**元素**,通常用小写英文字母 $a,b,c,\cdots$ 来表示.

集合与元素之间的关系用符号"$\in$"与"$\notin$"(或"$\bar{\in}$")来表示,其中"$a\in A$"(读做"a 属于 A")表示元素 a 在集合 A 中,"$a\notin A$"或"$a\bar{\in}A$"(读做"a 不属于 A")表示元素 a 不在集合 A 中.

不含任何元素的集合称为**空集**,记做 $\varnothing$.

例如,集合
$$\{(x,y)\mid x^2+y^2=-2, \text{且}(x,y)\in\mathbb{R}^2\}$$
就是一个空集.

§2.1 集合及其运算

表示集合中元素构成的方法通常有列举法和描述法. **列举法**是将该集合的元素一一列举出来,如
$$A=\{1,2,3,4,5\}, \quad B=\{0,1,-1,2,-2,\cdots\}.$$
描述法是将该集合中元素的特性描述出来,通常记为
$$A=\{x\mid x \text{ 具有性质 } P\}.$$

定义 2 如果一个集合中的所有元素都是数,则称其为**数集**. 常用 $\mathbb{N}, \mathbb{Z}, \mathbb{Q}, \mathbb{R}, \mathbb{C}$ 分别表示自然数集、整数集、有理数集、实数集和复数集,并用 $\mathbb{Z}_+, \mathbb{Q}_+$ 及 $\mathbb{R}_+$ 分别表示正整数集、正有理数集及正实数集.

定义 3 如果集合 A 的每个元素都是集合 B 的元素,则称 A 是 B 的**子集**,记做 $A \subset B$ 或 $B \supset A$(读做"A 含于 B"或"B 包含 A").

注意:约定空集 $\varnothing$ 是任何集合的子集. 显然 A 为 A 的子集. 这两个子集称为 A 的**平凡子集**.

定义 4 如果 $A \subset B$,且 $B \subset A$,则称 A 与 B **相等**,记做 $A=B$(读做"A 等于 B");若不然,称 A 与 B **不相等**,记做 $A \neq B$(读做"A 不等于 B").

定义 5 如果 $A \subset B$,且 $A \neq B$,则称 A 是 B 的**真子集**,记做 $A \subsetneqq B$(读做"A 真含于 B"或"B 真包含 A").

定义 6 如果一个集合中的元素均为集合,则称其为**集族**或**集类**,通常用花体英文字母 $\mathscr{A}, \mathscr{B}, \mathscr{C}, \cdots$ 来表示.

定义 7 给定集合 A,其所有子集构成的集族称为它的**幂集**,记做 $P(A)$ 或 2^A,即
$$2^A=\{B\mid B \subset A\}.$$

二、集合的运算

对给定集合按某种要求做特定分解与组合是处理集合问题的常用方法,这种分解与组合可以通过集合之间的各种运算实现. 通常用到的关于集合的运算有"并"、"交"与"差"三种.

定义 8 设 A, B 为两个集合,称由 A 和 B 的所有元素放到一起构成的新集合为 A 与 B 的**并集**或**和集**,简称为**并**或**和**,记做 $A \cup B$,即
$$A \cup B=\{x\mid x \in A \text{ 或 } x \in B\}.$$

定义 9 设 A, B 为两个集合,称由 A 和 B 的所有共同元素放到一起构成的新集合为 A 与 B 的**交集**,简称为**交**,记为 $A \cap B$,即
$$A \cap B=\{x\mid x \in A, \text{ 且 } x \in B\}.$$
当 $A \cap B = \varnothing$ 时,称 A 与 B **互不相交**.

定义 10 设 Λ 是一个集合. 若对每个 $\lambda \in \Lambda$,都确定了一个集合 A_λ,则称 Λ 为**指标集**或

下标集，并称 $\{A_\lambda | \lambda \in \Lambda\}$ 是以 Λ 为指标集的一个**集族**。

将集族 $\{A_\lambda | \lambda \in \Lambda\}$ 中所有集合的元素放到一起构成的新集合称为这族集合的**并集**或**和集**，记做 $\bigcup_{\lambda \in \Lambda} A_\lambda$（读做"集族 $\{A_\lambda | \lambda \in \Lambda\}$ 的并集"），即

$$\bigcup_{\lambda \in \Lambda} A_\lambda = \{x \,|\, 存在\, \lambda \in \Lambda, 使\, x \in A_\lambda\}.$$

将集族 $\{A_\lambda | \lambda \in \Lambda\}$ 中所有集合的共同元素放到一起构成的新集合称为这族集合的**交集**，记做 $\bigcap_{\lambda \in \Lambda} A_\lambda$（读做"集族 $\{A_\lambda | \lambda \in \Lambda\}$ 的交集"），即

$$\bigcap_{\lambda \in \Lambda} A_\lambda = \{x \,|\, 对每一\, \lambda \in \Lambda, 都有\, x \in A_\lambda\}.$$

若对任意 $\lambda_1, \lambda_2 \in \Lambda$，当 $\lambda_1 \neq \lambda_2$ 时，均有 $A_{\lambda_1} \cap A_{\lambda_2} = \varnothing$，则称集族 $\{A_\lambda | \lambda \in \Lambda\}$ 是**互不相交的**。

例 1 设 $A = \{1, 2, 5, 6\}, B = \{3, 5, 7, 8\}$，则 $A \cup B = \{1, 2, 3, 5, 6, 7, 8\}$。

例 2 设 $\Lambda = \mathbb{R}, A_\lambda = \{x \,|\, -\infty < x < \lambda\}$ $(\lambda \in \Lambda)$，则

$$\bigcup_{\lambda \in \Lambda} A_\lambda = \mathbb{R}, \quad \bigcap_{\lambda \in \Lambda} A_\lambda = \varnothing.$$

例 3 设 $A_n = \left\{x \,\middle|\, 1 - \dfrac{1}{n} < x < 1 + \dfrac{1}{n}\right\}$ $(n = 1, 2, \cdots)$，则

$$\bigcup_{n=1}^{\infty} A_n = (0, 2), \quad \bigcap_{i=1}^{n} A_i = \left\{x \,\middle|\, 1 - \dfrac{1}{n} < x < 1 + \dfrac{1}{n}\right\} = A_n, \quad \bigcap_{n=1}^{\infty} A_n = \{1\}.$$

例 4 设 $A_n = \{x \,|\, n \leqslant x \leqslant 2n\}$ $(n = 1, 2, \cdots)$，则

$$\bigcup_{n=1}^{\infty} A_n = [1, +\infty), \quad \bigcap_{n=1}^{\infty} A_n = \varnothing.$$

定理 1 对于集合的并和交运算，有以下规律：

(1)（**交换律**）$A \cup B = B \cup A, \; A \cap B = B \cap A$；

(2)（**结合律**）$A \cup (B \cup C) = (A \cup B) \cup C, \; A \cap (B \cap C) = (A \cap B) \cap C$；

(3)（**分配律**）$A \cap (B \cup C) = (A \cap B) \cup (A \cap C), \; A \cup (B \cap C) = (A \cup B) \cap (A \cup C)$；

(4) $A \cap A = A \cup A = A, \; A \cup \varnothing = A, \; A \cap \varnothing = \varnothing$。

定义 11 由所有属于集合 A 而不属于集合 B 的元素放到一起构成的新的集合称为 A 与 B 的**差集**，简称为**差**，记做 $A - B$ 或 $A \backslash B$（读做"A 差 B"）。

定义 12 如果在某一问题中所考虑的一切集合都是给定集合 S 的子集，则称集合 S 为**全集**。称 $S - B$ 为 B 的**余集**或**补集**，记做 $C_S B$ 或 B^c（读做"B 的余集"或"B 的补集"）。

定理 2 对于集合的差和余运算，有以下规律：

(1) $A \cup B = A \cup (B - A), \; A \cap (B - A) = \varnothing$；

(2) 当 $A, B \subset S$ 时，$A - B = A \cap B^c$；

(3) 若 $A \subset B \subset S$，则 $B^c \subset A^c$；

(4) $A \cup A^c = S, \; A \cap A^c = \varnothing$。

定义 13　对于两个给定的集合 A 与 B，称 $(A-B)\cup(B-A)$ 为 A 与 B 的**对称差集**，简称为**对称差**，记做 $A\triangle B$.

注意：对称差 $A\triangle B$ 是由属于 A,B 之一，但又不同时属于两者的一切元素构成的集合.

定理 3　关于对称差，有如下基本性质：

(1) $A\cup B=(A\cap B)\cup(A\triangle B)$；

(2) $A\triangle\varnothing=A$，$A\triangle A=\varnothing$，$A\triangle A^c=S$，$A\triangle S=A^c$，$A^c\triangle B^c=A\triangle B$；

(3)（交换律）$A\triangle B=B\triangle A$；

(4)（结合律）$(A\triangle B)\triangle C=A\triangle(B\triangle C)$；

(5)（交与对称差的分配律）$A\cap(B\triangle C)=(A\cap B)\triangle(A\cap C)$；

(6) 对任意集合 A 与 B，存在唯一的集合 C，使得 $A\triangle C=B$（事实上 $C=A\triangle B$）.

定理 4（**德·摩根**(De Morgan, 1806—1871)**公式**）　若 $A,B\subset S$，则
$$(A\cup B)^c=A^c\cap B^c, \quad (A\cap B)^c=A^c\cup B^c.$$

证明　我们只证明第一式，第二式的证明类似.
$$\begin{aligned} x\in(A\cup B)^c &\Longleftrightarrow x\notin A\cup B \\ &\Longleftrightarrow x\notin A, \text{且 } x\notin B \\ &\Longleftrightarrow x\in A^c, \text{且 } x\in B^c \\ &\Longleftrightarrow x\in A^c\cap B^c. \end{aligned}$$

注意：分配律和德·摩根公式对任意一族集合都成立，即
$$A\cap\left(\bigcup_{\lambda\in\Lambda}B_\lambda\right)=\bigcup_{\lambda\in\Lambda}(A\cap B_\lambda),$$
$$A\cup\left(\bigcap_{\lambda\in\Lambda}B_\lambda\right)=\bigcap_{\lambda\in\Lambda}(A\cup B_\lambda),$$
$$\left(\bigcup_{\lambda\in\Lambda}A_\lambda\right)^c=\bigcap_{\lambda\in\Lambda}A_\lambda^c, \quad \left(\bigcap_{\lambda\in\Lambda}A_\lambda\right)^c=\bigcup_{\lambda\in\Lambda}A_\lambda^c.$$

三、域（代数）

为了对集合的各种特性进行公理化的研究，进而得到更加深刻的结果，域与 σ 域的概念起到关键作用.

定义 14　对于给定的集合 S，$\mathscr{F}$ 是 S 的一个子集族，若 $\mathscr{F}$ 满足条件：

(1) $\varnothing\in\mathscr{F}$；

(2) 当 $A\in\mathscr{F}$ 时，$A^c\in\mathscr{F}$；

(3) 当 A,B 都属于 $\mathscr{F}$ 时，$A\cup B\in\mathscr{F}$，

则称 $\mathscr{F}$ 是 S 的一些子集构成的**域**或**代数**.

注意：若 $\mathscr{F}$ 是域，由条件(1)与(2)，得 $S \in \mathscr{F}$；当 $A, B \in \mathscr{F}$ 时，由德·摩根公式与条件(2)和(3)，得 $A \cap B \in \mathscr{F}$；由条件(3)与数学归纳法，当有限个集合 $A_1, A_2, \cdots, A_n$ 都属于 $\mathscr{F}$ 时，有 $\bigcup_{i=1}^{n} A_n \in \mathscr{F}$.

定义 15 如果将定义 14 中的条件(3)改为

(3′) 当 $A_n \in \mathscr{F}$ $(n=1,2,\cdots)$ 时，$\bigcup_{n=1}^{\infty} A_n \in \mathscr{F}$,

则称 $\mathscr{F}$ 是 S 的一些子集构成的 **σ 域**或 **σ 代数**.

注意：(1) 若 $\mathscr{F}$ 为 σ 域，则当 $A_n \in \mathscr{F}$ $(n=1,2,\cdots)$ 时，由德·摩根公式与条件(2)和(3′)，可得 $\bigcap_{n=1}^{\infty} A_n \in \mathscr{F}$；

(2) σ 域一定是域，反之未必成立.

四、集合列的上极限、下极限与极限

定义集合列的上、下极限集与极限集的方法有多种，之所以采用下面的方法是为了与数列及函数列的上、下极限和极限的定义相对照，便于读者理解. 我们知道，单调有界数列一定存在极限. 因此，首先定义单调集合列的极限集.

定义 16 设 $A_1, A_2, \cdots, A_n, \cdots$（也记为 $\{A_n\}_{n=1}^{\infty}$）为给定集合列.

(1) 若 $A_1 \supset A_2 \supset \cdots$，则称其为**单调递减集合列**，且称交集 $\bigcap_{n=1}^{\infty} A_n$ 为集合列 $\{A_n\}_{n=1}^{\infty}$ 的**极限集**，记做 $\lim_{n \to \infty} A_n$；

(2) 若 $A_1 \subset A_2 \subset \cdots$，则称其为**单调递增集合列**，且称并集 $\bigcup_{n=1}^{\infty} A_n$ 为集合列 $\{A_n\}_{n=1}^{\infty}$ 的**极限集**，记做 $\lim_{n \to \infty} A_n$.

例 5 设 $A_n = \left[0, 1 + \dfrac{1}{n}\right]$ $(n=1,2,\cdots)$，其为单调递减集合列，极限集为

$$\lim_{n \to \infty} A_n = [0, 1].$$

例 6 设 $A_n = \left[0, 1 - \dfrac{1}{n}\right]$ $(n=1,2,\cdots)$，其为单调递增集合列，极限集为

$$\lim_{n \to \infty} A_n = [0, 1).$$

例 7 设 $A_n = (-\infty, n)$ $(n=1,2,\cdots)$，其为单调递增集合列，极限集为

$$\lim_{n \to \infty} A_n = \mathbb{R}.$$

例 8 设 $A_n = (n, +\infty)$ $(n=1,2,\cdots)$，其为单调递减集合列，极限集为

$$\lim_{n \to \infty} A_n = \varnothing.$$

由上面各例不难看出,我们可以用集合列的极限集来刻画熟知的区间、实数轴及 $\varnothing$ 等集合.

对于一般的集合列,也有类似于数列上、下极限的上、下极限集概念.

定义 17 设 $\{A_n\}_{n=1}^{\infty}$ 为给定集合列.

(1) 令
$$B_i = \bigcup_{n=i}^{\infty} A_n \quad (i = 1, 2, \cdots),$$

则 $\{B_i\}_{i=1}^{\infty}$ 为单调递减集合列. 称
$$\lim_{i \to \infty} B_i = \bigcap_{i=1}^{\infty} B_i = \bigcap_{i=1}^{\infty} \bigcup_{n=i}^{\infty} A_n$$

为集合列 $\{A_n\}_{n=1}^{\infty}$ 的**上极限集**,简称为**上极限**,记做 $\overline{\lim_{n \to \infty}} A_n$ 或 $\limsup_{n \to \infty} A_n$.

(2) 令
$$B_i = \bigcap_{n=i}^{\infty} A_n \quad (i = 1, 2, \cdots),$$

则 $\{B_i\}_{i=1}^{\infty}$ 为单调递增集合列. 称
$$\lim_{i \to \infty} B_i = \bigcup_{i=1}^{\infty} B_i = \bigcup_{i=1}^{\infty} \bigcap_{n=i}^{\infty} A_n$$

为集合列 $\{A_n\}_{n=1}^{\infty}$ 的**下极限集**,简称为**下极限**,记做 $\underline{\lim_{n \to \infty}} A_n$ 或 $\liminf_{n \to \infty} A_n$.

(3) 若 $\overline{\lim_{n \to \infty}} A_n = \underline{\lim_{n \to \infty}} A_n$,则称集合列 $\{A_n\}_{n=1}^{\infty}$ **存在极限集**或**收敛**,并称其上极限集(或下极限集)为 $\{A_n\}_{n=1}^{\infty}$ 的**极限集**,简称为**极限**,记做 $\lim_{n \to \infty} A_n$.

由上述集合列的上、下极限集定义,不难得到如下等价定义,请读者自己证明.

定义 18 设 $\{A_n\}_{n=1}^{\infty}$ 为给定集合列,称
$$\{x \mid \forall i \in \mathbb{Z}_+, \exists n \geqslant i, 使 x \in A_n\}$$

为集合列 $\{A_n\}_{n=1}^{\infty}$ 的**上极限集**,记做 $\overline{\lim_{n \to \infty}} A_n$ 或 $\limsup_{n \to \infty} A_n$;称
$$\{x \mid \exists i_0 \in \mathbb{Z}_+, 使当 n \geqslant i_0 时, x \in A_n\}$$

为集合列 $\{A_n\}_{n=1}^{\infty}$ 的**下极限集**,记做 $\underline{\lim_{n \to \infty}} A_n$ 或 $\liminf_{n \to \infty} A_n$.

定义 19 设 $\{A_n\}_{n=1}^{\infty}$ 为给定集合列,称
$$\{x \mid 存在无穷多个 n, 使 x \in A_n\}$$

为集合列 $\{A_n\}_{n=1}^{\infty}$ 的**上极限集**,记做 $\overline{\lim_{n \to \infty}} A_n$ 或 $\limsup_{n \to \infty} A_n$;称
$$\{x \mid 仅有有限个 n, 使 x \notin A_n\}$$

为集合列 $\{A_n\}_{n=1}^{\infty}$ 的**下极限集**,记做 $\underline{\lim_{n \to \infty}} A_n$ 或 $\liminf_{n \to \infty} A_n$.

注意: (1) $\bigcap_{n=1}^{\infty} A_n \subset \varliminf_{n\to\infty} A_n \subset \varlimsup_{n\to\infty} A_n \subset \bigcup_{n=1}^{\infty} A_n$;

(2) 与数列极限类似,任何给定的集合都可以用集合列去逼近. 下面的例子说明 $\varliminf_{n\to\infty} A_n$ 与 $\varlimsup_{n\to\infty} A_n$ 确实可以不相等.

例 9 设 $A_n = \left[\dfrac{1}{n}, 2+(-1)^n\right]$ $(n=1,2,\cdots)$, 则

$$\varlimsup_{n\to\infty} A_n = (0,3], \quad \varliminf_{n\to\infty} A_n = (0,1].$$

此时, $\varlimsup_{n\to\infty} A_n \neq \varliminf_{n\to\infty} A_n$.

习 题 2.1

1. 简答题:

(1) 设 $A \cup B = A \cup C$, 说明 $B=C$ 与 $B \neq C$ 都有可能成立;

(2) 设 $A \cap B = A \cap C$, 说明 $B=C$ 与 $B \neq C$ 都有可能成立;

(3) 设 $\{A_n\}_{n=1}^{\infty}$ 为给定集合列,举例说明若有无穷多个 $n \in \mathbb{Z}_+$, 使 $x \in A_n$, 未必有 $x \in \varliminf_{n\to\infty} A_n$;

(4) 证明: 实数集 $\mathbb{R}$ 的全体子集构成的集合是 σ 域.

2. 证明: $(B-A) \cup A = B$ 的充分必要条件是 $A \subset B$.

3. 证明: $A-B = A \cap B^c$.

4. 证明: $(A-B) \cup B = A \cup B - B$ 的充分必要条件是 $B = \varnothing$.

5. 设 $\varphi_A(x), \varphi_B(x)$ 分别为 A 与 B 的示性函数, 即

$$\varphi_A(x) = \begin{cases} 1, & x \in A, \\ 0, & x \notin A, \end{cases} \quad \varphi_B(x) = \begin{cases} 1, & x \in B, \\ 0, & x \notin B, \end{cases}$$

且 $A=B$, 证明: $\varphi_A(x) = \varphi_B(x)$.

6. 设 $\{A_n\}_{n=1}^{\infty}$ 为一集合列, 令 $A_1^* = A_1, A_n^* = A_n - \bigcup_{i=1}^{n-1} A_i$ $(n=2,3,\cdots)$, 证明: A_n^* $(n=1, 2,\cdots)$ 互不相交, 且 $\bigcup_{i=1}^{n} A_i = \bigcup_{i=1}^{n} A_i^*$ $(n=1,2,\cdots)$, $\bigcup_{i=1}^{\infty} A_i = \bigcup_{i=1}^{\infty} A_i^*$.

7. 设 $f(x)$ 是定义在集合 E 上的实值函数, a 为任意常数, 证明:

(1) $E[f > a] = \bigcup_{n=1}^{\infty} E\left[f \geqslant a + \dfrac{1}{n}\right]$;

(2) $E[f \geqslant a] = \bigcap_{n=1}^{\infty} E\left[f > a - \dfrac{1}{n}\right]$.

注意: $E[f > a] = \{x \mid x \in E \text{ 且 } f(x) > a\}$, 其他类同.

8. 设 $A_n = \left\{ \dfrac{m}{n} \middle| m \in \mathbb{Z} \right\}$ $(n=1,2,\cdots)$，证明：$\varlimsup\limits_{n\to\infty} A_n = \mathbb{Q}$，$\varliminf\limits_{n\to\infty} A_n = \mathbb{Z}$.

9. 设函数列 $\{f_n(x)\}_{n=1}^{\infty}$，$f(x)$ 均在集合 E 上有定义，且 $\lim\limits_{n\to\infty} f_n(x) = f(x)$ $(x \in E)$，a 为任意常数，证明：

(1) $E[f > a] = \bigcup\limits_{k=1}^{\infty} \varliminf\limits_{n\to\infty} E\left[f_n \geqslant a + \dfrac{1}{k}\right]$;

(2) $E[f \leqslant a] = \bigcap\limits_{k=1}^{\infty} \varlimsup\limits_{n\to\infty} E\left[f_n < a + \dfrac{1}{k}\right]$;

(3) $E[f < a] = \bigcup\limits_{k=1}^{\infty} \varliminf\limits_{n\to\infty} E\left[f_n \leqslant a - \dfrac{1}{k}\right]$.

§2.2 集合的基数

当我们抽象地研究集合时，即不考虑集合中元素的具体属性时，集合中元素的多少是本质的概念. 比如，对于由 10 本书构成的集合与由 10 张课桌构成的集合，当我们不计较它们元素的具体属性时，二者具有共同的特性，即元素的多少相同. 若一个集合中的元素个数有限，则称之为**有限集合**. 空集可以看做有限集合. 不是有限集合的集合称为**无穷集合**或**无限集合**. 怎样表示集合所含元素的多少以及怎样比较两个集合元素的多少，这是本节要讨论的问题. 对有限集而言，只要将集合中元素的个数数出来，上述问题就可自然地得到解决；而对无穷集合来说，元素的"个数"这个概念没有意义，我们采用"基数"来表示其中元素的多少，利用对等关系对两个集合中元素的多少进行比较.

一、集合的对等与基数

任何两个具有相同元素数目的有限集合的元素之间都能一个对一个地对应起来. 我们将有限集合的这种特性推广到无穷集合，对任意两个无穷集合的元素多少进行比较.

定义 1 设 A, B 是两个集合. 如果在 A 与 B 之间存在一个 1-1 对应 φ，则称 A 与 B 是**对等**的或具有**相同基数**的，记为 $A \sim B$ 或 $\overline{\overline{A}} = \overline{\overline{B}}$，这里 $\overline{\overline{A}}$ 与 $\overline{\overline{B}}$ 分别表示 A 与 B 的基数.

注意：(1) 集合的基数也称为集合的**势**或**权**.

(2) 对等关系是一种等价关系(即其具有自反性、对称性和传递性).

(3) 规定空集 $\varnothing$ 与其自身对等，其基数为 0.

(4) "基数"是有限集合元素"个数"的推广. 对有限集合而言，规定基数就是其元素的个数；对无穷集合而言，$\overline{\overline{A}} = \overline{\overline{B}}$ 表明 A 与 B 中含有元素的多少是一样的.

例 1 设 A 为自然数集，B 是全体偶数组成的集合，证明：$A \sim B$.

第二章 集合与点集

证明 令
$$\varphi: A \to B,$$
$$n \mapsto 2n,$$
则其为 A 与 B 之间的 1-1 对应. 故 $A \sim B$.

注意：此例中 A 与 B 均为无穷集合，且 B 是 A 的真子集，即无穷集合可以与其自身的真子集对等，而任何有限集合都不能与其自身的真子集对等. 事实上，能与其自身的真子集对等是无穷集合的本质特征，于是我们可以将无穷集合定义如下：

定义 2 能与其自身的某个真子集对等的集合称为**无穷集合**或**无限集合**，简称为**无穷集**或**无限集**.

例 2 证明：$(a,b) \sim (0,1)$，其中 $a, b \in \mathbb{R}$, $a < b$.

证明 令
$$\varphi: (a,b) \to (0,1),$$
$$x \mapsto \frac{x-a}{b-a},$$
则其为 (a,b) 与 $(0,1)$ 之间的 1-1 对应. 故 $(a,b) \sim (0,1)$.

例 3 证明：$[0,1) \sim (0,1]$.

证明 令
$$\varphi: [0,1) \to (0,1],$$
$$0 \mapsto 1,$$
$$x \mapsto x \ (0 < x < 1),$$
则其为 $[0,1)$ 与 $(0,1]$ 之间的 1-1 对应. 故 $[0,1) \sim (0,1]$.

例 4 证明：$[0,1] \sim (0,1)$.

证明 令
$$\varphi: [0,1] \to (0,1),$$
$$0 \mapsto \frac{1}{2},$$
$$\frac{1}{n} \mapsto \frac{1}{n+2} \ (n=1,2,\cdots),$$
$$x \mapsto x \ \left(0 < x < 1, x \neq \frac{1}{n}, n=1,2,\cdots\right),$$
则其为 $[0,1]$ 与 $(0,1)$ 之间的 1-1 对应. 故 $[0,1] \sim (0,1)$.

注意：因为对等关系为等价关系，由例 2 至例 4，可得一维空间中的所有有限区间（包括有限开区间、有限闭区间和有限半开半闭区间）都是对等的.

例 5 证明：$\left(-\frac{\pi}{2}, \frac{\pi}{2}\right) \sim \mathbb{R}$.

§2.2 集合的基数

证明 令
$$\varphi: \left(-\frac{\pi}{2}, \frac{\pi}{2}\right) \to \mathbb{R},$$
$$x \mapsto \tan x.$$

因 φ 为单调函数,故其为 $\left(-\frac{\pi}{2}, \frac{\pi}{2}\right)$ 与实数集 $\mathbb{R}$ 之间的 1-1 对应,从而 $\left(-\frac{\pi}{2}, \frac{\pi}{2}\right) \sim \mathbb{R}$.

例 6 证明:$(0,1) \sim (0,+\infty)$.

证明 令
$$\varphi: (0,1) \to (0,+\infty),$$
$$x \mapsto \tan \frac{\pi}{2}x,$$

则其为 $(0,1)$ 与 $(0,+\infty)$ 之间的 1-1 对应. 故 $(0,1) \sim (0,+\infty)$.

注意:(1) 由例 5 与例 6 可以得到,实数集 $\mathbb{R}$ 的子集中的任何有限区间与无穷区间(包括实数集 $\mathbb{R}$,$(-\infty,a)$,$(-\infty,a]$,$(a,+\infty)$ 及 $[a,+\infty)$)都是对等的.

(2) 上述结论可以推广到 n 维空间,即 $\mathbb{R}^n$ 中任何非空区间(包括有限区间与无穷区间) $\{(x_1,x_2,\cdots,x_n) \mid a_i < x_i < b_i, a_i, b_i \in \mathbb{R}, \text{且 } a_i < b_i\text{(包括 } a_i = -\infty \text{ 或 } b_i = +\infty\text{)}, i=1,2,\cdots,n\}$ ("$a_i < x_i < b_i$"中的"<"可以全部或部分改为"≤")都是对等的.

定理 1 设 $\{A_n\}_{n=1}^{\infty}$ 和 $\{B_n\}_{n=1}^{\infty}$ 为两个集合列,$\{A_n\}_{n=1}^{\infty}$ 中任何两个集合不相交,$\{B_n\}_{n=1}^{\infty}$ 中任何两个集合也不相交. 若 $A_n \sim B_n (n=1,2,\cdots)$,则
$$\bigcup_{n=1}^{\infty} A_n \sim \bigcup_{n=1}^{\infty} B_n.$$

证明 因为 $A_n \sim B_n$,所以存在从 A_n 到 B_n 的 1-1 对应 $\varphi_n: A_n \to B_n (n \in \mathbb{Z}_+)$. 令 $\varphi: \bigcup_{n=1}^{\infty} A_n \to \bigcup_{n=1}^{\infty} B_n$ 为
$$\varphi(x) = \varphi_n(x) \quad (x \in A_n, n=1,2,\cdots).$$

因 $\{A_n\}_{n=1}^{\infty}$ 中任何两个集合互不相交,$\{B_n\}_{n=1}^{\infty}$ 中任何两个集合也不相交,故 φ 是从 $\bigcup_{n=1}^{\infty} A_n$ 到 $\bigcup_{n=1}^{\infty} B_n$ 的 1-1 对应. 因此
$$\bigcup_{n=1}^{\infty} A_n \sim \bigcup_{n=1}^{\infty} B_n.$$

我们知道,对于两个有限集而言,比较其基数的大小是件非常容易的事,只要将元素的个数数出来进行比较即可. 那么怎样比较两个无穷集基数的"大小"呢?易知,若 A 与 B 都是有限集,且 $\overline{\overline{A}} \leqslant \overline{\overline{B}}$,则一定能找到 B 的子集 B^* 与 A 对等. 因此,我们给出如下定义:

定义 3 设 A,B 是两个集合. 若存在 B 的子集 B^*,使 $A \sim B^*$,则称 A **的基数不大于** B

的基数,记为 $\overline{\overline{A}} \leqslant \overline{\overline{B}}$;若 $\overline{\overline{A}} \leqslant \overline{\overline{B}}$,且 $\overline{\overline{A}} \neq \overline{\overline{B}}$,则称 A 的基数小于 B 的基数,记为 $\overline{\overline{A}} < \overline{\overline{B}}$.

注意:(1) 对于任意给定的两个集合 A 与 B,关系式 $\overline{\overline{A}} < \overline{\overline{B}}, \overline{\overline{A}} = \overline{\overline{B}}, \overline{\overline{A}} > \overline{\overline{B}}$ 三者中有且仅有一个式子成立(证明要用到集合论的选择公理"若 Γ 是由互不相交的一些非空集合所形成的集合族,则存在集合 X,它由该集族的每一个集合中恰取一个元素而形成",这里从略).

(2) 对于任意实数 a 与 b,若 $a \leqslant b$,且 $b \leqslant a$,则 $a = b$. 对于基数也有类似的结论,即伯恩斯坦定理. 为此,先给出一个预备结果:

定理 2 若 $A_0 \supset A_1 \supset A_2$,且 $A_0 \sim A_2$,则 $A_0 \sim A_1 \sim A_2$.

证明 设 φ 为从 A_0 到 A_2 的 1-1 对应. 在 φ 下,作为 A_0 的子集,A_1 必对应 A_2 的子集 A_3,使 $A_1 \sim A_3$. 同理,存在 $A_4 \subset A_3$,使 $A_2 \sim A_4$. 依次下去,得到一列集合 $\{A_n\}_{n=0}^{\infty}$,满足

$$A_0 \sim A_2 \sim A_4 \sim \cdots,$$
$$A_1 \sim A_3 \sim A_5 \sim \cdots,$$
$$A_0 \supset A_1 \supset A_2 \supset A_3 \supset A_4 \supset \cdots,$$

从而 $(A_0 - A_1) \sim (A_2 - A_3), (A_2 - A_3) \sim (A_4 - A_5), \cdots$. 令 $D = \bigcap_{n=0}^{\infty} A_n, D^* = \bigcap_{n=1}^{\infty} A_n$,则

$$A_0 = (A_0 - A_1) \bigcup (A_1 - A_2) \bigcup \cdots \bigcup D,$$
$$A_1 = (A_1 - A_2) \bigcup (A_2 - A_3) \bigcup \cdots \bigcup D^*.$$

由于 $\{A_n\}_{n=0}^{\infty}$ 单调下降,故 $D = D^*$. 因为上述表达式中的各项互不相交,将两个表达式的各项对应起来,可得 $A_0 \sim A_1$.

定理 3(伯恩斯坦(F. Bernstein, 1878—1956)**定理**) 设 A, B 是两个集合. 若 $\overline{\overline{A}} \leqslant \overline{\overline{B}}$,且 $\overline{\overline{B}} \leqslant \overline{\overline{A}}$,则 $\overline{\overline{A}} = \overline{\overline{B}}$.

证明 因 $\overline{\overline{A}} \leqslant \overline{\overline{B}}$,故存在 $B^* \subset B$,使 $B^* \sim A$;又因 $\overline{\overline{B}} \leqslant \overline{\overline{A}}$,故存在 $A^* \subset A$,使 $A^* \sim B$. 于是又有 $A^{**} \subset A^*$,使 $A^{**} \sim B^*$. 因此 $A \supset A^* \supset A^{**}$,且 $A \sim B^* \sim A^{**}$. 由定理 2,有 $A \sim A^* \sim A^{**}$,从而 $A \sim A^* \sim B$,即 $\overline{\overline{A}} = \overline{\overline{B}}$.

二、可数集

自然数集、整数集、奇数集、偶数集与有理数集等是我们最常见到的一些无穷集,按照某种对应法则,它们都能与正整数集建立起 1-1 对应关系. 我们可以把这类集合统一起来进行研究,于是引入下面的概念:

定义 4 与正整数集 $\mathbb{Z}_+$ 对等的集合称为**可数集**或**可列集**,其基数记为 a 或 $\aleph_0$ (aleph,希伯来文,读做"阿列夫零"),称为**可数基数**.

注意:(1) 一个集合是可数集的充分必要条件是它的元素可以被排成一个无穷序列.

事实上,因为 $\mathbb{Z}_+$ 中的元素可以按照从小到大的顺序排成一个无穷序列:$1, 2, \cdots, n, \cdots$,因此任何可数集 M 中的元素可以排成无穷序列的形式:$e_1, e_2, \cdots, e_n, \cdots$. 反之,若集合 M 的

§ 2.2 集合的基数

全体元素可以排成无穷序列的形式,则 M 一定是可数集.事实上,此时只要令序列中的第 n 个元素与正整数 n 对应起来,就可得到 M 与 $\mathbb{Z}_+$ 之间的一个 1-1 对应.

(2) 可数集的基数是所有无穷集基数中的最小者(见下面的定理 4).

(3) 有限集与可数集统称为**至多可数集**.

(4) 因为自然数集 $\mathbb{N}=\{0,1,2,\cdots\}$,整数集 $\mathbb{Z}=\{0,1,-1,2,-2,\cdots\}$ 与有理数集 $\mathbb{Q}$ 都能排成无穷序列,所以它们都是可数集,且基数均为 $\aleph_0$,即 $\mathbb{N}\sim\mathbb{Z}\sim\mathbb{Q}$.事实上,有理数集可按下面的方式排成无穷序列(重复的数只取一次):

$$
\begin{array}{ccccccc}
0 & \to & \pm 1 & \to & \pm 2 & & \pm 3 & \to & \pm 4 & & \pm 5 & \cdots \\
& & & \swarrow & & \nearrow & & \swarrow & & & & \\
& & \pm\frac{1}{2} & & \pm\frac{2}{2} & & \pm\frac{3}{2} & & \pm\frac{4}{2} & & \pm\frac{5}{2} & \cdots \\
& & \downarrow & & \nearrow & & \swarrow & & & & & \\
& & \pm\frac{1}{3} & & \pm\frac{2}{3} & & \pm\frac{3}{3} & & \pm\frac{4}{3} & & \pm\frac{5}{3} & \cdots \\
& & \vdots & & \vdots & & \vdots & & \vdots & & \vdots &
\end{array}
$$

定理 4　任何无穷集都包含一个可数子集(事实上,这样的可数子集不是唯一的).

证明　设 M 是一个无穷集.从 M 中任取一个元素 e_1,由于 M 是无穷集,因此 $M-\{e_1\}\neq\varnothing$.从 $M-\{e_1\}$ 中取一个元素 e_2,显然 $e_2\in M$,且 $e_1\neq e_2$.一般地,设已从 M 中取出互不相同的元素 $e_1,e_2,\cdots,e_n$.由于 M 是无穷集,因此 $M-\{e_1,e_2,\cdots,e_n\}\neq\varnothing$.于是又可以从 $M-\{e_1,e_2,\cdots,e_n\}$ 中取一元素,记它为 e_{n+1}.显然 $e_{n+1}\in M$ 且与 $e_1,e_2,\cdots,e_n$ 都不相同.根据归纳法,我们得到一个由 M 中互不相同的元素组成的无穷序列 $e_1,e_2,\cdots,e_n,\cdots$.显然 $M^*=\{e_1,e_2,\cdots,e_n,\cdots\}$ 是 M 的一个可数子集.

定理 5　可数集的子集如果不是有限集,则一定还是可数集.

证明　设 A^* 是可数集 A 的子集,且 A^* 不是有限集.由定理 4,A^* 有可数子集 A^{**},于是 $A^{**}\subset A^*\subset A, A^{**}\sim A$.由定理 2,$A^*\sim A$,即 A^* 也是可数集.

定理 6　若 A 是可数集,B 是至多可数集,则 $A\cup B$ 是可数集.

证明　因为 A 是可数集,所以可以将其元素排成无穷序列的形式,即

$$A=\{a_1,a_2,\cdots,a_n,\cdots\}.$$

令 $B^*=B-A$,由定理 5,B^* 为至多可数集.

(1) 若 $B^*=\varnothing$,则 $A\cup B=A$ 为可数集.

(2) 若 B^* 为有限集,设其为 $B^*=\{b_1,b_2,\cdots,b_m\}$,则

$$A\cup B=A\cup B^*=\{b_1,b_2,\cdots,b_m,a_1,a_2,\cdots,a_n,\cdots\}$$

为可数集.

(3) 若 B^* 为可数集,设其为 $B^* = \{b_1, b_2, \cdots, b_n, \cdots\}$,则
$$A \cup B = A \cup B^* = \{a_1, b_1, a_2, b_2, \cdots, a_n, b_n, \cdots\}$$
为可数集.

推论 有限个至多可数集 $A_i(i=1,2,\cdots,n)$ 的并集 $\bigcup_{i=1}^{n} A_i$ 是至多可数集,且只要其中有一个 $A_i(1 \leqslant i \leqslant n)$ 是可数集,则 $\bigcup_{i=1}^{n} A_i$ 必是可数集.

定理 7 若每个 $A_i(i=1,2,\cdots)$ 都是可数集,则 $\bigcup_{i=1}^{\infty} A_i$ 也为可数集.

证明 令 $A_1^* = A_1, A_i^* = A_i - \bigcup_{j=1}^{i-1} A_j (i \geqslant 2)$,则 A_1^* 为可数集,$A_i^*(i \geqslant 2)$ 为至多可数集.设
$$A_1^* = \{a_{11}, a_{12}, \cdots, a_{1n}, \cdots\},$$
$$A_i^* = \{a_{i1}, a_{i2}, \cdots, a_{in_i}\} \quad \text{或} \quad A_i^* = \{a_{i1}, a_{i2}, \cdots, a_{in}, \cdots\}.$$
于是
$$\bigcup_{i=1}^{\infty} A_i = \bigcup_{i=1}^{\infty} A_i^* = \{a_{ij} \mid i=1,2,\cdots; j=1,2,\cdots,n_i \text{ 或 } j=1,2,\cdots\}.$$
令 a_{ij} 对应正整数 $2^i 3^j$,当 i,j 和 i',j' 不完全相同时,$2^i 3^j \neq 2^{i'} 3^{j'}$(根据正整数分解定理),故 $\bigcup_{i=1}^{\infty} A_i$ 和正整数集的一个子集对等.又因为 $A_1 \subset \bigcup_{i=1}^{\infty} A_i$,所以 $\bigcup_{i=1}^{\infty} A_i$ 为可数集.

注意:$\mathbb{R}^n$ 中全体有理点(即坐标全是有理数的点)构成的集合也为可数集(习题 2.2 第 5 题).

定理 8 若 A 为无穷集,B 为可数集,则 $A \cup B \sim A$.

证明 由定理 4,A 含有可数子集 A^*.令 $C = A - A^*$,则 $A = C \cup A^*$,$C \cap A^* = \varnothing$.因为
$$A \cup B = A \cup (B - A) = C \cup A^* \cup (B - A),$$
$$C \cap (A^* \cup (B - A)) = \varnothing,$$
$$A^* \sim A^* \cup (B - A) \text{(由定理 6)},$$
令 C 中元素与自身对应,则 $C \cup A^* \cup (B - A) \sim C \cup A^*$.从上面 A 与 $A \cup B$ 的分解式知
$$A \cup B \sim A.$$

例 7 证明:以直线上某些互不相交的开区间为元素的集合是至多可数集.

证明 在每个开区间中任取一个有理点,这些有理点互异且它们构成的集合为有理数集的子集,而每个开区间与选取的有理点 1-1 对应,故结论得证.

例 8 证明:系数为有理数的多项式全体构成的集合 P 是可数集.

证明 设系数为有理数的 n 次多项式为

$$p_n(x)=a_0x^n+a_1x^{n-1}+\cdots+a_{n-1}x+a_n,$$

其由 $\mathbb{R}^{n+1}$ 中坐标为有理数的点 $(a_0,a_1,\cdots,a_n)$ 唯一确定，即系数为有理数的 n 次多项式全体构成的集合（设为 P_n）与 $\mathbb{R}^{n+1}$ 中坐标为有理数的点构成的集合（设为 A_n）对等，因此只需证得 A_n 为可数集即可.

当 $n=0$ 时，$A_0=\{a_0\mid a_0\in\mathbb{Q}\}$ 为可数集. 假设 A_{n-1} 为可数集，设其为 $A_{n-1}=\{b_1,b_2,\cdots,b_m,\cdots\}$，于是 $A_n=\bigcup_{m=1}^{\infty}\{(b_m,a_n)\mid a_n\in\mathbb{Q}\}$ 必为可数集. 由数学归纳法，对一切正数 $n\geqslant 0$，A_n 为可数集. 因此 P_n 为可数集. 又 $P=\bigcup_{n=1}^{\infty}P_n$，即其为可数个可数集的并集，故是可数集.

习 题 2.2

1. 简答题：
(1) 举例说明若 A 与 B 对等，则它们未必相等.
(2) 若 $A\subset\mathbb{R}^m$，$B\subset\mathbb{R}^n$，且 $m\neq n$，则是否一定有 $\overline{\overline{A}}\neq\overline{\overline{B}}$？
(3) 若集合 A 有一个真子集与正整数集 $\mathbb{Z}_+$ 对等，则 A 一定为不可数无穷集吗？
(4) 若集合 A 与集合 B 的一个真子集对等，则 A 和 B 一定不对等吗？
2. 设 $A\sim B$，$C\supset A$，且 $C\supset B$，证明：$C-A\sim C-B$.
3. 设 $A\sim B$，$A\supset C$，且 $B\supset C$，证明：$A-C\sim B-C$.
4. 证明：对等关系为等价关系.
5. 证明：$\mathbb{R}^n$ 中全体有理点构成的集合为可数集.
6. 证明：直线上以有理点为端点的所有开区间构成的集合为可数集.
7. 证明：单调函数的全体不连续点构成的集合为至多可数集.
8. 证明：可数集的所有有限子集构成的集合为可数集.
9. 设 A 为一个无穷集，证明：存在 $A^*\subset A$，使 $A^*\sim A$，且 $A-A^*$ 为可数集.

§2.3 不可数无穷集

实数集、无理数集与非空区间等无穷集，我们经常遇到，它们都不与正整数集对等，因此不是可数的无穷集. 但它们都与闭区间 $[0,1]$ 对等，我们将其统一起来进行研究，称之为连续集合. 下面首先证明正整数集与 $[0,1]$ 不对等.

定理 1 正整数集 $\mathbb{Z}_+$ 与闭区间 $[0,1]$ 不对等.

证明 用反证法. 假设不然，即 $\mathbb{Z}_+\sim[0,1]$，设 φ 为从 $\mathbb{Z}_+$ 到 $[0,1]$ 的 1-1 对应，且记 $x_n=\varphi(n)$，则

第二章 集合与点集

$$[0,1] = \{x_1, x_2, \cdots, x_n, \cdots\}.$$

将 $[0,1]$ 三等分,则 $\left[0, \frac{1}{3}\right]$ 与 $\left[\frac{2}{3}, 1\right]$ 中至少有一个不含 x_1,用 I_1 表示任一这样的闭区间,有 $x_1 \notin I_1$;将 I_1 三等分,两侧的两个区间中至少有一个不含 x_2,用 I_2 表示任一这样的区间,则 $x_2 \notin I_2$;再将 I_2 三等分得到 I_3,满足 $x_3 \notin I_3$;依次类推.由数学归纳法,得到闭区间列 $\{I_n\}_{n=1}^{\infty}$,其满足:

(1) $I_1 \supset I_2 \supset \cdots \supset I_n \supset \cdots$;

(2) $x_n \notin I_n \ (n=1, 2, \cdots)$;

(3) $|I_n| = \frac{1}{3^n} \to 0 \ (n \to \infty)$.

由闭区间套定理,存在 $\xi \in I_n \subset [0,1] \ (n=1, 2, \cdots)$.由(2),$\xi \neq x_n \ (n=1, 2, \cdots)$,故 $\xi \notin [0,1]$,产生矛盾,即定理成立.

上面的定理表明,虽然 $\mathbb{Z}_+$ 与 $[0,1]$ 都是无穷集,但二者的基数却是不同的,$[0,1]$ 是不可数的无穷集.在所有的无穷集中,与 $\mathbb{Z}_+$ 和 $[0,1]$ 对等的两类无穷集是最重要的.

定义 与闭区间 $[0,1]$ 对等的集合称为**具有连续基数的集合**,其基数记为 c 或 $\aleph$(读做"阿列夫"),称为**连续基数**.

注意:(1) 由定理 1 与 §2.2 的定理 4,知 $c > a$;

(2) 在 ZF(Zemelo-Frankl,策梅洛-弗兰克尔)公理集合论体系(简称为 Z.F.S.)中,无法判断是否存在基数大于 a 且小于 c 的集合;

(3) 由 §2.2 的例 2 至例 6,知实数集 $\mathbb{R}$,(a,b),$[a,b]$,$[a,b)$,$(a,b]$(其中 $a<b$),$(c, +\infty)$,$[c, +\infty)$,$(-\infty, d)$,$(-\infty, d]$ 的基数均为连续基数 c;

(4) $2^a = c$(习题 2.3 第 2 题).

定理 2 若 $A_i (i=1, 2, \cdots)$ 的基数都小于或等于 c,且其中至少有一个的基数等于 c,则 $\bigcup\limits_{i=1}^{\infty} A_i$ 的基数为 c.

证明 不妨设 $\overline{\overline{A_1}} = c$,令 $A_1^* = A_1$,$A_i^* = A_i - \bigcup\limits_{j=1}^{i-1} A_j \ (i \geq 2)$,则

$$A_i^* \cap A_j^* = \varnothing \ (i \neq j), \quad \text{且} \quad \bigcup_{i=1}^{\infty} A_i^* = \bigcup_{i=1}^{\infty} A_i.$$

由于 $\overline{\overline{A_i^*}} \leq \overline{\overline{A_i}} \leq c$,且 $\overline{\overline{[i-1, i)}} = c$,故存在 $B_i^* \subset [i-1, i)$,使 $A_i^* \sim B_i^*$.设 φ_i 是 A_i^* 与 B_i^* 之间的 1-1 对应,令 $\varphi(x) = \varphi_i(x) \ (x \in A_i^*, i=1, 2, \cdots)$,则 φ 为 $\bigcup\limits_{i=1}^{\infty} A_i^*$ 与 $\bigcup\limits_{i=1}^{\infty} B_i^*$ 之间的 1-1 对应.因此 $\bigcup\limits_{i=1}^{\infty} A_i \sim \bigcup\limits_{i=1}^{\infty} B_i^* \subset [0, +\infty)$,从而 $\overline{\overline{\bigcup\limits_{i=1}^{\infty} A_i}} \leq c$.另一方面,$[0, +\infty) \sim A_1 \subset \bigcup\limits_{i=1}^{\infty} A_i$,从而

$\overline{\overline{\bigcup_{i=1}^{\infty} A_i}} \geqslant c$. 由伯恩斯坦定理,有 $\overline{\overline{\bigcup_{i=1}^{\infty} A_i}} = c$.

定理 3 平面上单位正方形 $I = \{(x,y) \mid 0 < x < 1, 0 < y < 1\}$ 的基数为 c.

证明 任取点 $(x,y) \in I$,将 x,y 分别表示成无穷小数,并规定不出现从某一位小数以后各位小数全是零的情形(若 $x = 0.1$,将其表示为 $x = 0.0999\cdots$,其他类同),即
$$x = 0.x_1 x_2 \cdots, \quad y = 0.y_1 y_2 \cdots.$$
令
$$z = 0.x_1 y_1 x_2 y_2 \cdots,$$
则 $z \in (0,1)$,且 z 中不会出现从某一位小数以后各位小数全是零的情形. 易知,上述对应是从 I 到开区间 $(0,1)$ 的某一子集 J 的 1-1 对应,从而 $\overline{\overline{I}} \leqslant c$. 另一方面,$I$ 的子集 $I^* = \left\{(x,y) \;\middle|\; 0 < x < 1, y = \frac{1}{3}\right\} \sim (0,1)$,从而 $\overline{\overline{I}} \geqslant c$. 由伯恩斯坦定理,有 $\overline{\overline{I}} = c$.

注意: 可以证明 n 维欧氏空间 $\mathbb{R}^n$ 中任意非空区间的基数均为连续基数 c.

定理 4 设 M 是任意一个集合,$\mathscr{M}$ 为其幂集(即 M 的所有子集构成的集合),则 $\overline{\overline{\mathscr{M}}} > \overline{\overline{M}}$.

证明 首先,M 对等于 $\mathscr{M}$ 的一个子集. 事实上,对每个 $a \in M$,令 a 对应于 $\{a\} \in \mathscr{M}$,则 M 与 $\mathscr{M}$ 的子集 $\mathscr{M}_1 = \{\{a\} \mid a \in M\}$ 对等.

我们证明 M 与 $\mathscr{M}$ 不对等. 若不然,假设 $M \sim \mathscr{M}$,则对每个 $a \in M$,都有 $\mathscr{M}$ 中唯一确定的元素,即 M 的一个子集 M_a 与之对应. 令
$$M^* = \{a \mid a \in M, \text{但 } a \notin M_a\},$$
则 $M^* \subset M$,故 $M^* \in \mathscr{M}$,从而有 M 中元素 a^* 与之对应.

若 $a^* \in M^*$,则由 M^* 的定义,有 $a^* \notin M^*$,矛盾;若 $a^* \notin M^*$,则由 M^* 的定义,有 $a^* \in M^*$,同样产生矛盾. 因此假设不成立,即 M 与 $\mathscr{M}$ 不对等.

综上,由定义,知 $\overline{\overline{\mathscr{M}}} > \overline{\overline{M}}$.

注意: 任意有限集的基数都小于无穷集的基数;在有限集中基数最小的是空集的基数;在无穷集中基数最小的是可数集的基数;没有基数最大的集合.

习 题 2.3

1. 证明:全体无理数构成的集合为不可数无穷集,且其基数为 c.
2. 证明:若 a 为可数基数,则 $2^a = c$.
3. 证明:若 $A \subset B$,且 $A \sim A \cup C$,则 $B \sim B \cup C$.
4. 证明:若 $\overline{\overline{A \cup B}} = c$,则 $\overline{\overline{A}}$ 与 $\overline{\overline{B}}$ 中至少有一个为 c.
5. 设 F 为定义在区间 $[0,1]$ 上的全体实函数构成的集合,证明:$\overline{\overline{F}} = 2^c$.

§2.4 $\mathbb{R}^n$ 中的点集

一般集合中的元素与集合仅仅是隶属关系,而在 n 维欧氏空间 $\mathbb{R}^n$ 中,我们可以引入度量,进而得到点集的概念,并研究点和点集的位置关系以及元素之间的关系. 因为实变函数论课程研究的函数是定义在 $\mathbb{R}^n$ 的子集上的实值函数,所以有必要对 $\mathbb{R}^n$ 中的点集作进一步讨论. 值得注意的是,$\mathbb{R}^n$ 中的点集也是集合,一般集合的所有结果对 $\mathbb{R}^n$ 中的点集都适用,但 $\mathbb{R}^n$ 中的点集所具有的许多特殊性质,对一般集合就不一定成立了.

一、度量空间

为了使问题讨论适用于更广泛的情形,首先给出度量空间的概念,进而得到熟知的 n 维欧几里得空间的准确定义.

定义 1 设 X 是一个非空集合. 若 X 中的任何两个元素 x 与 y,都对应唯一确定的实数 $\rho(x,y)$,且其满足下面三个条件:

(1) (**非负性**) 对任意 $x,y \in X$,都有 $\rho(x,y) \geqslant 0$,且 $\rho(x,y)=0$ 当且仅当 $x=y$;

(2) (**对称性**) 对任意 $x,y \in X$,都有 $\rho(x,y)=\rho(y,x)$;

(3) (**三角不等式**) 对任意 $x,y,z \in X$,都有 $\rho(x,y) \leqslant \rho(x,z)+\rho(z,y)$,

则称 $\rho(x,y)$ 是 x 与 y 之间的**距离**,带距离 ρ 的集合 X 称为**距离空间**或**度量空间**,记为 (X,ρ),简记为 X. 度量空间 X 的元素称为**点**,子集称为**点集**.

注意:(1) 距离 $\rho(x,y)$ 是定义在 X 上的一个二元实值函数;

(2) 若 A 为 X 的非空子集,将 $\rho(x,y)$ 看做 A 上的运算时其也为 A 中的距离,故 (A,ρ) 也构成一个度量空间,称 (A,ρ) 为 (X,ρ) 的度量子空间.

定义 2 对于 $\mathbb{R}^n = \{(x_1,x_2,\cdots,x_n) \mid x_i \in \mathbb{R}, i=1,2,\cdots,n\}$ 中任意两点

$$x=(x_1,x_2,\cdots,x_n), \quad y=(y_1,y_2,\cdots,y_n),$$

定义实函数

$$\rho(x,y) = \left(\sum_{i=1}^{n} (x_i - y_i)^2 \right)^{1/2},$$

则 $\rho(x,y)$ 满足距离的三个条件(1),(2),(3)(由柯西(Cauchy)不等式可证得条件(3)成立). 称 $\rho(x,y)$ 为 $\mathbb{R}^n$ 上的**欧几里得距离**,$(\mathbb{R}^n,\rho)$ 为 **n 维欧几里得空间**,简称为 n 维欧氏空间或 n 维空间.

注意:(1) n 维欧氏空间 $\mathbb{R}^n$ 是最常见的度量空间.

(2) 实数轴 $\mathbb{R}$,二维平面 $\mathbb{R}^2$ 和三维空间 $\mathbb{R}^3$ 分别是一维、二维和三维欧氏空间.

(3) $\mathbb{R}^n$ 中也可定义其他的距离,例如:

$$\rho_1(x,y) = \max_{1\leqslant i\leqslant n}|x_i - y_i|, \quad \rho_2(x,y) = \sum_{i=1}^{n}|x_i - y_i|.$$

如果不做特殊声明,我们所指的 $\mathbb{R}^n$ 中的距离是定义中的距离.

二、邻域与极限

为了讨论 n 维欧氏空间 $\mathbb{R}^n$ 中点和点集的位置关系以及点与点之间的相互关系,我们引入邻域的概念.

定义 3 设 P_0 为 $\mathbb{R}^n$ 中的定点,称 $\mathbb{R}^n$ 中所有与点 P_0 的距离小于给定正数 δ 的点的全体所构成的集合为 P_0 的 **δ 邻域**,简称为**邻域**,记做 $N(P_0,\delta)$,即

$$N(P_0,\delta) = \{P \mid \rho(P_0,P) < \delta\},$$

其中 P_0 称为邻域的**中心**,δ 称为邻域的**半径**. 当不需要特别指出邻域半径是多大时,P_0 的邻域简记为 $N(P_0)$.

注意:直线 $\mathbb{R}$ 中一点的邻域为以该点为中心的开区间;二维平面 $\mathbb{R}^2$ 中一点的邻域为以该点为圆心的开圆盘;三维空间 $\mathbb{R}^3$ 中一点的邻域为以该点为球心的开球体.

利用邻域的定义,易于证明邻域具有下述基本性质:

定理 设 P 为 $\mathbb{R}^n$ 中的定点.

(1) $P \in N(P)$;

(2) 对于任意 $N_1(P)$ 和 $N_2(P)$,存在 $N_3(P) \subset N_1(P) \cap N_2(P)$;

(3) 对于任意 $Q \in N(P)$,存在 $N(Q) \subset N(P)$;

(4) 若 $P \neq Q$ ($Q \in \mathbb{R}^n$),则存在 $N(P)$ 和 $N(Q)$,使 $N(P) \cap N(Q) = \varnothing$.

定义 4 设 $\{P_i\}_{i=1}^{\infty}$ 是 $\mathbb{R}^n$ 中的一个点列,$P_0 \in \mathbb{R}^n$. 如果当 $i \to \infty$ 时,有 $\rho(P_i, P_0) \to 0$,则称点列 $\{P_i\}_{i=1}^{\infty}$ **收敛**于点 P_0,记为

$$\lim_{i\to\infty} P_i = P_0 \quad \text{或} \quad P_i \to P_0 \ (i\to\infty).$$

注意:(1) 用邻域的语言来说:

$\lim\limits_{i\to\infty} P_i = P_0 \Leftrightarrow$ 对 P_0 的任意邻域 $N(P_0)$,存在 $N \in \mathbb{Z}_+$,当 $i > N$ 时,$P_i \in N(P_0)$;

(2) 用 "ε-N" 语言来说:

$\lim\limits_{i\to\infty} P_i = P_0 \Leftrightarrow$ 对任意 $\varepsilon > 0$,存在 $N \in \mathbb{Z}_+$,当 $i > N$ 时,$\rho(P_i, P_0) < \varepsilon$;

(3) 设 $P_i = (x_1^i, x_2^i, \cdots, x_n^i)$ $(i=0,1,2,\cdots)$,利用点列极限定义可以得到

$$\lim_{i\to\infty} P_i = P_0 \iff \lim_{i\to\infty} x_j^i = x_j^0 \quad (j=1,2,\cdots,n).$$

三、与距离有关的其他概念

定义 5 设 A, B 是 $\mathbb{R}^n$ 中的两个非空点集,定义 A 与 B 之间的**距离**为

第二章 集合与点集

$$\rho(A,B) = \inf\{\rho(P,Q) \mid P \in A, Q \in B\}.$$

若 $A = \{P\}$，则 A 与 B 之间的距离也称为**点 P 到点集 B 的距离**，即

$$\rho(P,B) = \rho(\{P\},B) = \inf\{\rho(P,Q) \mid Q \in B\}.$$

注意：(1) 对于任意两个非空点集 A 与 B，都有 $\rho(A,B) \geqslant 0$.

(2) 若 $A \cap B \neq \varnothing$，则 $\rho(A,B) = 0$；反之未必成立. 例如，当 $A = (0,1)$，$B = (1,2)$ 时，$\rho(A,B) = 0$，但 $A \cap B = \varnothing$.

定义 6 设 A 是 $\mathbb{R}^n$ 中的非空点集，A 的**直径**定义为

$$d(A) = \sup\{\rho(P,Q) \mid P,Q \in A\}.$$

注意：(1) $d(A) \geqslant 0$；

(2) 规定 $d(\varnothing) = 0$；

(3) 若 A 不是空集和单点集（即只含有一个点的集合），则 $d(A) > 0$.

定义 7 设 E 为 $\mathbb{R}^n$ 中的非空点集. 若 $d(E) < +\infty$，则称 E 为**有界集合**，简称为**有界集**；若 $d(E) = +\infty$，则称 E 为**无界集合**，简称为**无界集**.

注意：(1) E 是有界集 $\Longleftrightarrow$ 存在常数 $M > 0$，使对任意 $P = (x_1, x_2, \cdots, x_n) \in E$，都有 $|x_i| \leqslant M$ ($i = 1, 2, \cdots, n$)；

(2) E 是有界集 $\Longleftrightarrow$ 存在常数 $K > 0$，使对任意 $P = (x_1, x_2, \cdots, x_n) \in E$，都有 $\rho(P,O) \leqslant K$，其中 $O = (0, 0, \cdots, 0)$ 为 $\mathbb{R}^n$ 的原点.

定义 8 称点集

$$\{(x_1, x_2, \cdots, x_n) \mid a_i < x_i < b_i, a_i \leqslant b_i, i = 1, 2, \cdots, n\}$$

为 $\mathbb{R}^n$ 中的**广义开区间**或 n **维开区间**，简称为**开区间**；称点集

$$\{(x_1, x_2, \cdots, x_n) \mid a_i \leqslant x_i \leqslant b_i, a_i \leqslant b_i, i = 1, 2, \cdots, n\}$$

为 $\mathbb{R}^n$ 中的**广义闭区间**或 n **维闭区间**，简称为**闭区间**；称点集

$$\{(x_1, x_2, \cdots, x_n) \mid a_i < x_i \leqslant b_i, a_i \leqslant b_i, i = 1, 2, \cdots, n\}$$

为 $\mathbb{R}^n$ 中的**广义左开右闭区间**；称点集

$$\{(x_1, x_2, \cdots, x_n) \mid a_i \leqslant x_i < b_i, a_i \leqslant b_i, i = 1, 2, \cdots, n\}$$

为 $\mathbb{R}^n$ 中的**广义左闭右开区间**.

广义开区间、广义闭区间、广义左开右闭区间和广义左闭右开区间统称为**广义区间**，简称为**区间**，通常用 I 来表示. 称 $\prod_{i=1}^{n}(b_i - a_i)$ 为区间 I 的**体积**，记为 $|I|$.

注意：(1) 由定义可知，空集 $\varnothing$ 也为区间；

(2) 在 $\mathbb{R}$ 和 $\mathbb{R}^2$ 中，区间的体积分别为区间的长度和矩形的面积.

习 题 2.4

1. 设 $\sigma_1, \sigma_2: \mathbb{R} \times \mathbb{R} \to \mathbb{R}$ 分别为

$$\sigma_1(x,y) = (x-y)^2, \quad \sigma_2(x,y) = |x^2 - y^2|,$$

证明:$(\mathbb{R}, \sigma_1)$ 与 $(\mathbb{R}, \sigma_2)$ 均不是距离空间.

2. 设 $\rho: \mathbb{R} \times \mathbb{R} \to \mathbb{R}$ 为

$$\rho(x,y) = \begin{cases} 0, & x = y, \\ 1, & x \neq y, \end{cases}$$

证明:$(\mathbb{R}, \rho)$ 为距离空间.

§2.5 点 的 分 类

本节我们借助邻域的概念来研究点与点集的位置关系.

一、内点、聚点与边界点

下面我们分别按照点与点集的相对位置及点的附近所含点集中元素的多少将 $\mathbb{R}^n$ 中的点进行分类.

定义 1 设 $E \subset \mathbb{R}^n, P \in \mathbb{R}^n$.

(1) 若存在 $\delta > 0$,使 $N(P, \delta) \subset E$,则称 P 为 E 的**内点**. E 的所有内点构成的集合称为 E 的**内域**,记为 E°.

(2) 若存在 $\delta > 0$,使 $N(P, \delta) \subset E^c$(或 $N(P, \delta) \cap E = \varnothing$),则称 P 为 E 的**外点**. E 的所有外点构成的集合称为 E 的**外域**,记为 $(E^c)^\circ$.

(3) 若对任意 $\delta > 0$,有 $N(P, \delta) \cap E \neq \varnothing$,且 $N(P, \delta) \cap E^c \neq \varnothing$,则称 P 为 E 的**边界点**. E 的所有边界点构成的集合称为 E 的**边界**,记为 E^b.

注意:(1) E 的内点、外点、边界点是不相容的,故按照点 P 与 E 的位置关系,可将 $\mathbb{R}^n$ 中的点分为 E 的内点、外点和边界点三类.

(2) E 的内点一定属于 E;E 的外点一定不属于 E;E 的边界点可能属于 E,也可能不属于 E.

定义 2 设 $E \subset \mathbb{R}^n, P \in \mathbb{R}^n$. 若点 P 的任意邻域 $N(P)$ 中都有 E 的无穷多个点,则称 P 为 E 的**聚点**. E 的所有聚点构成的集合称为 E 的**导集**,记为 E'. 称 $E \cup E'$ 为 E 的**闭包**,记为 $\overline{E}$.

定义 3 点集 E 的不是聚点的边界点称为 E 的**孤立点**.

注意:(1) E 的聚点可能属于 E,也可能不属于 E;

(2) P 为 E 的聚点 $\Leftrightarrow$ 对任意 $N(P)$,都有 $N(P) \cap E$ 为无穷集

$\Leftrightarrow$ 对任意 $N(P)$,都有 $(N(P) - \{P\}) \cap E \neq \varnothing$

$\Leftrightarrow P$ 为 E 的极限点,即存在 E 的互异点列 $\{P_i\}_{i=1}^\infty$,使 $\lim\limits_{i \to \infty} P_i = P$

(参见下面的定理 1);

(3) E 的内点一定是 E 的聚点,反之未必成立;

(4) E 的外点一定不是 E 的聚点;

(5) E 的边界点可能是 E 的聚点,也可能不是 E 的聚点;

(6) $\bar{E}=E\cup E^b=E^\circ \cup E^b=E'\cup\{E\text{ 的所有孤立点}\}$;

(7) $P\in\bar{E}\Leftrightarrow$ 对任意 $N(P)$,都有 $N(P)\cap E\neq\varnothing$;

(8) E 的孤立点一定属于 E;

(9) P 为 E 的孤立点 $\Leftrightarrow$ 存在 $N(P,\delta)$,使 $N(P,\delta)\cap E=\{P\}$;

(10) E 的聚点、外点、孤立点是不相容的,故可将 $\mathbb{R}^n$ 中的点分为 E 的聚点、外点和孤立点三类.

下面的定理可以作为聚点的判定定理.

定理 1 设 $E\subset\mathbb{R}^n,P\in\mathbb{R}^n$,则下面三个命题是等价的:

(1) P 是 E 的聚点;

(2) 对任何 $\delta>0$,$N(P,\delta)$ 中至少含有一个异于 P 的 E 中的点;

(3) 存在 E 的互异点列 $\{P_i\}_{i=1}^\infty$,使 $\lim\limits_{i\to\infty}P_i=P$.

证明 (1)$\Rightarrow$(2):设 P 是 E 的聚点,则对任何 $\delta>0$,$N(P,\delta)$ 中都含有 E 的无穷多个点.因此,在 $N(P,\delta)$ 中至少含有一个属于 E 而异于 P 的点.

(2)$\Rightarrow$(3):设命题(2)成立,则在 $N(P,1)$ 中存在一个点 $P_1\in E$,且 $P_1\neq P$. 令 $\delta_1=\min\left\{\rho(P_1,P),\dfrac{1}{2}\right\}$,则在 $N(P,\delta_1)$ 中存在一个点 $P_2\in E$,且 $P_2\neq P$. 由 δ_1 的定义,知 $P_2\neq P_1$. 令 $\delta_2=\min\left\{\rho(P_2,P),\dfrac{1}{3}\right\}$,同样,在 $N(P,\delta_2)$ 中存在一个点 $P_3\in E$,且 $P_3\neq P$,同时 P_3 与 P_2 和 P_1 都不同. 这样继续下去,得到一个互异点列 $\{P_i\}_{i=1}^\infty$,使

$$\rho(P_i,P)<\frac{1}{i}\to 0 \quad (i\to\infty).$$

(3)$\Rightarrow$(1):设有 E 的互异点列 $\{P_i\}_{i=1}^\infty$,使 $\lim\limits_{i\to\infty}P_i=P$,则对任意 $\delta>0$,存在 $N\in\mathbb{Z}_+$,当 $i>N$ 时,有 $P_i\in N(P,\delta)$ 成立,即在 $N(P,\delta)$ 中有无穷多个点 $P_{N+1},P_{N+2},\cdots\in E$. 故 P 是 E 的聚点.

定理 2 若 $A\subset B$,则 $A^\circ\subset B^\circ$,$A'\subset B'$,$\bar{A}\subset\bar{B}$.

证明 任取 $P\in A^\circ$,则存在点 P 的某个邻域 $N(P)$,使 $N(P)\subset A$. 因 $A\subset B$,故 $N(P)\subset B$. 所以 $P\in B^\circ$. 由 P 的任意性,知 $A^\circ\subset B^\circ$.

任取 $P\in A'$,则对任意 $N(P)$,都有 $N(P)\cap A$ 为无穷集. 因为 $A\subset B$,所以 $N(P)\cap B$ 也为无穷集. 故 $P\in B'$. 由 P 的任意性,知 $A'\subset B'$,进而 $A\cup A'\subset B\cup B'$,即 $\bar{A}\subset\bar{B}$.

定理 3 $(A\cup B)'=A'\cup B'$.

证明 因为 $A \subset A \cup B, B \subset A \cup B$,由定理 2,有 $A' \subset (A \cup B)', B' \subset (A \cup B)'$,所以
$$A' \cup B' \subset (A \cup B)'.$$

下证 $(A \cup B)' \subset A' \cup B'$.任取 $P \in (A \cup B)'$,往证 $P \in A' \cup B'$.用反证法.若不然,则 $P \notin A'$,且 $P \notin B'$.于是,存在 $N_1(P)$,使 $(N_1(P) - \{P\}) \cap A = \varnothing$;也存在 $N_2(P)$,使 $(N_2(P) - \{P\}) \cap B = \varnothing$.作 P 的邻域 $N_3(P)$,使 $N_3(P) \subset N_1(P) \cap N_2(P)$,则
$$(N_3(P) - \{P\}) \cap (A \cup B) = \varnothing.$$

故 $P \notin (A \cup B)'$,产生矛盾,从而 $P \in A' \cup B'$.由 P 的任意性,知
$$(A \cup B)' \subset A' \cup B'.$$

综上,有 $(A \cup B)' = A' \cup B'$.

注意:一般地,$(A \cap B)' \neq A' \cap B'$.事实上,$(A \cap B)' \subset A' \cap B'$,但反之未必成立.例如,设 $A = \mathbb{Q}, B = \mathbb{Q}^c$,则 $(A \cap B)' = \varnothing, A' = B' = \mathbb{R}$,从而 $A' \cap B' = \mathbb{R}$,即 $(A \cap B)' \supset A' \cap B'$ 不成立.

思考:$\overline{A \cup B} = \overline{A} \cup \overline{B}, \overline{A \cap B} = \overline{A} \cap \overline{B}, (A \cup B)^\circ = A^\circ \cup B^\circ, (A \cap B)^\circ = A^\circ \cap B^\circ$ 是否成立?

定理 4(波耳查诺-维尔斯特拉斯(Bolzano-Weierstrass)定理) 若 E 是 $\mathbb{R}^n$ 中有界的无穷集,则 E 至少有一个聚点 P(P 可以不属于 E),即 $E' \neq \varnothing$.

该定理的证明方法与数学分析课程中 $\mathbb{R}$ 和 $\mathbb{R}^2$ 情形的证明相同,这里从略.

思考:定理 4 中有界与无穷集的条件是否可以去掉?

二、孤立集与稠密集

下面我们按照点集中的点在 $\mathbb{R}^n$ 中的稠密程度将点集进行分类.

定义 4 如果点集 E 的每一个点都是孤立点,则称 E 为**孤立集**.

注意:(1)孤立集为至多可数集.事实上,设 E 为孤立集,则对任意 $P \in E$,都存在 $\delta_P > 0$,使 $N(P, 2\delta_P) \cap E = \{P\}$.在 $N(P, \delta_P)$ 中取一有理点 R_P,则当 $P_1 \neq P_2$ 时,必有 $R_{P_1} \neq R_{P_2}$.用反证法证明之:假设 $R_{P_1} = R_{P_2}$,则
$$\rho(P_1, P_2) \leqslant \rho(P_1, R_{P_1}) + \rho(R_{P_1}, P_2)$$
$$= \rho(P_1, R_{P_1}) + \rho(R_{P_2}, P_2)$$
$$< \delta_{P_1} + \delta_{P_2}$$
$$\leqslant 2 \max\{\delta_{P_1}, \delta_{P_2}\}.$$

不妨设 $\max\{\delta_{P_1}, \delta_{P_2}\} = \delta_{P_1}$,于是 $\rho(P_1, P_2) < 2\delta_{P_1}$.因此 $P_2 \in N(P_1, 2\delta_{P_1})$,从而
$$P_2 \in N(P_1, 2\delta_{P_1}) \cap E.$$

这与 $N(P_1, 2\delta_{P_1}) \cap E = \{P_1\}$ 矛盾.上述事实说明 $P \mapsto R_P$ 是一对一的.由于全体有理点构成的集合为可数集,所以 E 为至多可数集.

(2) E 为孤立集 $\Leftrightarrow E \cap E' = \varnothing$.

定义 5 若 $E' = \varnothing$,则称 E 为**离散集**.

注意:离散集都是孤立集,但孤立集不一定都是离散集合.例如,点集

$$E = \left\{ 1, \frac{1}{2}, \frac{1}{3}, \cdots, \frac{1}{n}, \cdots \right\}$$

为孤立集,但 $E' = \{0\}$,所以 E 不是离散集.

定义 6 设 $E \subset \mathbb{R}^n$. 若 $\overline{E} = \mathbb{R}^n$,则称 E 为 $\mathbb{R}^n$ 中的**稠密集**;若 $\overline{E}$ 中不包含任何邻域,则称 E 为**无处稠密集**或**疏朗集**.

例如,有理数集 $\mathbb{Q}$ 为 $\mathbb{R}$ 中的稠密集,整数集 $\mathbb{Z}$ 为 $\mathbb{R}$ 中的疏朗集.

习 题 2.5

1. 简答题:

(1) 若 $A \subset \mathbb{R}^n$ 为无穷集,是否一定有 $A' \neq \varnothing$?

(2) 是否对任意集合都有 $A° \cup B° = (A \cup B)°$ 成立?这两个集合的关系是什么?

(3) 是否存在离散的无穷集?

(4) 设 $E \subset \mathbb{R}^n, x_0 \in \mathbb{R}^n$. 若存在 $\delta > 0$,使 $N(x_0, \delta)$ 中含有 E 的无穷多个点,$x_0 \in E'$ 是否成立?

(5) 有界无穷集是否都有聚点?

(6) 设 $E \subset \mathbb{R}^n, x_0 \in \mathbb{R}^n$. 若对任意 $\delta > 0$,都有 $N(x_0, \delta) \cap E \neq \varnothing$,是否一定有 $x_0 \in E'$?

(7) "点集 E 的每一点或为孤立点或为聚点,二者必居其一且只居其一"这句话是否正确?

(8) 若 x 为 E 的孤立点,x 一定为 E 的边界点吗?

(9) 若 x 是 E 的边界点,x 一定不是 E 的聚点吗?试举例说明.

(10) 若 x 是 E 的聚点,但不是 E 的边界点,x 一定是 E 的内点吗?

(11) $A' \cap B' = (A \cap B)'$ 是否正确?为什么?

(12) 若 A 是 B 的真子集,A' 与 B' 的关系是什么?

(13) $\overline{A' \cup B'}$ 与 $\overline{(A \cup B)'}$ 的关系是什么?

(14) 若 $P_0 \in \overline{E}$,"对任意 $\delta > 0$,均有 $N(P_0, \delta) \cap E \neq \varnothing$"这句话是否正确?

2. 证明:(1) $P_0 \in E'$ 当且仅当任意含有 P_0 的邻域 $N(P)$(不一定以 P_0 为中心)中恒有异于 P_0 的点 P_1 属于 E(事实上,这样的 P_1 还有无穷多个);

(2) $P_0 \in E°$ 当且仅当存在含有 P_0 的邻域 $N(P)$(不一定以 P_0 为中心),使 $N(P) \subset E$.

3. 证明:当 E 为 $\mathbb{R}^n$ 中不可数的无穷点集时,E' 不可能是有限集,也不可能是可数集.

4. 设 $E'=\varnothing$,证明:E 为至多可数集;若还有 E 为非空有界集,则 E 只能是有限集.

5. (1) 设 E 为 $[0,1]$ 中的有理点集,求 E 在 $\mathbb{R}$ 中的导集、内域、闭包;

(2) 设 E 为 $[0,1]\times\{0\}$ 中的有理点集,求 E 在 $\mathbb{R}^2$ 中的导集、内域、闭包;

(3) 设 $E=\{(x,y)\mid x^2+y^2<1\}$,求 E 在 $\mathbb{R}^2$ 中的导集、内域、闭包.

6. 设 E 为函数

$$y=\begin{cases}\sin\dfrac{1}{x}, & x\neq 0,\\ 0, & x=0\end{cases}$$

的图形上的点构成的集合,求 E 在 $\mathbb{R}^2$ 中的导集、内域、闭包.

§2.6 开集、闭集及其构造

一、开集、闭集及其性质

开集与闭集是两类重要的集合,它们是构造其他集合及定义拓扑空间的基础.

定义 1 设 $E\subset\mathbb{R}^n$.若 E 中的每一个点都是 E 的内点,则称 E 为**开集**.

注意:(1) E 为开集 $\Longleftrightarrow E=E^\circ$.

(2) $\mathbb{R}^n$ 为开集.规定空集 $\varnothing$ 为开集.

(3) 一个集合是否为开集与该集合所在的空间有关.例如,$(0,1)$ 是 $\mathbb{R}$ 上的开集,但若将其看做 $\mathbb{R}^2$ 上的集合,即 $(0,1)\times\{0\}$ 时,则不是开集.

定义 2 设 $E\subset\mathbb{R}^n$.若 E 的每一个聚点都属于 E,即 $E'\subset E$,则称 E 为**闭集**.

注意:(1) E 为闭集 $\Longleftrightarrow E=\overline{E}\Longleftrightarrow E^b\subset E$.

(2) $\mathbb{R}^n$ 是闭集.规定 $\varnothing$ 也为闭集.所以 $\varnothing$ 和 $\mathbb{R}^n$ 既是开集也是闭集.

定义 3 设 $E\subset\mathbb{R}^n$.若 E 的每一个点都是 E 的聚点,即 $E\subset E'$,则称 E 为**自密集**.

注意:(1) E 为自密集 $\Longleftrightarrow E'=\overline{E}$;

(2) 任意多个自密集的并集仍为自密集(见习题 2.6 的第 3 题);

(3) 有理数集与无理数集均为自密集.

定义 4 自密的闭集称为**完备集**或**完全集**.

注意:(1) E 为完备集 $\Longleftrightarrow E=E'$;

(2) $\varnothing$ 和 $\mathbb{R}^n$ 都是完备集.

开集和闭集是 $\mathbb{R}^n$ 中最基本的两类子集.事实上,在 $\mathbb{R}^n$ 中更多的子集既不是开集也不是闭集.下面定义 $\mathbb{R}^n$ 中另外两类非常重要的子集.

定义 5 设 $E\subset\mathbb{R}^n$.若 E 是可数个开集的交,则称 E 为 G_δ 集;若 E 是可数个闭集的并,

则称 E 为 $\boldsymbol{F_\sigma}$ 集；通过将开集取余集，作可数次交、可数次并等手续而得到的集合称为**博雷尔**(Borel,1871—1956)**集**.

注意：$\mathbb{R}^n$ 中任何区间均既是 G_δ 集又是 F_σ 集（见习题 2.6 中第 1 题的(1)与(2)）.

定理 1 设 $E\subset\mathbb{R}^n$，则 E° 是开集，E' 和 $\overline{E}$ 都是闭集.

证明 先证 E° 是开集. 若 $E^\circ=\varnothing$，则 E° 是开集.

若 $E^\circ\neq\varnothing$，任取 $P\in E^\circ$，存在 P 的某邻域 $N(P)\subset E$. 对任意 $Q\in N(P)$，存在 Q 的某邻域 $N(Q)$，使 $N(Q)\subset N(P)\subset E$，所以 $Q\in E^\circ$. 因此 $N(P)\subset E^\circ$，即 P 是 E° 的内点，也即 $P\in(E^\circ)^\circ$. 由 P 的任意性，知 E° 是开集.

下证 E' 为闭集. 若 $(E')'=\varnothing$，则 $(E')'\subset E'$，即 E' 是闭集.

若 $(E')'\neq\varnothing$，任取 $P\in(E')'$，则对任意 $N(P)$，有 $(N(P)-\{P\})\cap E'\neq\varnothing$. 取 $P_1\in(N(P)-\{P\})\cap E'$. 因 $P_1\in N(P)$，故存在 $N(P_1)\subset N(P)$，且 $P\notin N(P_1)$. 又因为 $P_1\in E'$，所以 $(N(P_1)-\{P_1\})\cap E\neq\varnothing$. 取 $P_2\in(N(P_1)-\{P_1\})\cap E$. 综上，有 $P_2\in(N(P)-\{P\})\cap E$，即 $(N(P)-\{P\})\cap E\neq\varnothing$，因此 $P\in E'$. 由点 P 的任意性，知 $(E')'\subset E'$，于是 E' 是闭集.

因为 $(\overline{E})'=(E\cup E')'=E'\cup(E')'\subset E'\cup E'=E'\subset\overline{E}$，所以 $\overline{E}$ 是闭集.

定理 2（开集与闭集的对偶性） 若 G 是开集，则 G^c 是闭集；若 G 是闭集，则 G^c 是开集.

证明 设 G 是开集. 由于 $\overline{G^c}=(G^\circ)^c=G^c$，因此 G^c 是闭集.

设 G 是闭集. 由于 $(G^c)^\circ=(\overline{G})^c=G^c$，因此 G^c 是开集.

定理 3 任意多个闭集的交集是闭集；有限多个闭集的并集是闭集.

证明 设 $F=\bigcap_{\lambda\in\Lambda}F_\lambda$，其中 $F_\lambda(\lambda\in\Lambda)$ 均为闭集. 因为 $F\subset F_\lambda$，所以 $F'\subset F'_\lambda$. 故

$$F'\subset\bigcap_{\lambda\in\Lambda}F'_\lambda\subset\bigcap_{\lambda\in\Lambda}F_\lambda=F,$$

即 F 为闭集.

设 $F=F_1\cup F_2$，其中 $F_i(i=1,2)$ 均为闭集，则

$$F'=(F_1\cup F_2)'=F'_1\cup F'_2\subset F_1\cup F_2=F.$$

故 F 为闭集. 由数学归纳法可以证明任意有限个集合的情形.

注意：任意多个闭集的并集不一定是闭集. 例如，设

$$F_n=\left[-1+\frac{1}{n},1-\frac{1}{n}\right]\quad(n=1,2,\cdots),$$

则 F_n 均为闭集，而 $\bigcup_{n=1}^\infty F_n=\bigcup_{n=1}^\infty\left[-1+\frac{1}{n},1-\frac{1}{n}\right]=(-1,1)$ 为开集.

定理 4 任意多个开集的并集是开集；有限个开集的交集是开集.

证明 设 $G=\bigcup_{\lambda\in\Lambda}G_\lambda$，其中 $G_\lambda((\lambda\in\Lambda))$ 均为开集. 由德·摩根公式，$G^c=\bigcap_{\lambda\in\Lambda}G^c_\lambda$ 为闭集，从而 $G=(G^c)^c$ 为开集.

设 $G=\bigcap_{i=1}^{n}G_i$,其中 $G_i((i=1,2,\cdots,n))$ 均为开集.由德·摩根公式,$G^c=\bigcup_{i=1}^{n}G_i^c$ 为闭集,从而 $G=(G^c)^c$ 为开集.

注意:任意多个开集的交集不一定是开集.例如,设

$$G_n=\left(-\frac{1}{n},\frac{1}{n}\right) \quad (n=1,2,\cdots),$$

则每个 G_n 是开集,而 $\bigcap_{n=1}^{\infty}G_n=\bigcap_{n=1}^{\infty}\left(-\frac{1}{n},\frac{1}{n}\right)=\{0\}$ 为闭集.

在数学分析课程中,我们已经学习了 $\mathbb{R}^2$ 中的海涅-博雷尔有限覆盖定理,下面将之推广到更一般的情形,证明从略.

定理 5(海涅-博雷尔有限覆盖定理) 设 F 为有界闭集,$\mathcal{M}$ 是一族开集且其完全覆盖了 F(即对任意 $x\in F$,存在 $M\in \mathcal{M}$,使 $x\in M$),则在 $\mathcal{M}$ 中一定存在有限个开集 $M_1,M_2,\cdots,M_m$,它们也覆盖了 F.

二、一维开集、闭集、完备集的构造

下面的定理说明,实数集中的非空开集可由开区间"生成".事实上,在点集拓扑学中我们将知道,所有开区间构成的集族为实数集通常拓扑(即由所有 $\mathbb{R}^n$ 的开集构成的集族)的基,于是可以通过对其性质的研究得到所有开集具有的性质.

定理 6(开集的构造定理) 直线上非空集合 G 为开集当且仅当 G 可以表示成有限个或可数个互不相交的开区间的并,这些开区间的端点都不属于 G(这些开区间称为 G 的**构成区间**).

证明 定理的充分性显然.

必要性的证明:因为 G 为开集,所以对任意 $x\in G$,都存在开区间 (α,β),使 $x\in(\alpha,\beta)\subset G$.令

$$\alpha'=\inf\{\alpha\mid(\alpha,x]\subset G\}, \quad \beta'=\sup\{\beta\mid[x,\beta)\subset G\},$$

则 $x\in(\alpha',\beta')\subset(-\infty,+\infty)$.记 $I_x=(\alpha',\beta')$,下证 I_x 为 G 的构成区间.先证 $I_x\subset G$.对任意 $a\in(\alpha',x)$,由下确界的定义并结合 α' 的构造,知存在 $\alpha_1\in(\alpha',a)$,使 $a\in(\alpha_1,x]\subset G$,于是 $(\alpha',x]\subset G$.类似可证 $[x,\beta')\subset G$,故 $I_x\subset G$.下证 $\alpha',\beta'\notin G$.用反证法.假若 $\alpha'\in G$,则 α' 是 G 的内点.于是存在 $\alpha_2<\alpha'$,使 $(\alpha_2,\alpha']\subset G$,从而 $(\alpha_2,x]=(\alpha_2,\alpha']\cup(\alpha',x]\subset G$.这与 α' 的定义矛盾,所以 $\alpha'\notin G$.同理,$\beta'\notin G$.显然,有 $G=\bigcup_{x\in G}I_x$.最后证明,对 $x\neq y$,$I_x\cap I_y=\varnothing$.设 $I_x=(\alpha',\beta')$,$I_y=(\alpha'',\beta'')(x\neq y)$,不妨设 $\beta'<\beta''$.若 $\beta'>\alpha''$,则 $\beta'\in(\alpha'',\beta'')\subset G$.上面已证 $\beta'\notin G$,矛盾.故应有 $\beta'\leqslant\alpha''$.因此 $I_x\cap I_y=\varnothing$.综上,I_x 为 G 的构成区间.从每个构成区间中取定一个有理数,则得到所有构成区间构成的集合族与有理数集的子集之间的 1-1 对应.因

为有理数集为可数集,所以构成区间的全体构成的集合族为至多可数集.

由定理 6 与定理 2,易得直线上闭集与完备集的构造定理.

定理 7(闭集的构造定理) 直线上非空集合 F 为闭集当且仅当 F 是从直线 $\mathbb{R}$ 中挖去有限个或可数个互不相交的开区间(即 F 的余区间)所得到的集合,这些开区间的端点都属于 F(这些开区间称为 F 的**邻接区间**).

定理 8(完备集的构造定理) 直线上非空集合 F 为完备集当且仅当 F 是从直线 $\mathbb{R}$ 中挖去有限个或可数个彼此没有公共端点的开区间所得到的集合,这些开区间的端点都属于 F.

三、康托尔集

康托尔集是集合论中非常重要的集合,它有许多"奇特"的性质,对它的研究可以破除我们头脑中原有的对集合认识的禁锢.

1. 康托尔集的构造

将闭区间 $[0,1]$ 三等分,挖去中间的开区间 $I_1^{(1)} = \left(\dfrac{1}{3}, \dfrac{2}{3}\right)$,剩下两个闭区间 $\left[0, \dfrac{1}{3}\right]$,$\left[\dfrac{2}{3}, 1\right]$;将上面两个闭区间再分别三等分,挖去中间的两个开区间 $I_1^{(2)} = \left(\dfrac{1}{9}, \dfrac{2}{9}\right)$,$I_2^{(2)} = \left(\dfrac{7}{9}, \dfrac{8}{9}\right)$. 一般地,第 n 次挖去 2^{n-1} 个长度为 $\dfrac{1}{3^n}$ 的开区间 $I_i^{(n)}$ ($i=1,2,\cdots,2^{n-1}$),剩下 2^n 个长度为 $\dfrac{1}{3^n}$ 的互不相交的闭区间. 如此下去,就从 $[0,1]$ 中挖去了可数个互不相交而且没有公共端点的开区间 $I_i^{(n)}$ ($i=1,2,\cdots,2^{n-1}$; $n=1,2,\cdots$). 设挖去的这些开区间的并集为 G,即 $G = \bigcup_{n=1}^{\infty} \bigcup_{i=1}^{2^{n-1}} I_i^{(n)}$,则 G 为开集. 设 $P = [0,1] - G$(因 $P = [0,1] \cap G^c$,故 P 为闭集),称 P 为**康托尔集合**,简称为**康托尔集**.

2. 康托尔集的性质

康托尔集具有以下性质:

(1) P 是完备集.

因为 P 的邻接区间彼此没有公共端点,所以 P 为完备集.

(2) P 是疏朗集.

因为 P 是闭集,即 $P = \overline{P}$,所以只需证明 P 中不含有任何邻域. 事实上,对任意 $x \in P$,任意 $\delta > 0$,取 $n \in \mathbb{Z}_+$,使 $\dfrac{1}{3^n} < \delta$,则在进行第 n 次挖去过程后,x 必在余下的 2^n 个长度为 $\dfrac{1}{3^n}$ 的某个闭区间中,不妨记为 Δ. 显然 $\Delta \subset N(x, \delta)$. 因为接下去还要对 Δ 进行三等分并挖去中间的开区间,因此在 Δ 中含有不属于 P 的点,从而在 $N(x, \delta)$ 中含有不属于 P 的点. 由 x 与 δ

的任意性,知 P 中不包含任何邻域,故 P 是疏朗集.

(3) $\overline{\overline{P}} = c$.

将 P 中的点 x 用三进位无穷小数表示(当有两种表示时都用有限表示),必有

$$x = \sum_{n=1}^{\infty} \frac{c_n(x)}{3^n}, \quad c_n(x) = 0, 2$$

(见江泽坚等的《实变函数论(第三版)》,第 36 页). 易知,这种小数全体与

$$x = \sum_{n=1}^{\infty} \frac{c'_n(x)}{2^n}, \quad c'_n(x) = 0, 1$$

的全体构成 1-1 对应,而后者全体与 $[0,1]$ 对等,故 $\overline{\overline{P}} = c$.

(4) G 中所含开区间的长度总和为 $\sum_{n=1}^{\infty} \frac{2^{n-1}}{3^n} = 1$. 由下一章的知识,可得 P 的测度为零.

四、$\mathbb{R}^n (n \geq 2)$ 中的开集与闭集

定理 9 设 $G \subset \mathbb{R}^n$ 为非空开集,则存在可数个互不相交的左开右闭(或左闭右开)区间 I_j ($j = 1, 2, \cdots$),使 $G = \bigcup_{j=1}^{\infty} I_j$.

证明 对每个正整数 k,$\mathbb{R}^n$ 都可以分解为可数个如下形式的互不相交的左开右闭区间:

$$\left\{ (x_1, x_2, \cdots, x_n) \left| \frac{m_i}{2^k} < x_i \leq \frac{m_i + 1}{2^k}, i = 1, 2, \cdots, n \right. \right\} \quad (m_i \in \mathbb{Z}).$$

对于不同的 k 和 m_i,上面的左开右闭区间或者不相交,或者一个含于另一个. 用 $I_1^{(k)}, I_2^{(k)}, \cdots$ 表示上述那些区间中完全包含于 G 内,但不被任何 $I_j^{(l)}$ ($l < k$) 包含的区间. 于是得到可数个互不相交的左开右闭区间 $I_j^{(k)}$ ($1 \leq j < +\infty, k = 1, 2, \cdots$),且 $\bigcup_{j,k} I_j^{(k)} \subset G$. 下证 $G \subset \bigcup_{j,k} I_j^{(k)}$. 对任意 $x \in G$,存在 $\delta > 0$,使以 x 为中心,以 2δ 为棱长的开区间 I_x 包含于 G. 当 $\frac{1}{2^k} < \delta$ 时,必有某个 $I_j^{(k)}$ 包含 x. 由 x 的任意性,知 $G \subset \bigcup_{j,k} I_j^{(k)}$. 综上,有 $G = \bigcup_{j,k} I_j^{(k)}$.

由定理 9 与定理 2,可得 $\mathbb{R}^n$ 中闭集的如下构造定理:

定理 10 $\mathbb{R}^n (n \geq 2)$ 中非空闭集 F 可以从 $\mathbb{R}^n$ 中去掉可数个互不相交的左开右闭(或左闭右开区间)得到.

定义 6 设 G 为 $\mathbb{R}^n$ 中的非空开集,$G = \bigcup_{j=1}^{\infty} I_j$,其中 I_j 为 G 的构成区间,称 $\sum_{j=1}^{\infty} |I_j|$ 为 G 的**体积**,记做 $|G|$.

定义 7 设 F 为 $\mathbb{R}^n$ 中的非空有界闭集,I 为 $\mathbb{R}^n$ 中的开区间,且 $I \supset F$,于是 $G = I - F$ 为开集. 称 $|I| - |G|$ 为 F 的**体积**,记做 $|F|$.

习 题 2.6

1. 简答题:

(1) 试说明在实数集 $\mathbb{R}$ 中, 闭区间 $[0,1]$ 是一个 G_δ 集.

(2) 试说明在实数集 $\mathbb{R}$ 中, 开区间 $(0,1)$ 是一个 F_σ 集.

(3) 开集一定为自密集吗?

(4) 完备集一定不是开集吗?

(5) 孤立集一定是闭集吗?

(6) 离散集一定是闭集吗?

(7) 设 A, B 是 $\mathbb{R}^n$ 中的两个集合, $\overline{A} - B'$ 是否一定为闭集?

(8) 设 A, B 是 $\mathbb{R}^n$ 中的两个集合, $\overline{A} \cup B' - A^\circ$ 是否一定为闭集?

(9) 若 A 为闭集, B 为有限集, $A \cup B$ 是否一定为闭集?

(10) 若 A 既不是开集也不是闭集, B 是闭集, $A \cup B$ 可能是闭集吗?

(11) 若 E 中不含孤立点, E 一定是自密集吗?

(12) 若 F 是闭集, G 是开集, $G - F$ 一定是开集吗?

(13) "若点集 E 中存在一收敛点列 $\{x_n\}_{n=1}^\infty$, 使 $\lim_{n\to\infty} x_n = x_0 \notin E$, 则 E 一定不是闭集"这句话是否正确?

(14) 设 E 是 $\mathbb{R}^n$ 中任一点集, $(E^\circ)'$ 一定是闭集吗?

(15) 若 G_1, G_2 均为开集, $G_1 - G_2$ 是什么集合?

(16) 设 $\{A_n\}_{n=1}^\infty$ 为 $\mathbb{R}^n$ 中的点集序列, $\left(\bigcup_{n=1}^\infty A_n^\circ\right)^c$ 是开集还是闭集? 为什么?

(17) 设 $\{B_n\}_{n=1}^\infty$ 是 $\mathbb{R}^n$ 中的点集序列, $\left(\bigcap_{n=1}^\infty B_n'\right)^c$ 是开集还是闭集? 为什么?

(18) 设 A, B 是 $\mathbb{R}^n$ 中的点集, $(A^\circ - A') \cap (\overline{B})^c$ 是开集还是闭集? 为什么?

(19) 边界点都不在其中的点集是什么集合?

(20) G_1, G_2 均为开集是 $G_1 \cup G_2$ 为开集的充分条件还是必要条件?

2. 证明: 两个完备集的并集还是完备集.

3. 证明: 点集 F 为闭集当且仅当 $\overline{F} = F$.

4. 证明: 点集 F 为闭集当且仅当 F 中任一收敛点列 $\{P_n\}_{n=1}^\infty$ 的极限点都属于 F.

5. 设 $E \subset \mathbb{R}^n$, 证明: $\overline{E}$ 是 $\mathbb{R}^n$ 中包含 E 的最小闭集.

6. 证明: 任何邻域 $N(P_0, \delta)$ 均为开集(因此邻域也通常称为**开邻域**), 且 $\overline{N(P_0, \delta)} = \{P \mid \rho(P, P_0) \leq \delta\}$ (通常称之为**闭邻域**).

7. 证明: 任何闭集均可表示为可数个开集的交; 任何开集均可表示为可数个闭集的并.

8. 设 $f(x)$ 是 $E=(-\infty,+\infty)$ 上的实值连续函数，证明：对任意常数 a，$E[f>a]$ 均为开集，$E[f\geq a]$ 均为闭集.

9. 证明：$f(x)$ 在闭区间 $[a,b]$ 上连续当且仅当对任意实数 c，$E[f\geq c]$ 与 $E[f\leq c]$ 均为闭集.

10. 利用海涅-博雷尔有限覆盖定理证明波耳查诺-维尔斯特拉斯定理.

11. 设 $F_n(n=1,2,\cdots)$ 均为闭区间 $[a,b]$ 的闭子集，证明：若 $\bigcap\limits_{n=1}^{\infty}F_n=\varnothing$，则必有正整数 N，使 $\bigcap\limits_{n=1}^{N}F_n=\varnothing$.

12. 证明林德略夫 (Lindelöf) 定理：设 $E\subset\mathbb{R}^n$，$\mathscr{M}$ 为一族完全覆盖 E 的开邻域，则 $\mathscr{M}$ 中有可数个或有限个开邻域也完全覆盖 E.

13. 证明：$\mathbb{R}^n$ 中全体有理点构成的集合为 F_σ 集.

14. 证明：全体有理数构成的集合不是 G_δ 集，即不能表示成可数个开集的交.

15. 设 $f(x)$ 是定义在开集 $G\subset\mathbb{R}^n$ 上的实值函数，证明：$f(x)$ 的所有连续点构成的集合为 G_δ 集.

第三章 可测集

> 实变函数论课程的中心内容是介绍一种新的积分理论——勒贝格积分理论.勒贝格测度理论是勒贝格积分理论的重要基础.测度概念是一维空间中的长度、二维空间中的面积、三维空间中的体积概念的推广.1902年,勒贝格首先建立了勒贝格测度与勒贝格积分理论,随后法国数学家弗雷歇又开创了一般 σ 代数上的抽象测度论.本章介绍勒贝格测度理论,并带有比较性地给出三种勒贝格测度的等价定义.本章介绍的勒贝格测度理论基于希腊数学家卡拉泰奥多里的研究成果.

§3.1 勒贝格测度

利用"割圆术"求圆的面积时,其面积可以用包含它的外切正多边形面积的下确界或含于它的内接正多边形面积的上确界来定义.在微积分中,曲边梯形的面积可以分别用包含该曲边梯形的小矩形面积之和(即大和)与含于该曲边梯形的小矩形面积之和(即小和)来近似代替,然后通过取极限求得曲边梯形面积的精确值.一般地,给定一个定义在闭区间 $[a,b]$ 上的实值函数,若其大和的极限与小和的极限不相等,则其在 $[a,b]$ 上的黎曼定积分不存在.上述内容的思想是本节 $\mathbb{R}^n$ 中的点集的外测度、内测度与可测集概念的思想来源.

一、勒贝格外测度

类似于古典积分理论中的达布(Darboux,1842—1917)上和,我们用区间将点集覆盖,求得这些区间的体积和.因为这种覆盖所盖住点集的"体积"(一维长度、二维面积概念的推广)大于或等于原来点集的"体积",我们求出所有这样的覆盖对应的体积和的下确界,将其作为所求点集"体积"的过剩近似值,即下面定义的点集的外测度.上述思想源于早期的约当容度. 勒贝格将约当容度中用有限个区间覆盖点集改造成用可数个区间覆盖,用这种方式度量点集更加合理. 勒贝格外测度思想也是勒贝格诸多工作中的重要创举之一.

定义 1 设 E 是 $\mathbb{R}^n$ 中的点集,$\{I_i\}_{i=1}^{\infty}$ 是 $\mathbb{R}^n$ 中的一列开区间,$E \subset \bigcup_{i=1}^{\infty} I_i$(称 $\{I_i\}_{i=1}^{\infty}$ 为 E 的**勒贝格覆盖**,简称为 **L 覆盖**),则 $\sum_{i=1}^{\infty} |I_i|$ 确定一个非负数或 $+\infty$. 称

$$\inf\left\{\sum_{i=1}^{\infty} |I_i| \;\bigg|\; E \subset \bigcup_{i=1}^{\infty} I_i\right\}$$

为 E 的**勒贝格外测度**,简称为**外测度**,记为 m^*E.

注意:(1) 因某些 I_i 可以是空集,故覆盖 E 的开区间列可以仅有有限个开区间.

(2) 若 $\{I_i\}_{i=1}^{\infty}$ 为 E 的一个 L 覆盖,则 $m^*E \leqslant \sum_{i=1}^{\infty} |I_i|$;对任意 $\varepsilon > 0$,存在 E 的一个 L 覆盖 $\{I_i\}_{i=1}^{\infty}$,使 $\sum_{i=1}^{\infty} |I_i| \leqslant m^*E + \varepsilon$.

(3) 因为 $\sum_{n=1}^{\infty} |I_n| \geqslant 0$,所以任意点集 E 都存在外测度,且 $m^*E \geqslant 0$.

(4) m^*E 可以为 $+\infty$(比如 $m^*\mathbb{R} = +\infty$).

(5) 若 E 为有界集,则 $m^*E < +\infty$.

(6) 外测度是以点集为自变量的非负函数,称为集合函数.

(7) 有限点集与可数点集的外测度均为 0. 特别地,有理数集的外测度为 0.

事实上,设 A 是 $\mathbb{R}^n$ 中的可数点集,记 $A = \{a_1, a_2, \cdots, a_i, \cdots\}$,其中 $a_i = (a_{i1}, a_{i2}, \cdots, a_{in})$ $(i=1,2,\cdots)$. 对任意 $\varepsilon > 0$,设

$$I_i = \left\{(x_{i1}, x_{i2}, \cdots, x_{in}) \;\bigg|\; a_{ij} - \frac{1}{2}\left(\frac{\varepsilon}{2^i}\right)^{1/n} < x_{ij} < a_{ij} + \frac{1}{2}\left(\frac{\varepsilon}{2^i}\right)^{1/n}, j = 1, 2, \cdots, n\right\},$$

则 $|I_i| = \frac{\varepsilon}{2^i}$,且 $a_i \in I_i$,$A \subset \bigcup_{i=1}^{\infty} I_i$,$\sum_{i=1}^{\infty} |I_i| = \sum_{i=1}^{\infty} \frac{\varepsilon}{2^i} = \varepsilon$,所以 $m^*A \leqslant \sum_{i=1}^{\infty} |I_i| = \varepsilon$. 由 ε 的任意性,得 $m^*A = 0$.

外测度具有以下基本性质:

定理 1 (1)(**非负性**)设 $E \subset \mathbb{R}^n$,则 $m^*E \geqslant 0$. 特别地,$m^*\varnothing = 0$.

(2)(**单调性**)若 $A \subset B \subset \mathbb{R}^n$,则 $m^*A \leqslant m^*B$.

(3)(**次可加性**)设 $\{E_i\}_{i=1}^{\infty}$ 为 $\mathbb{R}^n$ 中的点集序列,则 $m^*\left(\bigcup_{i=1}^{\infty} E_i\right) \leqslant \sum_{i=1}^{\infty} m^*E_i$.

(4)(**平移不变性**)设 $E \subset \mathbb{R}^n$,$x \in \mathbb{R}^n$,则 $m^*(E+x) = m^*E$,其中

$$E + x = \{y + x \mid y \in E\}.$$

第三章 可测集

证明 (1) 由外测度的定义,即得 $m^*E \geq 0$. 当 $E = \varnothing$ 时,对任意 $\varepsilon > 0$,取开区间 I,使 $|I| < \varepsilon$,于是 $m^*\varnothing \leq |I| < \varepsilon$. 由 ε 的任意性,可知 $m^*\varnothing = 0$.

(2) 因为覆盖 B 的开区间列 $\{I_i\}_{i=1}^\infty$ 也一定覆盖 A,由下确界的定义,结论成立.

(3) 对任意 $\varepsilon > 0$,由外测度定义,对每个 i,都存在开区间列 $\{I_{i,m}\}_{m=1}^\infty$,使 $E_i \subset \bigcup_{m=1}^\infty I_{i,m}$,且
$$\sum_{m=1}^\infty |I_{i,m}| \leq m^*E_i + \frac{\varepsilon}{2^i}$$
(这里用"$\leq$"号,是因为 m^*E_i 可能是 $+\infty$). 于是 $\bigcup_{i=1}^\infty E_i \subset \bigcup_{i=1}^\infty \bigcup_{m=1}^\infty I_{i,m}$,且
$$\sum_{i,m=1}^\infty |I_{i,m}| = \sum_{i=1}^\infty \sum_{m=1}^\infty |I_{i,m}| \leq \sum_{i=1}^\infty \left(m^*E_i + \frac{\varepsilon}{2^i} \right) = \sum_{i=1}^\infty m^*E_i + \sum_{i=1}^\infty \frac{\varepsilon}{2^i} = \sum_{i=1}^\infty m^*E_i + \varepsilon.$$
因此
$$m^*\left(\bigcup_{i=1}^\infty E_i \right) \leq \sum_{i,m=1}^\infty |I_{i,m}| \leq \sum_{i=1}^\infty m^*E_i + \varepsilon.$$
由 ε 的任意性,结论成立.

(4) 因为开区间的"体积"在平移下是保持不变的,由外测度的定义,结论成立.

注意:当结论(3)中的等号"$=$"成立时,称具有**可加性**. 对于有限个点集,结论(3)显然成立,即
$$m^*\left(\bigcup_{i=1}^n E_i \right) \leq \sum_{i=1}^n m^*E_i.$$

定理 2 设 I 为 $\mathbb{R}^n$ 中的任意区间,则 $m^*I = |I|$.

证明 (1) 若 I 为开区间,由外测度的定义,结论成立.

(2) 若 I 为闭区间,对任意 $\varepsilon > 0$,存在开区间 J,使 $I \subset J$,且 $|J| < |I| + \varepsilon$. 由外测度的定义,有 $m^*I \leq |J| < |I| + \varepsilon$. 由 ε 的任意性,知 $m^*I \leq |I|$.

下证 $m^*I \geq |I|$. 对任意 $\varepsilon > 0$,存在 I 的一个 L 覆盖 $\{I_i\}_{i=1}^\infty$,使
$$\sum_{i=1}^\infty |I_i| \leq m^*I + \varepsilon.$$
由有限覆盖定理,在 $\{I_i\}_{i=1}^\infty$ 中存在有限个开区间 $I_{i_1}, I_{i_2}, \cdots, I_{i_m}$,使 $I \subset \bigcup_{k=1}^m I_{i_k}$.

因为 $I = I \cap \bigcup_{k=1}^m I_{i_k} = \bigcup_{k=1}^m (I \cap I_{i_k})$,所以 $|I| \leq \sum_{k=1}^m |I \cap I_{i_k}|$,从而
$$|I| \leq \sum_{k=1}^m |I \cap I_{i_k}| \leq \sum_{k=1}^m |I_{i_k}| \leq \sum_{i=1}^\infty |I_i| \leq m^*I + \varepsilon.$$
由 ε 的任意性,得 $|I| \leq m^*I$. 综上,有 $m^*I = |I|$.

(3) 若 I 为任意区间,则 $I^\circ \subset I \subset \bar{I}$,故
$$m^*I^\circ \leq m^*I \leq m^*\bar{I}.$$
而 $m^*I^\circ = m^*\bar{I} = |I|$,因此 $m^*I = |I|$.

二、勒贝格内测度

为了对 $\mathbb{R}^n$ 中的点集进行度量,除了用区间对其进行覆盖外,还可以从内部去逼近点集,即求得其"体积"的不足近似值,亦即下面定义的点集的内测度.古典积分中下方图形的面积是这一思想的来源,它从其内部小矩阵的面积出发求得下方图形的面积.此外,多边形的面积通常也是用其内部所含的三角形面积进行度量的.

定义 2 设 E 是 $\mathbb{R}^n$ 中的有界集,I 为任一包含 E 的开区间,称
$$|I| - m^*(I - E)$$
为 E 的**勒贝格内测度**,简称为**内测度**,记为 m_*E.

注意:因为 $m^*(I-E)$ 是 $I-E$ 的所有 L 覆盖 $\{I_i\}_{i=1}^{\infty}$ 的体积和的下确界,又 $|\bar{I}| = |I|$,且 $\bar{I} - \bigcup_{i=1}^{\infty} I_i$ 是含于 E 的有界闭集,所以 E 的内测度可以看做含于 E 的有界闭集的体积和的上确界,即有下面的内测度等价定义:

定义 3 设 E 是 $\mathbb{R}^n$ 中的有界集,称
$$\sup\{m^*F \mid F \subset E, F \text{是有界闭集}\}$$
为 E 的**勒贝格内测度**,记为 m_*E.

内测度具有以下基本性质:

定理 3 (1)(非负性)若 E 为 $\mathbb{R}^n$ 中的有界集,则 $m_*E \geqslant 0$. 特别地,$m_*\varnothing = 0$.

(2)(单调性)设 A 与 B 均为 $\mathbb{R}^n$ 中的有界集. 若 $A \subset B$,则 $m_*A \leqslant m_*B$.

(3)(次可加性)若 $\{E_i\}_{i=1}^{\infty}$ 为 $\mathbb{R}^n$ 中的有界集序列,则
$$m_*\left(\bigcup_{i=1}^{\infty} E_i\right) \leqslant \sum_{i=1}^{\infty} m_*E_i.$$

(4)(平移不变性)设 E 为 $\mathbb{R}^n$ 中的有界集,$x \in \mathbb{R}^n$,则 $m_*(E+x) = m_*E$.

(5) 若 E 为 $\mathbb{R}^n$ 中的有界集,则 $m_*E \leqslant m^*E$.

证明 (1)—(4)的证明与外测度基本性质的证明类似,我们仅证(5).

由外测度与内测度的定义知,需要证明的是
$$\sup\{m^*F \mid F \subset E, F \text{是有界闭集}\} \leqslant \inf\left\{\sum_{i=1}^{\infty} |I_i| \,\bigg|\, E \subset \bigcup_{i=1}^{\infty} I_i\right\}.$$

因为 $F \subset E \subset \bigcup_{i=1}^{\infty} I_i$,由外测度的基本性质(2),知
$$m^*F \leqslant m^*\left(\bigcup_{i=1}^{\infty} I_i\right) \leqslant \sum_{i=1}^{\infty} m^*I_i = \sum_{i=1}^{\infty} |I_i|.$$

由 F 与 $\{I_i\}_{i=1}^{\infty}$ 的任意性,结论成立.

三、勒贝格测度

任何集合都具有外测度(有限或无穷),并且区间的外测度等于区间的体积. 考查外测度的基本性质时我们发现:对于 $\mathbb{R}^n$ 中的任意两个点集 A,B,若 $\rho(A,B)>0$,则
$$m^*(A\cup B)=m^*A+m^*B.$$
该性质中的条件 $\rho(A,B)>0$ 比较特别,根据我们处理实际问题时的经验,当两个图形不相交时,它们的长度(面积或体积)就应该可以相加,但 $\rho(A,B)>0$ 比不相交的条件苛刻得多. 下面的定理告诉我们,此条件不可以放宽为 $A\cap B=\varnothing$.

定理 4 存在 $\mathbb{R}^n$ 中不相交的点集 A,B,使 $m^*(A\cup B)\neq m^*A+m^*B$.

证明 对于任意 $x\in(0,1)$,作点集
$$R_x=\{y\in(0,1)\mid y-x\text{ 为有理数}\}.$$
因为 $x\in R_x$,所以 $R_x\neq\varnothing$. 下面证明:对于任意 $x,y\in(0,1)$,有 $R_x=R_y$ 或 $R_x\cap R_y=\varnothing$. 事实上,若 $R_x\cap R_y\neq\varnothing$,则必有 $\eta\in R_x\cap R_y$. 于是 $x-\eta$ 和 $\eta-y$ 同为有理数. 对任意 $\xi\in R_x$,因为 $\xi-y=(\xi-x)+(x-\eta)+(\eta-y)$,所以 $\xi-y$ 亦为有理数,因而 $\xi\in R_y$. 故 $R_x\subset R_y$. 同理可证 $R_x\supset R_y$. 于是 $R_x=R_y$.

按照上面的方法,整个开区间 $(0,1)$ 就被分解为互不相交的 R_x 之并. 从每个 R_x 中取出一点(仅取一点)作成一个集合 S,当然 $S\subset(0,1)$.

设 $(-1,1)$ 中全体有理数构成的集合为 $\{r_1,r_2,\cdots,r_k,\cdots\}$,记 $S_k=\{t+r_k\mid t\in S\}$,则 $S_k\subset(-1,2)$,且 $S_k\cap S_m=\varnothing(k\neq m)$. 事实上,若存在 $s\in S_k\cap S_m$,则存在 $t_1,t_2\in S$,使
$$t_1+r_k=s=t_2+r_m.$$
于是 $t_1-t_2=r_m-r_k$ 为有理数. 因此 t_1,t_2 属于同一个 R_x,从而 $t_1=t_2$,进而 $r_k=r_m$. 这与 $k\neq m$ 产生矛盾. 故必有 $S_k\cap S_m=\varnothing$.

现在来证明
$$(0,1)\subset\bigcup_{k=1}^{\infty}S_k. \tag{3.1}$$
任取 $x\in(0,1)$,设构造 S 时从 R_x 中取出的元素为 τ,则 $x-\tau$ 为有理数,且 $-1<x-\tau<1$. 令 $r_k=x-\tau$,从而 $x=r_k+\tau\in S_k$,故 $(0,1)\subset\bigcup_{k=1}^{\infty}S_k$.

由 (3.1) 式,可得 $1=m^*(0,1)\leqslant m^*\left(\bigcup_{k=1}^{\infty}S_k\right)\leqslant\sum_{k=1}^{\infty}m^*S_k=\sum_{k=1}^{\infty}m^*S$,因此 $m^*S\neq 0$.

假设对所有的 k,都有 $m^*\left(\bigcup_{j=1}^{k+1}S_j\right)=m^*S_{k+1}+m^*\left(\bigcup_{j=1}^{k}S_j\right)$,则由数学归纳法容易证得
$$m^*\left(\bigcup_{j=1}^{k}S_j\right)=km^*S.$$

由于 $m^*S \neq 0$,可取 k,使得 $km^*S > 3$. 因为 $\bigcup_{j=1}^{k} S_j \subset (-1,2)$,所以
$$km^*S = m^*\Big(\bigcup_{j=1}^{k} S_j\Big) \leqslant m^*(-1,2) = 3 < km^*S.$$
上述矛盾表明,存在 k,使
$$m^*\Big(\bigcup_{j=1}^{k+1} S_j\Big) \neq m^*S_{k+1} + m^*\Big(\bigcup_{j=1}^{k} S_j\Big).$$
设 $A = \bigcup_{j=1}^{k} S_j, B = S_{k+1}$,则
$$A \cap B = \varnothing, \quad \text{且} \quad m^*(A \cup B) \neq m^*A + m^*B.$$

定理 4 告诉我们,集合的外测度不具有可加性. 这是否是由于我们定义外测度的方法有缺陷呢? 事实上, 在上面的推导过程中, 我们只用到了外测度的非负性、单调性、次可数可加性、平移不变性以及区间的外测度等于区间的体积等这些必须具备的性质, 而与外测度的定义方式无关. 无论如何改变定义方式, 都不能使任意两个不相交的集合的并的外测度等于它们的外测度之和, 这是集合"与生俱来"的缺陷.

但是, 可加性是处理集合问题的重要因素, 为此我们不得不把某些"奇异"的集合划分出来, 称之为"不可测"集合, 而在剩余的所谓"可测"集合范围内使可加性成立.

开区间应该属于可测集合类, 因此若点集 E 可测, 由测度的可加性, 对任意开区间 I 应有
$$m^*I = m^*(I \cap E) + m^*(I \cap E^c).$$
这种可测集合对开区间的度量分割性是可测集合的本质.

引理 设 $E \subset \mathbb{R}^n$,则对 $\mathbb{R}^n$ 中的任意开区间 I,
$$m^*I = m^*(I \cap E) + m^*(I \cap E^c)$$
成立当且仅当对 $\mathbb{R}^n$ 中的任意点集 T,有卡拉泰奥多里条件
$$m^*T = m^*(T \cap E) + m^*(T \cap E^c)$$
成立.

证明 充分性显然成立.

下面证明必要性. 对任意 $\varepsilon > 0$,存在开区间列 $\{I_i\}_{i=1}^{\infty}$,使 $T \subset \bigcup_{i=1}^{\infty} I_i$,且
$$\sum_{i=1}^{\infty} I_i \leqslant m^*T + \varepsilon.$$
因为
$$T \cap E \subset \Big(\bigcup_{i=1}^{\infty} I_i\Big) \cap E = \bigcup_{i=1}^{\infty} (I_i \cap E), \quad T \cap E^c \subset \Big(\bigcup_{i=1}^{\infty} I_i\Big) \cap E^c = \bigcup_{i=1}^{\infty} (I_i \cap E^c),$$
所以由外测度的单调性和次可数可加性,有
$$m^*(T \cap E) \leqslant \sum_{i=1}^{\infty} m^*(I_i \cap E), \quad m^*(T \cap E^c) \leqslant \sum_{i=1}^{\infty} m^*(I_i \cap E^c),$$

从而
$$m^*(T\cap E)+m^*(T\cap E^c)\leqslant \sum_{i=1}^{\infty}m^*(I_i\cap E)+\sum_{i=1}^{\infty}m^*(I_i\cap E^c)$$
$$=\sum_{i=1}^{\infty}[m^*(I_i\cap E)+m^*(I_i\cap E^c)]$$
$$=\sum_{i=1}^{\infty}m^*I_i=\sum_{i=1}^{\infty}|I_i|\leqslant m^*T+\varepsilon.$$

由 $\varepsilon>0$ 的任意性,得
$$m^*(T\cap E)+m^*(T\cap E^c)\leqslant m^*T.$$
另外,由外测度的次可加性,有
$$m^*T\leqslant m^*(T\cap E)+m^*(T\cap E^c).$$
综上,有
$$m^*T=m^*(T\cap E)+m^*(T\cap E^c).$$

下面给出勒贝格可测集合的定义.

定义 4 设 $E\subset \mathbb{R}^n$. 若对 $\mathbb{R}^n$ 中的任意点集 T,都有
$$m^*T=m^*(T\cap E)+m^*(T\cap E^c), \tag{3.2}$$
则称 E 为**勒贝格可测集合**,简称为**可测集**,并称 m^*E 为 E 的**勒贝格测度**,简记为 mE. 这时也称 E **可测**. 若 E 不是可测集,则称 E 为**不可测**的.

注意:$\mathbb{R}^n$ 中全体可测集构成的集族 $\mathscr{M}$ 的基数与 $\mathbb{R}^n$ 的幂集 $P(\mathbb{R}^n)$ 的基数相同,即
$$\overline{\overline{\mathscr{M}}}=2^c.$$

对于勒贝格可测集,我们有如下形式的等价定义:

定义 5 设 $E\subset \mathbb{R}^n$. 若对任意 $A\subset E$ 与任意 $B\subset E^c$,都有
$$m^*(A\cup B)=m^*A+m^*B, \tag{3.3}$$
则称 E 为**勒贝格可测集合**,并称 m^*E 为 E 的**勒贝格测度**,简记为 mE.

定义 4 与定义 5 等价性的证明:若(3.2)式成立,且 $A\subset E, B\subset E^c$,则只要取 $T=A\cup B$,便有(3.3)式成立;反之,若(3.3)式成立,取 $A=T\cap E, B=T\cap E^c$,便得(3.2)式成立.

若 E 为 $\mathbb{R}^n$ 中的有界集,我们还有如下形式的可测性的等价定义:

定义 6 设 E 为 $\mathbb{R}^n$ 中的有界集. 若 $m^*E=m_*E$,则称 E 为**勒贝格可测集合**,其内、外测度的共同值称为 E 的**勒贝格测度**,记做 mE.

下面讨论勒贝格可测集合的性质.

定理 5 (1) 设 $E\subset \mathbb{R}^n$,则 E 可测当且仅当 E^c 可测.

(2) 若 $m^*E=0$,则 E 可测,此时称 E 为**零测集**;特别地,$\emptyset$ 与 $\mathbb{R}^n$ 均可测,且 $m\emptyset=0$;可数集均为可测集.

证明 (1) 由定义 4 中 E 和 E^c 所处地位的对称性,结论成立.

(2) 由外测度的次可加性,对任意 $T \subset \mathbb{R}^n$,有
$$m^*T \leqslant m^*(T \cap E) + m^*(T \cap E^c).$$
当 $m^*E = 0$ 时,由 $T \cap E \subset E$,知 $m^*(T \cap E) = 0$,所以
$$m^*T \geqslant m^*(T \cap E) + m^*(T \cap E^c).$$
综上,知
$$m^*T = m^*(T \cap E) + m^*(T \cap E^c),$$
故 E 可测. 又 $m^*\varnothing = 0$, $\mathbb{R}^n = \varnothing^c$,故 $\varnothing$ 与 $\mathbb{R}^n$ 均可测,且 $m\varnothing = 0$. 因为可数点集的外测度均为零,所以可数点集均为可测集.

定理 6 若 E_1, E_2 都可测,则 $E_1 \cup E_2$,$E_1 \cap E_2$ 与 $E_1 - E_2$ 均可测.

证明 因为 $E_1 \cap E_2 = ((E_1 \cap E_2)^c)^c = (E_1^c \cup E_2^c)^c$,$E_1 - E_2 = E_1 \cap E_2^c$,由定理 5(1),只需证明 $E_1 \cup E_2$ 可测.

由定义,要证 $E_1 \cup E_2$ 可测,只需证明对任意 $T \subset \mathbb{R}^n$,都有
$$m^*T = m^*(T \cap (E_1 \cup E_2)) + m^*(T \cap (E_1 \cup E_2)^c). \tag{3.4}$$
因为 E_1 可测,所以对任意 $T \subset \mathbb{R}^n$,有
$$m^*T = m^*(T \cap E_1) + m^*(T \cap E_1^c). \tag{3.5}$$
又因为 E_2 可测,有
$$m^*(T \cap E_1^c) = m^*((T \cap E_1^c) \cap E_2) + m^*((T \cap E_1^c) \cap E_2^c). \tag{3.6}$$
于是,由(3.5)与(3.6)式,得
$$\begin{aligned} m^*T &= m^*(T \cap E_1) + m^*((T \cap E_1^c) \cap E_2) + m^*((T \cap E_1^c) \cap E_2^c) \\ &= m^*(T \cap E_1) + m^*((T \cap E_1^c) \cap E_2) + m^*(T \cap (E_1 \cup E_2)^c). \end{aligned} \tag{3.7}$$
因为 E_1 可测,并且 $T \cap E_1 \subset E_1$,$(T \cap E_1^c) \cap E_2 \subset E_1^c$,所以由定义 5,得
$$\begin{aligned} m^*(T \cap E_1) + m^*((T \cap E_1^c) \cap E_2) &= m^*((T \cap E_1) \cup (T \cap E_1^c \cap E_2)) \\ &= m^*(T \cap (E_1 \cup (E_1^c \cap E_2))) \\ &= m^*(T \cap ((E_1 \cup E_1^c) \cap (E_1 \cup E_2))) \\ &= m^*(T \cap (E_1 \cup E_2)). \end{aligned} \tag{3.8}$$
由(3.7)与(3.8)式,可得(3.4)式成立,因此 $E_1 \cup E_2$ 可测.

推论 若 $\{E_i\}_{i=1}^k$ 为 $\mathbb{R}^n$ 中有限个可测集,则 $\bigcup_{i=1}^k E_i$ 与 $\bigcap_{i=1}^k E_i$ 均可测,且当 $\{E_i\}_{i=1}^k$ 互不相交时,对任何 $T \subset \mathbb{R}^n$,都有
$$m^*\left(T \cap \left(\bigcup_{i=1}^k E_i\right)\right) = \sum_{i=1}^k m^*(T \cap E_i).$$

证明 由数学归纳法与定理 6,$\bigcup_{i=1}^k E_i$ 和 $\bigcap_{i=1}^k E_i$ 的可测性显然成立. 下面只需证明等式

成立.

而要证明等式成立,由数学归纳法,仅需就 $k=2$ 的情形证明即可. 事实上,
$$m^*(T\cap(E_1\cup E_2))=m^*(T\cap(E_1\cup E_2)\cap E_1)+m^*(T\cap(E_1\cup E_2)\cap E_1^c)$$
$$=m^*(T\cap E_1)+m^*(T\cap E_2).$$

定理 7 若 $\{E_i\}_{i=1}^\infty$ 为 $\mathbb{R}^n$ 中可数个可测集,则 $\bigcup_{i=1}^\infty E_i$ 与 $\bigcap_{i=1}^\infty E_i$ 均可测,且当 $\{E_i\}_{i=1}^\infty$ 互不相交时,对任意 $T\subset\mathbb{R}^n$,都有
$$m^*\Big(T\cap\Big(\bigcup_{i=1}^\infty E_i\Big)\Big)=\sum_{i=1}^\infty m^*(T\cap E_i).$$

特别地,有
$$m\Big(\bigcup_{i=1}^\infty E_i\Big)=\sum_{i=1}^\infty mE_i.$$

证明 由德·摩根公式与定理 5(1),只需证明 $\bigcup_{i=1}^\infty E_i$ 可测即可.

因为 $\bigcup_{i=1}^\infty E_i=\bigcup_{i=1}^\infty A_i$,其中 $A_i=E_i-\bigcup_{j=1}^{i-1}E_j$,且 $A_i\cap A_j=\varnothing$ $(i\neq j)$,由定理 6 及其推论,知 A_i $(i=1,2,\cdots)$ 均可测. 故仅需就 $\{E_i\}_{i=1}^\infty$ 互不相交的情形证明即可.

因为对任意正整数 k,$\bigcup_{i=1}^k E_i$ 可测,所以对任意 $T\subset\mathbb{R}^n$,总有
$$m^*T=m^*\Big(T\cap\bigcup_{i=1}^k E_i\Big)+m^*\Big(T\cap\Big(\bigcup_{i=1}^k E_i\Big)^c\Big)$$
$$\geqslant m^*\Big(T\cap\Big(\bigcup_{i=1}^k E_i\Big)\Big)+m^*\Big(T\cap\Big(\bigcup_{i=1}^\infty E_i\Big)^c\Big)\quad\Big(\Big(\bigcup_{i=1}^\infty E_i\Big)^c\subset\Big(\bigcup_{i=1}^k E_i\Big)^c\Big)$$
$$=\sum_{i=1}^k m^*(T\cap E_i)+m^*\Big(T\cap\Big(\bigcup_{i=1}^\infty E_i\Big)^c\Big).$$

令 $k\to\infty$,得
$$m^*T\geqslant\sum_{i=1}^\infty m^*(T\cap E_i)+m^*\Big(T\cap\Big(\bigcup_{i=1}^\infty E_i\Big)^c\Big) \tag{3.9}$$
$$\geqslant m^*\Big(T\cap\Big(\bigcup_{i=1}^\infty E_i\Big)\Big)+m^*\Big(T\cap\Big(\bigcup_{i=1}^\infty E_i\Big)^c\Big).$$

另一方面,由于 $T=\Big(T\cap\Big(\bigcup_{i=1}^\infty E_i\Big)\Big)\cup\Big(T\cap\Big(\bigcup_{i=1}^\infty E_i\Big)^c\Big)$,所以
$$m^*T\leqslant m^*\Big(T\cap\Big(\bigcup_{i=1}^\infty E_i\Big)\Big)+m^*\Big(T\cap\Big(\bigcup_{i=1}^\infty E_i\Big)^c\Big).$$

综上,有

$$m^*T = m^*\Big(T\cap\Big(\bigcup_{i=1}^{\infty}E_i\Big)\Big) + m^*\Big(T\cap\Big(\bigcup_{i=1}^{\infty}E_i\Big)^c\Big),$$

于是 $\bigcup_{i=1}^{\infty}E_i$ 可测.

将(3.9)式中的 T 用 $T\cap\Big(\bigcup_{i=1}^{\infty}E_i\Big)$ 代替，由 $\Big(T\cap\Big(\bigcup_{i=1}^{\infty}E_i\Big)\Big)\cap E_i = T\cap E_i$，得

$$m^*\Big(T\cap\Big(\bigcup_{i=1}^{\infty}E_i\Big)\Big) \geqslant \sum_{i=1}^{\infty}m^*(T\cap E_i).$$

而由外测度的次可数可加性，有

$$m^*\Big(T\cap\Big(\bigcup_{i=1}^{\infty}E_i\Big)\Big) \leqslant \sum_{i=1}^{\infty}m^*(T\cap E_i).$$

因此

$$m^*\Big(T\cap\Big(\bigcup_{i=1}^{\infty}E_i\Big)\Big) = \sum_{i=1}^{\infty}m^*(T\cap E_i).$$

特别地，取 $T=\mathbb{R}^n$，得

$$m\Big(\bigcup_{i=1}^{\infty}E_i\Big) = \sum_{i=1}^{\infty}mE_i.$$

定理 8 设 $E_i(i=1,2,\cdots)$ 是单调递增的可测集序列，则 $\lim_{i\to\infty}E_i\Big(=\bigcup_{i=1}^{\infty}E_i\Big)$ 可测，且对任意 $T\subset\mathbb{R}^n$，有

$$m^*\Big(T\cap\lim_{i\to\infty}E_i\Big) = \lim_{i\to\infty}m^*(T\cap E_i).$$

特别地，有

$$m\lim_{i\to\infty}E_i = \lim_{i\to\infty}mE_i.$$

证明 因 $E_i(i=1,2,\cdots)$ 均可测，且 $\lim_{i\to\infty}E_i = \bigcup_{i=1}^{\infty}E_i$，故由定理7，$\lim_{i\to\infty}E_i$ 可测. 令 $E_0=\varnothing$，$A_i=E_i-E_{i-1}$，则 $A_i(i=1,2,\cdots)$ 为互不相交的可测集，且

$$\bigcup_{i=1}^{\infty}E_i = \bigcup_{i=1}^{\infty}A_i, \quad E_k = \bigcup_{i=1}^{k}A_i.$$

于是，再由定理7，对任意 $T\subset\mathbb{R}^n$，有

$$m^*\Big(T\cap\Big(\lim_{i\to\infty}E_i\Big)\Big) = m^*\Big(T\cap\Big(\bigcup_{i=1}^{\infty}A_i\Big)\Big) = \sum_{i=1}^{\infty}m^*(T\cap A_i)$$
$$= \lim_{k\to\infty}\sum_{i=1}^{k}m^*(T\cap A_i) = \lim_{k\to\infty}m^*\Big(T\cap\Big(\bigcup_{i=1}^{k}A_i\Big)\Big)$$
$$= \lim_{k\to\infty}m^*(T\cap E_k).$$

特别地,取 $T=\mathbb{R}^n$,即得
$$m\lim_{i\to\infty}E_i=\lim_{i\to\infty}mE_i.$$

定理 9 设 $E_i(i=1,2,\cdots)$ 是单调递减的可测集序列,则 $\lim\limits_{i\to\infty}E_i\left(=\bigcap\limits_{i=1}^{\infty}E_i\right)$ 可测,且对 $\mathbb{R}^n$ 中任意满足 $m^*T<+\infty$ 的 T,都有
$$m^*(T\cap\lim_{i\to\infty}E_i)=\lim_{i\to\infty}m^*(T\cap E_i).$$
特别地,若存在 i_0,使 $mE_{i_0}<+\infty$,则
$$m\lim_{i\to\infty}E_i=\lim_{i\to\infty}mE_i.$$

证明 因 $E_i(i=1,2,\cdots)$ 均可测,且 $\lim\limits_{i\to\infty}E_i=\bigcap\limits_{i=1}^{\infty}E_i$,故由定理 7,$\lim\limits_{i\to\infty}E_i$ 可测.

因为 $E_i(i=1,2,\cdots)$ 均可测,由集合可测的定义,对任意 $T\subset\mathbb{R}^n$,有
$$m^*T=m^*(T\cap E_i)+m^*(T\cap E_i^c).$$
又因为 $m^*T<+\infty$,所以
$$m^*(T\cap E_i)=m^*T-m^*(T\cap E_i^c).$$
当 $i\to\infty$ 时,取极限得
$$\begin{aligned}\lim_{i\to\infty}m^*(T\cap E_i)&=m^*T-\lim_{i\to\infty}m^*(T\cap E_i^c)\\&=m^*T-m^*\left(T\cap\left(\bigcup_{i=1}^{\infty}E_i^c\right)\right)\quad\begin{pmatrix}\text{由 }E_i^c(i=1,2,\cdots)\\\text{单调递增及定理 8}\end{pmatrix}\\&=m^*T-m^*\left(T\cap\left(\bigcap_{i=1}^{\infty}E_i\right)^c\right)\quad(\text{由德·摩根公式})\\&=m^*\left(T\cap\left(\bigcap_{i=1}^{\infty}E_i\right)\right)\quad(\text{因为}\bigcap_{i=1}^{\infty}E_i\text{ 可测})\\&=m^*(T\cap\lim_{i\to\infty}E_i).\end{aligned}$$
特别地,取 $T=E_{i_0}$,便得
$$m\lim_{i\to\infty}E_i=\lim_{i\to\infty}mE_i.$$

注意: 本定理中"存在 i_0,使 $mE_{i_0}<+\infty$"的条件是不可缺少的. 例如,取 $E_i=(i,+\infty)$ $(i=1,2,\cdots)$,则 $\{E_i\}_{i=1}^{\infty}$ 是单调递减的可测集序列,且 $mE_i=+\infty$,$\lim\limits_{i\to\infty}E_i=\varnothing$,而
$$\lim_{i\to\infty}mE_i=+\infty\neq 0=m\lim_{i\to\infty}E_i.$$

习 题 3.1

1. 简答题:

(1) 设 A 是可数集,E 是不可测集,$A\cap E$ 是可测集还是不可测集?为什么?

§3.1 勒贝格测度

(2) 设 P 是康托尔集,E 是不可测集,$P \cap E$ 是可测集还是不可测集？为什么？

(3) 若 A 为无界可测集,是否一定有 $mA = +\infty$？

(4) 若 $\{A_n\}_{n=1}^{\infty}$ 是单调递减的可测集序列,是否一定有 $m \lim\limits_{n \to \infty} A_n = \lim\limits_{n \to \infty} mA_n$？

(5) 若 $\{A_n\}_{n=1}^{\infty}$ 是单调递增的可测集序列,是否一定有 $m \lim\limits_{n \to \infty} A_n = \lim\limits_{n \to \infty} mA_n$？

(6) 若 $A \subset B$,且 $A \neq B$,是否一定有 $m^*A < m^*B$？

(7) 若 A 是 $\mathbb{R}^n$ 中的可测集,则 A 的任一子集均可测吗？

(8) "可数个测度为零的集合之并可能是可测集也可能是不可测集"这句话是否正确？

(9) 若 E 为 $\mathbb{R}$ 的真子集,且 $m^*E > 0$,E 中是否一定含有区间？

(10) "若 $A \subset E$,且 E 是不可测集,则 A 一定也是不可测集"这句话是否正确？

(11) 设 $\{E_n\}_{n=1}^{\infty}$ 为单调递减的可测集序列,$mE_n = +\infty$ $(n=1,2,\cdots)$,$\bigcap\limits_{n=1}^{\infty} E_n$ 的测度一定不为零吗？

2. 举例说明两个不可测集的并、交、差既可能是可测集,也可能是不可测集.

3. 已知 $m^*A = 0$,B 是不可测集,证明：$A \cap B$ 一定可测,$A \cup B$ 一定不可测.

4. 若 $E \neq \varnothing$,且 $E' = \varnothing$,证明：E 为可测集.

5. 设 $A, B \subset \mathbb{R}^n$ 均为可测集.

(1) 证明：$m(A \cup B) + m(A \cap B) = mA + mB$；

(2) 设 $m(A \cup B) = 2$,且 $mA = \dfrac{3}{2}$,$mB = 1$,求 $m(A \cap B)$；

(3) 设 A, B 均为闭区间 $[0,1]$ 的可测子集,且 $mA = \dfrac{3}{4}$,$mB = \dfrac{1}{2}$,试估计 $m(A \cap B)$ 的取值范围.

6. 若 E 是有界集,证明：$m^*E < +\infty$.

7. 证明：康托尔集的测度为 0.

8. 设 $E \subset \mathbb{R}$ 为有界集,$m^*E > 0$,证明：对任意 c $(0 < c < m^*E)$,存在 $E_1 \subset E$,使 $m^*E_1 = c$.

9. 设 $S_1, S_2, \cdots, S_i$ 为互不相交的可测集,$E_j \subset S_j$ $(j=1,2,\cdots,i)$,证明：

$$m^*\left(\bigcup_{j=1}^{i} E_j\right) = \sum_{j=1}^{i} m^*E_j.$$

10. 设 $\{E_i\}_{i=1}^{\infty}$ 为 $\mathbb{R}^n$ 中的可测集序列,证明：

(1) $\varliminf\limits_{i \to \infty} E_i$ 与 $\varlimsup\limits_{i \to \infty} E_i$ 均可测；

(2) $m(\varliminf\limits_{i \to \infty} E_i) \leq \varliminf\limits_{i \to \infty} mE_i$；

(3) 若 $m\left(\bigcup\limits_{i=1}^{\infty} E_i\right) < +\infty$,则 $\varlimsup\limits_{i \to \infty} mE_i \leq m(\varlimsup\limits_{i \to \infty} E_i)$；

(4) 若 $\sum_{i=1}^{\infty} mE_i < +\infty$,则 $m(\varlimsup_{i\to\infty} E_i) = 0$.

11. 设 $\{E_i\}_{i=1}^{\infty}$ 为 $\mathbb{R}^n$ 中的可测集序列,且 $m(\bigcup_{i=1}^{\infty} E_i) < +\infty$,令 $E = \varlimsup_{i\to\infty} E_i$,证明:
$$mE = \lim_{i\to\infty} mE_i.$$

12. 设 $E \subset [0,1]$ 为可测集,且 $mE = 1$,证明:对任意可测集 $A \subset [0,1]$,都有
$$m(E \cap A) = mA.$$

13. 设 $\{E_i\}_{i=1}^{\infty}$ 为闭区间 $[0,1]$ 中的可测集序列,$mE_i = 1 (i=1,2,\cdots)$,证明:
$$m\left(\bigcap_{i=1}^{\infty} E_i\right) = 1.$$

§3.2 可测集类与可测集的构造

上一节我们介绍了可测集的概念,并研究了可测集的一些性质,即可测集关于交、并、差及极限运算的基本性质.本节我们探讨在常见的集合中究竟哪些是可测的以及可测集的结构问题.

一、博雷尔集的可测性

以卡拉泰奥多里条件为标准,点集分为可测集与不可测集两大类.这一点集分类的标准是否合适呢?如果这个标准不能保证区间的可测性,那么这个标准是不合适的.事实上,我们可以证明 $\mathbb{R}^n$ 中的任意区间都是可测的.为此,首先证明如下引理:

引理 设 A 与 B 是 $\mathbb{R}^n$ 中的两个点集.若 $\rho(A,B) = d > 0$,则
$$m^*(A \cup B) = m^*A + m^*B.$$

证明 由外测度的基本性质,有 $m^*(A \cup B) \leq m^*A + m^*B$,故仅需证明
$$m^*(A \cup B) \geq m^*A + m^*B.$$

若 $m^*(A \cup B) = +\infty$,结论显然成立.

若 $m^*(A \cup B) < +\infty$,由外测度的定义,对任意 $\varepsilon > 0$,存在开区间列 $\{I_i\}_{i=1}^{\infty}$,使
$$A \cup B \subset \bigcup_{i=1}^{\infty} I_i, \quad 且 \quad \sum_{i=1}^{\infty} |I_i| < m^*(A \cup B) + \varepsilon.$$

考查 I_i 这些开区间.如果 I_i 中只含有 A 的点或只含有 B 的点,则保留 I_i.若不然,因为 $m^*(A \cup B) < +\infty$,可将 I_i 分解成有限个互不相交的开区间 $K_{ij}(j=1,2,\cdots,m_i)$,且这些小区间的直径都小于 d.显然
$$|I_i| = \sum_{j=1}^{m_i} |K_{ij}|.$$

因为 $K_{i1}, K_{i2}, \cdots, K_{im_i}$ 的 $2nm_i$ 个边界都是 $n-1$ 维空间 $\mathbb{R}^{n-1}$ 中的点，因而在 $\mathbb{R}^n$ 中都是零测度集．因为每一个边界都是 $\mathbb{R}^{n-1}$ 中的闭集，且 $K_{i1}, K_{i2}, \cdots, K_{im_i}$ 的直径都小于 d，所以它们的每个边界 $F_{i1}, F_{i2}, \cdots, F_{i,2nm_i}$ 或者只含有 A 的点，或者只含有 B 的点，因而 $\mathbb{R}^n$ 中开区间 L_{is}，使 $F_{is} \subset L_{is}$，L_{is} 中只含有 A 的点或只含有 B 的点，且

$$|L_{is}| < \frac{\varepsilon}{2nm_i \cdot 2^i} \quad (s=1,2,\cdots,2nm_i).$$

这样，覆盖 $K_{i1}, K_{i2}, \cdots, K_{im_i}$ 的 $2nm_i$ 个边界的 $2nm_i$ 个开区间 $L_{i1}, L_{i2}, \cdots, L_{i,2nm_i}$ 满足 $\sum_{s=1}^{2nm_i} |L_{is}| < \frac{\varepsilon}{2^i}$．将所有保留下来的 I_i，改造某些 I_i 而得到的开区间 K_{is}，以及覆盖 K_{is} 边界的 L_{is} 全部取来，得到可数个开区间，记为 $\{J_m\}_{m=1}^\infty$，则

$$A \cup B \subset \bigcup_{n=1}^\infty I_n \subset \bigcup_{m=1}^\infty J_m,$$

$$\sum_{m=1}^\infty |J_m| = \sum_{i=1}^\infty |I_i| + \sum_{i=1}^\infty \frac{\varepsilon}{2^i} < m^*(A \cup B) + 2\varepsilon.$$

对于开区间列 $\{J_m\}_{m=1}^\infty$，它们中的每一个或者只含有 A 的点，或者只含有 B 的点，或者直径小于 d，因而它们中的每一个都不能既含有 A 的点又含有 B 的点．将 $\{J_m\}_{m=1}^\infty$ 分为两组：

(1) $J_{i_1}, J_{i_2}, \cdots, \bigcup_{k=1}^\infty J_{i_k} \supset A$; (2) $J_{l_1}, J_{l_2}, \cdots, \bigcup_{k=1}^\infty J_{l_k} \supset B$.

则

$$m^*A + m^*B \leq \sum_{k=1}^\infty |J_{i_k}| + \sum_{k=1}^\infty |J_{l_k}| = \sum_{m=1}^\infty |J_m| < m^*(A \cup B) + 2\varepsilon.$$

由 $\varepsilon > 0$ 的任意性，得

$$m^*A + m^*B \leq m^*(A \cup B).$$

综上，有 $m^*(A \cup B) = m^*A + m^*B$．

定理 1 $\mathbb{R}^n$ 中的任何开区间 I 都是可测的，并且 $mI = |I|$．

证明 设 $I = \{x = (x_1, x_2, \cdots, x_n) \mid c_i < x_i < d_i, i=1,2,\cdots,n\}$．由外测度的基本性质，对任意 $T \subset \mathbb{R}^n$，有

$$m^*T \leq m^*(T \cap I) + m^*(T \cap I^c).$$

故只需证明 $m^*T \geq m^*(T \cap I) + m^*(T \cap I^c)$．令

$$I^{(k)} = \left\{x = (x_1, x_2, \cdots, x_n) \,\middle|\, c_i + \frac{1}{k} < x_i < d_i - \frac{1}{k}, i=1,2,\cdots,n\right\} \quad (k=1,2,\cdots),$$

则 $I^{(k)} \subset I (k=1,2,\cdots)$，且当 k 充分大时，$I^{(k)} \neq \varnothing$，$\rho(I^{(k)}, I^c) = \frac{1}{k} > 0$．

又因为 $T \cap I^{(k)} \subset I^{(k)}$，$T \cap I^c \subset I^c$，所以

$$\rho(T \cap I^{(k)}, T \cap I^c) > 0.$$

由引理,得
$$m^*T \geqslant m^*(T \cap (I^{(k)} \cup I^c)) = m^*(T \cap I^{(k)}) + m^*(T \cap I^c).$$
上式两边当 $k \to \infty$ 时取极限,因为 $\lim_{k \to \infty} m^*(T \cap I^{(k)}) = m^*(T \cap I)$,所以
$$m^*T \geqslant m^*(T \cap I) + m^*(T \cap I^c).$$
下面证明 $\lim_{k \to \infty} m^*(T \cap I^{(k)}) = m^*(T \cap I)$. 事实上,
$$T \cap I = T \cap ((I - I^{(k)}) \cup I^{(k)}) = (T \cap (I - I^{(k)})) \cup (T \cap I^{(k)}),$$
故
$$m^*(T \cap I) \leqslant m^*(T \cap (I - I^{(k)})) + m^*(T \cap I^{(k)}),$$
从而
$$0 \leqslant m^*(T \cap I) - m^*(T \cap I^{(k)}) \leqslant m^*(T \cap (I - I^{(k)})) \leqslant m^*(I - I^{(k)}).$$
而 $m^*(I - I^{(k)}) \to 0 \ (k \to \infty)$,因此
$$\lim_{k \to \infty} m^*(T \cap I^{(k)}) = m^*(T \cap I).$$
综上,有
$$m^*T = m^*(T \cap I) + m^*(T \cap I^c),$$
即开区间 I 可测,且 $mI = m^*I = |I|$.

注意:$\mathbb{R}^n$ 中的任何区间 I(闭的或半开半闭的)都是可测的,且 $mI = |I|$. 事实上,$\mathbb{R}^n$ 中的任何区间 I 与其相应的开区间 I° 至多相差 $2n$ 个 $\mathbb{R}^n$ 中 $n-1$ 维的区间,而 $\mathbb{R}^n$ 中的 $n-1$ 维区间的测度为零,因此 $mI = m^*I = |I|$.

因为 $\mathbb{R}^n$ 中任意非空开集均可表示为可数个互不相交的左开右闭(或左闭右开)区间的并,由博雷尔集的定义及可测集的性质并利用定理1,可得:

定理 2 $\mathbb{R}^n$ 中的博雷尔集都是可测集. 特别地,G_δ 集与 F_σ 集都是可测集.

二、可测集的构造

定理2证得 $\mathbb{R}^n$ 中的博雷尔集都是可测集,我们自然会提出疑问:可测集是否都是博雷尔集?回答是否定的!事实上,不是博雷尔集的可测集的数量比博雷尔集的数量多得多. 那么一般的可测集与博雷尔集究竟有多大差别,二者的关系是什么样的?下面的几个定理说明了它们之间的关系.

定理 3 设 $E \subset \mathbb{R}^n$,则存在 G_δ 集 G,使 $G \supset E$,且 $mG = m^*E$.

证明 由外测度的定义,对任意正整数 k,存在开集 $G_k \supset E$,使
$$mG_k \leqslant m^*E + \frac{1}{k}.$$
令 $G = \bigcap_{k=1}^{\infty} G_k$,则 G 为 G_δ 集,$G \supset E$,且

$$m^*E \leqslant mG \leqslant m^*E + \frac{1}{k}.$$

由 k 的任意性,知 $mG = m^*E$.

定理 4 设 $E \subset \mathbb{R}^n$ 为可测集,则存在 G_δ 集 G,使 $G \supset E$,且 $m(G-E) = 0$.

证明 (1) 若 $mE < +\infty$,由定理 3 及 $m(G-E) = mG - mE$,结论成立.

(2) 若 $mE = +\infty$,则 E 是无界集.将 E 分成可数个互不相交的有界可测集的并:$E = \bigcup_{k=1}^{\infty} E_k$,其中 E_k 可测,且 $mE_k < +\infty$ $(k=1,2,\cdots)$.任取 $\varepsilon > 0$,由定理 3 的证明过程,可知对任意 $k \in \mathbb{Z}_+$,存在开集 $G_k \supset E_k$,使 $m(G_k - E_k) < \frac{\varepsilon}{2^k}$.令 $\widetilde{G} = \bigcup_{k=1}^{\infty} G_k$,则 $\widetilde{G}$ 是开集,$\widetilde{G} \supset E$,且

$$\widetilde{G} - E = \bigcup_{k=1}^{\infty} G_k - \bigcup_{k=1}^{\infty} E_k \subset \bigcup_{k=1}^{\infty} (G_k - E_k).$$

于是

$$m(\widetilde{G} - E) \leqslant \sum_{k=1}^{\infty} m(G_k - E_k) < \sum_{k=1}^{\infty} \frac{\varepsilon}{2^k} = \varepsilon.$$

依次取 $\varepsilon_i = \frac{1}{i}$ $(i = 1, 2, \cdots)$,相应地存在开集 $\widetilde{G}_i$,使 $E \subset \widetilde{G}_i$,且

$$m(\widetilde{G}_i - E) < \frac{1}{i}.$$

令 $G = \bigcap_{i=1}^{\infty} \widetilde{G}_i$,则 G 是 G_δ 集,$E \subset G$,且

$$m(G - E) \leqslant m(\widetilde{G}_i - E) < \frac{1}{i} \quad (i = 1, 2, \cdots).$$

于是 $m(G - E) = 0$,定理得证.

定理 5 设 $E \subset \mathbb{R}^n$ 为可测集,则存在 F_σ 集 F,使 $F \subset E$,且 $m(E - F) = 0$.

证明 因为 E 为可测集,所以 E^c 也为可测集.由定理 4,存在 G_δ 集 G,使 $G \supset E^c$,且
$$m(G - E^c) = 0.$$

令 $F = G^c$,则 F 是 F_σ 集.由 $G \supset E^c$,得 $G^c \subset E$,即 $F \subset E$,且
$$m(E - F) = m(E \cap F^c) = m(E \cap G) = m(G \cap (E^c)^c)$$
$$= m(G - E^c) = 0.$$

由定理 4,定理 5 及可测集的性质,易得下述结论成立:

定理 6 设 $E \subset \mathbb{R}^n$,则下述命题等价:

(1) E 可测;

(2) 存在 F_σ 集 F 及零测集 N,使 $E = F \cup N$;

(3) 存在零测集 e,使 $E \cup e$ 为 G_δ 集;

(4) 存在 G_δ 集 G 及 F_σ 集 F,使 $F \subset E \subset G$,且 $m(G-F)=0$.

习 题 3.2

1. 若 $mE=0$,是否一定有 $m\overline{E}=0$ 成立?
2. 设开集 G_1 是开集 G_2 的真子集,证明:$mG_1 < mG_2$.
3. 在闭区间 $[0,1]$ 中作一个测度大于零的无处稠密的完备集,进而证明存在开集 G,使
$$m\overline{G} > mG.$$
4. 设 $E \subset \mathbb{R}^n$,证明:E 可测当且仅当对任意给定的正数 ε,都存在开集 $G \supset E$ 和闭集 $F \subset E$,使 $m(G-F) < \varepsilon$.
5. 设 $E \subset \mathbb{R}^n$ 为闭集,证明:存在完备集 $F \subset E$,使 $mF = mE$.

§3.3 乘 积 空 间

在 p 维欧氏空间 $\mathbb{R}^p$ 与 q 维欧氏空间 $\mathbb{R}^q$ 中都存在可测集.本节介绍高维空间中点集与低维空间中点集的可测性及测度之间的关系,为讨论勒贝格积分中的高维积分与低维积分的关系作准备.

首先回忆集合笛卡儿乘积的概念,它是通过低维空间的点集得到高维空间中的点集的有效方法.

定义 1 设 A,B 是任意两个集合,称集合
$$\{(x,y) \mid x \in A, y \in B\}$$
为 A 与 B 的**笛卡儿乘积**,记做 $A \times B$.

例如,设 $A=B=(0,1)$,则 $A \times B = \{(x,y) \mid x \in (0,1), y \in (0,1)\}$ 为开单位正方形.设 $A=\mathbb{R}^p$,$B=\mathbb{R}^q$,则 $A \times B = \{(x,y) \mid x \in \mathbb{R}^p, y \in \mathbb{R}^q\}$ 为 $p+q$ 维空间 $\mathbb{R}^{p+q}$.

笛卡儿乘积具有以下性质:

定理 1 (1) 若 $A \subset B$,则 $A \times C \subset B \times C$.

(2) 若 $A \cap B = \varnothing$,则 $(A \times C) \cap (B \times C) = \varnothing$.

(3) $\left(\bigcup_i A_i\right) \times B = \bigcup_i (A_i \times B)$.

(4) $\left(\bigcap_i A_i\right) \times B = \bigcap_i (A_i \times B)$.

(5) $\left(\bigcup_i A_i\right) \times \left(\bigcup_j B_j\right) = \bigcup_i \bigcup_j (A_i \times B_j)$.

(6) $\left(\bigcap_i A_i\right) \times \left(\bigcap_j B_j\right) = \bigcap_i \bigcap_j (A_i \times B_j)$.

§3.3 乘积空间

(7) 若 $F_1 \subset \mathbb{R}^p, F_2 \subset \mathbb{R}^q$ 均为闭集，则 $F_1 \times F_2$ 为 $\mathbb{R}^{p+q}$ 中的闭集；若 $G_1 \subset \mathbb{R}^p, G_2 \subset \mathbb{R}^q$ 均为开集，则 $G_1 \times G_2$ 为 $\mathbb{R}^{p+q}$ 中的开集。

利用集合包含与相等的定义容易证明上述结论。

为了从高维空间中的点集得到低维空间中的点集，我们需要引入截口的概念。

定义 2 设 $E \subset \mathbb{R}^{p+q}, x_0 \in \mathbb{R}^p$，称 $\mathbb{R}^q$ 中的点集
$$E_{x_0} = \{y \in \mathbb{R}^q \mid (x_0, y) \in E\}$$
为 E 在 x_0 **处的截口**，或以超平面 $x = x_0$ 截 E 的截口。

同样可以定义 E 在 $y_0 \in \mathbb{R}^q$ **处的截口**：
$$E^{y_0} = \{x \in \mathbb{R}^p \mid (x, y_0) \in E\}.$$

例如，设 E 为平面上的单位开圆，即 $E = \{(x,y) \mid x^2 + y^2 < 1\}, x_0 \in (0,1)$，则 E 在 x_0 处的截口为开区间 $(-\sqrt{1-x_0^2}, \sqrt{1-x_0^2})$。

截口具有以下性质：

定理 2 (1) 若 $A \subset B$，则 $A_x \subset B_x$；

(2) 若 $A \cap B = \varnothing$，则 $A_x \cap B_x = \varnothing$；

(3) $\left(\bigcup_i A_i\right)_x = \bigcup_i (A_i)_x, \left(\bigcap_i A_i\right)_x = \bigcap_i (A_i)_x$；

(4) $(A - B)_x = A_x - B_x$。

利用截口的定义与集合包含、相等的定义容易证明上述结论。

下面两个定理揭示了高维空间中点集的可测性和测度与低维空间中点集的可测性和测度之间的关系。

定理 3 设 $E \subset \mathbb{R}^{p+q}$ 为可测集，则

(1) 对几乎所有的 $x \in \mathbb{R}^p$（或 $y \in \mathbb{R}^q$），E_x（或 E^y）均为 $\mathbb{R}^q$（或 $\mathbb{R}^p$）中的可测集；

(2) 测度函数 mE_x（或 mE^y）为 $\mathbb{R}^p$（或 $\mathbb{R}^q$）中处处有定义的可测函数。

注意：由于定理 3 的证明过程较为复杂，这里我们不作要求。证明思路为：先证 E 为 $\mathbb{R}^{p+q}$ 中的区间时结论成立，再证 E 为 $\mathbb{R}^{p+q}$ 中的开集、零测度集、有界可测集时结论成立，最后证 E 为 $\mathbb{R}^{p+q}$ 中的一般可测集时结论成立。

定理 4 设 A, B 分别为 $\mathbb{R}^p$ 与 $\mathbb{R}^q$ 中的可测集，则 $C = A \times B$ 为 $\mathbb{R}^{p+q}$ 中的可测集，且
$$mC = mA \times mB.$$

注意：该定理相当于勒贝格测度意义下的矩形面积公式。证明从略。

习 题 3.3

1. 在 $\mathbb{R}^2$ 中作一个开集 G，使 $mG^b > 0$。

2. 设 $E \subset \mathbb{R}^{p+q}$ 为博雷尔集，证明：对任意 $x \in \mathbb{R}^p$ 及 $y \in \mathbb{R}^q$，截口 E_x 与 E^y 都是博雷尔集。

第四章 可测函数

本章介绍建立勒贝格积分的又一理论基础——勒贝格可测函数. 这类函数比连续函数类更广泛，它包括连续函数，对于函数的四则运算是封闭的. 可测函数类与连续函数类的本质区别在于：前者对于极限运算是封闭的，而后者对于极限运算不封闭. 因此，对于勒贝格可测函数所建立的勒贝格积分理论拓展了黎曼积分理论的研究范畴，在理论和实际中的应用也更加广泛. 本章首先给出勒贝格可测函数的定义，并研究其简单性质；其次探讨可测函数与连续函数之间的关系，并揭示可测函数的结构. 为了深入理解可测函数，本章最后介绍可测函数列的几种不同类型的收敛及其相互关系.

可测函数是广义实值函数，其定义域为 $\mathbb{R}^n$ 中的可测集，取值于 $\mathbb{R}^* = \mathbb{R} \cup \{+\infty, -\infty\}$. $\mathbb{R}^*$ 中广义实数（在不引起歧义的情况下也简称为实数）的运算规定如下（其中 $a \in \mathbb{R}$）：

(1) $(+\infty) + (+\infty) = +\infty$, $(-\infty) + (-\infty) = -\infty$;

(2) $a + (+\infty) = +\infty$, $a + (-\infty) = -\infty$;

(3) $a \cdot (\pm\infty) = (\pm\infty) \cdot a = \dfrac{\pm\infty}{a} = \pm\infty \ (a > 0)$;

(4) $a \cdot (\pm\infty) = (\pm\infty) \cdot a = \dfrac{\pm\infty}{a} = \mp\infty \ (a < 0)$;

(5) $(+\infty) \cdot (+\infty) = (-\infty) \cdot (-\infty) = +\infty$;

(6) $(+\infty) \cdot (-\infty) = (-\infty) \cdot (+\infty) = -\infty$;

(7) $\dfrac{a}{\pm\infty} = 0$.

下列运算没有意义：

$(\pm\infty) - (\pm\infty)$, $(\pm\infty) + (\mp\infty)$, $0 \cdot (\pm\infty)$, $(\pm\infty) \cdot 0$, $\dfrac{\pm\infty}{0}$, $\dfrac{a}{0}$, $\dfrac{\pm\infty}{\pm\infty}$, $\dfrac{\pm\infty}{\mp\infty}$.

方便起见，在不引起混淆时，本书中的 $\mathbb{R}^*$ 也记为 $\mathbb{R}$.

§4.1 可测函数的概念及其简单性质

一、可测函数的概念

在定义勒贝格积分时,需要对可测集进行可测分划.为此,必须保证对任意实数 a, $E[f>a]$ 均为可测集.我们把满足上述条件的函数称为可测函数.

定义 1 设 $f(x)$ 是定义在可测集 $E \subset \mathbb{R}^n$ 上的函数.如果对于任意实数 a, $E[f>a]$ 都可测,则称 $f(x)$ 为 E 上的**可测函数**,或者说 $f(x)$ 在 E 上**可测**,其中
$$E[f>a] = \{x \mid x \in E, \text{且 } f(x) > a\}.$$

注意:因零测集的任意子集均为零测集,故定义在零测集上的函数一定为可测函数.

例 1 设 $f(x)$ 为闭区间 $[a,b]$ 上的连续函数,证明:$f(x)$ 在 $[a,b]$ 上可测.

证明 由数学分析中闭区间上连续函数的最值性定理,$f(x)$ 在 $E=[a,b]$ 上可取得最小值 m 与最大值 M. 于是,对任意实数 α,有
$$E[f>\alpha] = \begin{cases} \varnothing, & \alpha \geqslant M, \\ \bigcup_{i=1}^{\infty} I_i^{\alpha}, & m \leqslant \alpha < M, \\ E, & \alpha < m, \end{cases}$$

其中 $I_i^{\alpha} \subset E$ ($i=1,2,\cdots$) 是依赖于 α 的互不相交的左开右闭的区间,它们是可测的.这是因为当 $m \leqslant \alpha < M$ 时,$E[f>\alpha]$ 是开集,而由 §2.6 的定理 9,此开集可表示为左开右闭区间 I_i^{α} 之并 $\bigcup_{i=1}^{\infty} I_i^{\alpha}$. 故 $E[f>\alpha]$ 为可测集,从而 $f(x)$ 为 $[a,b]$ 上的可测函数.

可将定义 1 中的 ">" 换为 "$\geqslant$", "<" 或 "$\leqslant$",即有下面的定理成立.

定理 1 设 $f(x)$ 是定义在可测集 $E \subset \mathbb{R}^n$ 上的函数,则下述命题等价:

(1) f 是 E 上的可测函数;
(2) 对任意实数 a, $E[f \geqslant a]$ 是可测集;
(3) 对任意实数 a, $E[f < a]$ 是可测集;
(4) 对任意实数 a, $E[f \leqslant a]$ 是可测集.

证明 因为对任意实数 a,有
$$E[f \geqslant a] = \bigcap_{k=1}^{\infty} E\left[f > a - \frac{1}{k}\right],$$
$$E[f < a] = E - E[f \geqslant a],$$
$$E[f \leqslant a] = \bigcap_{k=1}^{\infty} E\left[f < a + \frac{1}{k}\right],$$
$$E[f > a] = E - E[f \leqslant a],$$

所以(1)⇒(2)⇒(3)⇒(4)⇒(1).

推论 设 $f(x)$ 是定义在可测集 $E\subset \mathbb{R}^n$ 上的可测函数,则对任意实数 a,b ($a<b$),$E[a<f\leqslant b]$,$E[f=a]$,$E[f=+\infty]$ 与 $E[f=-\infty]$ 均为可测集.

证明 因为

$$E[a<f\leqslant b]=E[f>a]-E[f>b],$$

$$E[f=a]=E[f\geqslant a]-E[f>a],$$

$$E[f=+\infty]=\bigcap_{k=1}^{\infty}E[f>k],$$

$$E[f=-\infty]=\bigcap_{k=1}^{\infty}E[f<-k],$$

由定理1,结论成立.

例 2 设 $f(x)$ 为闭区间 $[a,b]$ 上的单调函数,证明:$f(x)$ 在 $[a,b]$ 上可测.

证明 不妨设 $f(x)$ 在 $[a,b]$ 上单调递增,单调递减的情况同理可证.

这里 $E=[a,b]$. 因为对任意实数 c,有

$$E[f\geqslant c]=\begin{cases}\varnothing, & c>f(b),\\ [\inf\{x\mid f(x)\geqslant c\},b] \text{ 或 } (\inf\{x\mid f(x)\geqslant c\},b], & f(a)\leqslant c\leqslant f(b),\\ E, & c<f(a),\end{cases}$$

所以 $E[f\geqslant c]$ 为可测集,从而 $f(x)$ 为 $[a,b]$ 上的可测函数.

由于实变函数论课程所考虑的函数是 $\mathbb{R}^n$ 中一般点集上的函数,为了研究连续函数与可测函数之间的关系,现在将数学分析中连续函数的定义加以扩充.

定义 2 设 $f(x)$ 是定义在 $E\subset \mathbb{R}^n$ 上的函数,$x_0\in E$. 若对 $f(x_0)$ 的任意邻域 $N(f(x_0))$,总存在 x_0 的某邻域 $N(x_0)$,使 $f(N(x_0)\bigcap E)\subset N(f(x_0))$,则称 $f(x)$ **在点 x_0 处连续**. 如果 $f(x)$ 在 E 中的每一点处都连续,则称 $f(x)$ 是 **E 上的连续函数**.

定理 2 若 $f(x)$ 为可测集 $E\subset \mathbb{R}^n$ 上的连续函数,则其在集合 E 上一定可测.

证明 由可测函数的定义,只需证得对任意实数 a,$E[f>a]$ 均为可测集.

任取 $x\in E[f>a]$,存在 x 的某个邻域 $N(x)$,使 $N(x)\bigcap E\subset E[f>a]$. 令

$$G=\bigcup_{x\in E[f>a]}N(x),$$

则 G 是开集,且

$$G\cap E=\Big(\bigcup_{x\in E[f>a]}N(x)\Big)\cap E=\bigcup_{x\in E[f>a]}(N(x)\cap E)\subset E[f>a].$$

另一方面,因为 $x\in N(x)$,故 $E[f>a]\subset G$. 于是当然有 $E[f>a]\subset G\cap E$.

综上,$E[f>a]=G\cap E$ 为可测集,因而 $f(x)$ 为 E 上的可测函数.

二、可测函数的性质

可测函数与连续函数性质上的本质区别在于：连续函数序列的极限函数未必是连续函数，而可测函数序列的极限函数仍为可测函数. 这就使得勒贝格积分在与极限交换次序方面变得更灵活.

定义 3 设 $\pi(x)$ 是一个关于点集 E 上的点 x 的命题. 如果点集 E 上使 $\pi(x)$ 不成立的点所构成的集合的测度为零，则称 $\pi(x)$ 在 E 上**几乎处处成立**，记为 $\pi(x)$ a.e. 于 E.

定理 3 如果 $f(x)$ 和 $g(x)$ 在可测集 E 上几乎处处相等（即 $f(x) = g(x)$ a.e. 于 E），则它们在 E 上的可测性相同.

证明 由已知，$mE[f \neq g] = 0$. 因此，对任意实数 a，$E[f > a]$ 与 $E[g > a]$ 最多只相差一个测度为零的点集，所以二者的可测性相同，从而 f 与 g 在 E 上的可测性相同.

今后在研究函数的可测性时，将几乎处处相等的函数看成同一个函数.

定理 4 (1) 设 $f(x)$ 是 $E \subset \mathbb{R}^n$ 上的可测函数，E_0 是 E 的可测子集，则 $f(x)$ 也是 E_0 上的可测函数；

(2) 若 $f(x)$ 在每个 $E_i \subset \mathbb{R}^n$ 上均可测 ($i = 1, 2, \cdots, m$；m 取有限值或 $+\infty$)，$E = \bigcup_{i=1}^{m} E_i$，则 $f(x)$ 在 E 上也可测.

证明 对任意实数 a，$E_0[f > a] = E_0 \cap E[f > a]$，故结论(1)成立. 又因

$$E[f > a] = \bigcup_{i=1}^{m} E_i[f > a],$$

故结论(2)成立.

定理 5 设 $f(x)$ 与 $g(x)$ 均为可测集 $E \subset \mathbb{R}^n$ 上的可测函数，则

(1) 对任意常数 c，cf 在其有意义的 E 的子集上可测；

(2) $f + g$ 在其有意义的 E 的子集上可测；

(3) fg 在其有意义的 E 的子集上可测；

(4) f/g 在其有意义的 E 的子集上可测；

(5) $|f|$ 在 E 上可测.

证明 (1) 若 $c = 0$，令 $E_0 = E[|f| = +\infty]$，则在 $E - E_0$ 上，cf 有意义，且 $cf \equiv 0$. 由定义，易知 cf 在 $E - E_0$ 上为可测函数. 若 $c \neq 0$，则对任意实数 a，有

$$E[cf > a] = \begin{cases} E\left[f > \dfrac{a}{c}\right], & c > 0, \\ E\left[f < \dfrac{a}{c}\right], & c < 0. \end{cases}$$

由 $f(x)$ 的可测性，知 $E[cf > a]$ 为可测集合，从而 cf 在 E 上可测.

(2) $f+g$ 在 $E_0 = (E[f=+\infty] \cap E[g=-\infty]) \cup (E[f=-\infty] \cap E[g=+\infty])$ 上无意义,因此 $f+g$ 的定义域是 $E_1 = E - E_0$,其为 E 的可测子集. 令 $E_2 = E_1[g=+\infty]$, $E_3 = E_1[g=-\infty]$. 由定理 1 的推论及 $g(x)$ 的可测性,知 E_2 与 E_3 均为可测集,且在 E_2 上, $f+g \equiv +\infty$,在 E_3 上, $f+g \equiv -\infty$. 由可测函数的定义,知 $f+g$ 在 E_2 与 E_3 上均可测. 令 $E_4 = E_1 - E_2 - E_3$,则 E_4 为可测集. 下证 $f+g$ 在 E_4 上也可测. 把全体有理数写成无穷序列:

$$\mathbb{Q} = \{r_1, r_2, \cdots, r_i, \cdots\},$$

则对任意实数 a,有

$$E_4[f+g>a] = E_4[f>a-g] = \bigcup_{i=1}^{\infty} E_4[f>r_i>a-g]$$
$$= \bigcup_{i=1}^{\infty} (E_4[f>r_i] \cap E_4[g>a-r_i]).$$

故 $E_4[f+g>a]$ 可测,结论成立.

(3) 首先证明 $f^2(x)$ 在 E 上可测. 事实上,对任意实数 a,有

$$E[f^2 > a] = \begin{cases} E[f > \sqrt{a}] \cup E[f < -\sqrt{a}], & a \geq 0, \\ E, & a < 0. \end{cases}$$

由 $f(x)$ 在 E 上可测,知 $E[f^2 > a]$ 为可测集合,所以 $f^2(x)$ 在 E 上可测.

又因为

$$fg = \frac{(f+g)^2 - f^2 - g^2}{2},$$

由 (1), (2) 及 f^2, g^2 可测,知 fg 在其有意义的 E 的子集上可测.

(4) 首先证明 $\frac{1}{g}$ 在 $E[g \neq 0]$ 上可测. 事实上,对任意的实数 a,有

$$E\left[\frac{1}{g} > a\right] = \begin{cases} E\left[g < \frac{1}{a}\right] \cap E[g>0], & a > 0, \\ E[g>0] - E[g=+\infty], & a = 0, \\ E[g>0] \cup E\left[g < \frac{1}{a}\right], & a < 0. \end{cases}$$

由 $g(x)$ 在 E 上可测,知 $E\left[\frac{1}{g} > a\right]$ 可测,从而 $\frac{1}{g}$ 在 $E[g \neq 0]$ 上可测.

又因为 $\frac{f}{g} = f \cdot \frac{1}{g}$,由 (3) 知结论成立.

(5) 对任意实数 a,有

$$E[|f|>a] = \begin{cases} E[f>a] \cup [f<-a], & a \geq 0, \\ E, & a < 0. \end{cases}$$

由 $f(x)$ 在 E 上可测,知 $E[|f|>a]$ 为可测集,从而 $|f|$ 在 E 上可测.

定理 6 设 $\{f_k(x)\}_{k=1}^{\infty}$ 是 E 上的可测函数列,则

(1) $\{f_k(x)\}_{k=1}^{\infty}$ 的上确界函数
$$L(x)=\sup\{f_1(x),f_2(x),\cdots,f_k(x),\cdots\}(=\sup_{k\geqslant 1}f_k(x))$$
为 E 上的可测函数;

(2) $\{f_k(x)\}_{k=1}^{\infty}$ 的下确界函数
$$l(x)=\inf\{f_1(x),f_2(x),\cdots,f_k(x),\cdots\}(=\inf_{k\geqslant 1}f_k(x))$$
为 E 上的可测函数;

(3) $\{f_k(x)\}_{k=1}^{\infty}$ 的上极限函数 $\varlimsup\limits_{k\to\infty}f_k(x)=\inf\limits_{k\geqslant 1}(\sup\limits_{m\geqslant k}f_m(x))$ 与下极限函数 $\varliminf\limits_{k\to\infty}f_k(x)=\sup\limits_{k\geqslant 1}(\inf\limits_{m\geqslant k}f_m(x))$ 均为 E 上的可测函数;

(4) 如果 $\varlimsup\limits_{k\to\infty}f_k(x)=\varliminf\limits_{k\to\infty}f_k(x)$,那么 $\{f_k(x)\}_{k=1}^{\infty}$ 收敛,且其极限函数 $f(x)(=\varlimsup\limits_{k\to\infty}f_k(x)=\varliminf\limits_{k\to\infty}f_k(x))$ 为 E 上的可测函数.

证明 (1) 对任意实数 a,有 $E[L>a]=\bigcup\limits_{k=1}^{\infty}E[f_k>a]$,所以 $E[L>a]$ 为可测集,从而 $L(x)$ 为 E 上的可测函数.

(2) 对任意实数 a,有 $E[l<a]=\bigcup\limits_{k=1}^{\infty}E[f_k<a]$,所以 $E[l<a]$ 为可测集,从而 $l(x)$ 为 E 上的可测函数.

(3) 由上、下极限函数的定义及(1)和(2),结论成立.

(4) 由(3)知(4)成立.

定义 4 设 $f(x)$ 为定义在点集 E 上的函数,称 $\max\{f(x),0\}(x\in E)$ 为 $f(x)$ 的**正部函数**,简称为**正部**,记做 $f^+(x)$. 称 $\max\{-f(x),0\}(x\in E)$ 为 $f(x)$ 的**负部函数**,简称为**负部**,记做 $f^-(x)$.

注意:(1) $f^+(x)$ 与 $f^-(x)$ 均为 E 上的非负函数;

(2) $f(x)=f^+(x)-f^-(x),|f(x)|=f^+(x)+f^-(x)$.

定理 7 $f(x)$ 在点集 E 上可测当且仅当 $f^+(x)$ 与 $f^-(x)$ 均在 E 上可测.

证明 由定理 5(1),(2)与定理 6(1),结论成立.

三、可测函数与简单函数的关系

在数学中,任何复杂问题的研究都是从最简单、最理想的情况着手的. 由简单到复杂、由特殊到一般、由具体到抽象是讨论数学问题的基本和通常的方法. 同样,可测函数也与最简单的函数有着紧密联系. 我们从阶梯函数入手,将其推广为简单函数,最后研究可测函数与简单函数的关系.

简单函数是我们在中学数学中学习过的阶梯函数的推广,为了更好地理解这一概念,我们先来回顾一下阶梯函数的定义:

设 $f(x)$ 为定义在闭区间 $[a,b]$ 上的实值函数. 若能将 $[a,b]$ 分解成有限个互不相交的小区间 $I_1,I_2,\cdots,I_m$,使 $f(x)=c_i\ (x\in I_i,i=1,2,\cdots,m)$,则称 $f(x)$ 为 $[a,b]$ 上的**阶梯函数**.

定义 5 设 $\psi(x)$ 为定义在可测集 $E\subset \mathbb{R}^n$ 上的函数. 如果能将 E 分解为有限个互不相交的可测子集的并,即 $\bigcup_{i=1}^m E_i = E$,使 $\psi(x)=c_i\ (x\in E_i,i=1,2,\cdots,m)$,则称 $\psi(x)$ 为 E 上的**简单函数**.

注意:(1)阶梯函数是特殊的简单函数,我们可以通过阶梯函数的图像来理解简单函数.

(2) $\psi(x)$ 为 E 上的简单函数当且仅当 $\psi(x)=\sum_{i=1}^m c_i \varphi_{E_i}(x)$,其中 $\varphi_{E_i}(x)$ 为 E_i 的示性函数,即

$$\varphi_{E_i}(x)=\begin{cases}1, & x\in E_i,\\ 0, & x\notin E_i\end{cases}\quad (i=1,2,\cdots,m),$$

这里 $E_i\ (i=1,2,\cdots,m)$ 互不相交,且 $\bigcup_{i=1}^m E_i = E$.

(3)因简单函数在每个可测子集 E_i 上为常值函数,故其在每个 E_i 上为可测函数. 由定理 4(2),其为 E 上的可测函数. 事实上,若 $\psi(x)=c_i\ (x\in E_i)$,则对任意实数 a,

$$E_i[\psi>a]=\begin{cases}E_i, & a<c_i,\\ \varnothing, & a\geqslant c_i\end{cases}$$

为可测集,从而 $\psi(x)$ 为 E_i 上的可测函数.

(4)可测集 E 上两个简单函数的和、差、积与商(分母不为零)均为简单函数(习题 4.1 的第 2 题). 这里仅就和的情况作说明. 设 $\psi_1(x)=\sum_{i=1}^m c_i\varphi_{E_i^{(1)}}(x)$ 与 $\psi_2(x)=\sum_{j=1}^l d_j\varphi_{E_j^{(2)}}(x)$ 均为 E 上的简单函数,其中 $E_i^{(1)}\ (i=1,2,\cdots,m)$,$E_j^{(2)}\ (j=1,2,\cdots,l)$ 各自互不相交,且 $E=\bigcup_{i=1}^m E_i^{(1)}$,$E=\bigcup_{j=1}^l E_j^{(2)}$. 由于

$$E=\left(\bigcup_{i=1}^m E_i^{(1)}\right)\cap\left(\bigcup_{j=1}^l E_j^{(2)}\right)=\bigcup_{i=1}^m\bigcup_{j=1}^l (E_i^{(1)}\cap E_j^{(2)}),$$

而 $E_i^{(1)}\cap E_j^{(2)}$ 为 $m\times l$ 个互不相交的可测集,故

$$\psi_1(x)+\psi_2(x)=\sum_{i=1}^m\sum_{j=1}^l (c_i+d_j)\varphi_{E_i^{(1)}\cap E_j^{(2)}}(x)$$

为 E 上的简单函数.

定理 8 $f(x)$ 在 E 上可测当且仅当存在 E 上的简单函数列 $\{\psi_k(x)\}_{k=1}^\infty$,使

$$f(x) = \lim_{k\to\infty} \psi_k(x),$$

其中 $\{\psi_k(x)\}_{k=1}^{\infty}$ 的绝对值函数单调递增,即 $|\psi_1(x)| \leqslant |\psi_2(x)| \leqslant \cdots$.

证明 因为任意函数均可写成两个非负函数的差,所以我们仅对 $f(x)$ 为非负函数的情形进行证明.

由定理 6(4) 与上面的注意(3),充分性显然成立.

必要性的证明:令

$$E_{k,j} = E\left[\frac{j}{2^k} \leqslant f < \frac{j+1}{2^k}\right] \ (k=1,2,\cdots;j=0,1,2,\cdots,k2^k-1), \quad E_{k,k2^k} = E[f \geqslant k],$$

则 $E_{k,j}$ $(j=0,1,2,\cdots,k2^k)$ 为互不相交的可测集,且 $E = \bigcup_{j=0}^{k2^k} E_{k,j}$.

定义简单函数

$$\psi_k(x) = \sum_{j=0}^{k2^k} \frac{j}{2^k} \varphi_{E_{k,j}}(x) \quad (k=1,2,\cdots).$$

显然 $0 \leqslant \psi_1(x) \leqslant \psi_2(x) \leqslant \cdots$. 下面证明:

$$f(x) = \lim_{k\to\infty} \psi_k(x).$$

任取 $x \in E$,若 $f(x) = +\infty$,则 $x \in E_{k,k2^k}$ $(k=1,2,\cdots)$,从而

$$\psi_k(x) = \frac{k2^k}{2^k} = k \to +\infty = f(x);$$

若 $f(x) < +\infty$,则存在 k_0,使 $f(x) < k_0$. 于是,当 $k \geqslant k_0$ 时,有

$$|f(x) - \psi_k(x)| = f(x) - \psi_k(x) < \frac{1}{2^k},$$

从而有 $\psi_k(x) \to f(x) \ (k \to \infty)$.

习 题 4.1

1. 简答题:

(1) 若 $f(x)$ 是简单函数列的极限函数,$g(x)$ 的正部 $g^+(x)$ 与负部 $g^-(x)$ 都是 E 上的可测函数,$f(x)+g(x)$ 在 E 上是否一定可测?

(2) 设 $E \subset \mathbb{R}^n$,$f(x)$ 为定义在 E 上的单调函数,$f(x)$ 在 E 上是否一定可测?

(3) 若函数 $f(x)$ 在 E 上可测,说明 $|f(x)|$ 在 E 上也可测.

(4) 命题"$f(x)$ 在 E 上可测的充分必要条件是 $|f(x)|$ 在 E 上可测"是否正确?

(5) 命题"若 $f(x)$ 是集合 E 上的常值函数,则 $f(x)$ 在 E 上可测"是否正确?

(6) 命题"若 $f(x)$ 与 $g(x)$ 都是 E 上的不可测函数,则 $f(x)+g(x)$ 也为 E 上的不可测函数"是否正确?

第四章 可测函数

(7) 命题"若对任意常数 a,集合 $E[f=a]$ 都可测,则 $f(x)$ 在 E 上一定可测"是否正确?

(8) 若 $f(x)$ 在 E 上可测,$E_1 \subset E$,$f(x)$ 在 E_1 上一定可测吗?

(9) 若 $f(x)$ 为 E 上的可测函数,$\varphi(x)$ 为 E 上的简单函数,$f(x)+\varphi(x)$ 在 E 上是否一定可测?

(10) 博雷尔集合的示性函数是可测函数吗?为什么?

(11) 若 $f(x)$ 与 $g(x)$ 均在 E 上可测,$f^2(x)+g^2(x)$ 在 E 上是否一定可测?

(12) 命题"定义在康托尔集上的任何函数都是可测函数"是否正确?

(13) 命题"$f(x)$ 在 E 上可测当且仅当 $f(x)$ 为 E 上一列可测函数的极限"是否正确?

(14) 设 $A \subset \mathbb{R}^n$,A 的示性函数一定是简单函数吗?

(15) 设 $f(x)$ 是 E 上的可测函数,$g(x)$ 是 E 上的连续函数,$f(x)+g(x)$ 在 E 上一定可测吗?

2. 证明:可测集 E 上两个简单函数的和、差、积与商(分母不为零)均为 E 上的简单函数.

3. 设 $mE<+\infty$,$f(x)$ 为 E 上几乎处处取有限值的非负可测函数,证明:对任意 $\varepsilon>0$,都存在闭集 $F \subset E$,使 $m(E-F)<\varepsilon$,且 $f(x)$ 为 F 上的有界函数.

4. 设 $\{f_n(x)\}_{n=1}^{\infty}$ 为 E 上的非负可测函数列,且对任意 $\varepsilon>0$,级数 $\sum_{n=1}^{\infty} mE[f_n>\varepsilon]$ 均收敛,证明:$f_n(x) \to 0 (n \to \infty)$ a.e. 于 E.

5. 设 $f(x)$ 为可测集 $E \subset \mathbb{R}^n$ 上的函数,证明:$f(x)$ 在 E 上可测当且仅当对任意博雷尔集 $B \subset \mathbb{R}$,其原像集 $f^{-1}(B) \subset E$ 都是可测集;进而,若 $f(x)$ 在 E 上还是连续的,则 $f^{-1}(B)$ 依然为博雷尔集.

6. 设 $f(x)$ 为 $E \subset \mathbb{R}^n$ 上的可测函数,$g(y)$ 为 $\mathbb{R}$ 上的连续函数,证明:复合函数 $(g \circ f)(x)$ 在 $E \subset \mathbb{R}^n$ 上可测.

7. 设 $\{f_n(x)\}_{n=1}^{\infty}$ 为 E 上的可测函数列,且对任意 $\varepsilon>0$,都有
$$\lim_{n \to \infty} m^* E[|f_n-f|>\varepsilon]=0,$$
证明:$f(x)$ 在 E 上可测.

§4.2 可测函数列的几种收敛性

在数学分析课程中,我们研究了函数列的逐点收敛(也称为处处收敛)与一致收敛.一致收敛的函数列一定是逐点收敛的,反之却未必成立.在讨论连续函数列的极限函数的连续性、逐项积分与逐项微分等问题时都出现过要求函数列一致收敛的条件,而对函数列一致收敛的要求比较苛刻,在实际应用中有很大的局限性.可测函数类是比连续函数类更广泛的函

§4.2 可测函数列的几种收敛性

数类,因此可测函数列的收敛势必较连续函数列的收敛内涵更加丰富,各种收敛性之间的关系也更加复杂,当然在处理实际问题时也更为适用.可测函数列有多种不同的收敛,这里我们只介绍三种比较常见的收敛:一致收敛、几乎处处收敛与依测度收敛,并研究这几种收敛性之间的关系.

一、几乎处处收敛与一致收敛

一致收敛的函数列有许多非常好的性质,数学分析中在讨论连续函数列的极限函数的连续性、逐项积分与逐项微分等问题时都涉及一致收敛的条件,但一致收敛的条件太强,即便给定的函数列在某个区间上处处收敛,它也未必一致收敛. 一个典型的例子就是函数列 $\{x^n\}_{n=1}^{\infty}$,它在 $(0,1)$ 内处处收敛,但它在该区间内却不是一致收敛的. 然而,当我们从 $(0,1)$ 中去掉一个长度任意小的区间 $(1-\delta,1)$ 后,$\{x^n\}_{n=1}^{\infty}$ 在余下的区间 $(0,1-\delta]$ 上就具有一致收敛性了. 这种现象并不是一种偶然. 20 世纪初俄国数学家叶果洛夫(Egoroff,1869—1931)在巴黎科学院报告上首次揭示了几乎处处收敛与一致收敛之间的关系,证得几乎处处收敛的函数列可以部分地"恢复"一致收敛性. 这就是下面的叶果洛夫定理,这个定理是处理极限问题时的有力工具. 为了介绍这一结论,我们先来证明下面的引理:

引理 设函数列 $\{f_n(x)\}_{n=1}^{\infty}$ 及函数 $f(x)$ 均在 E 上取有限值,H 为 E 上所有使得 $\{f_n(x)\}_{n=1}^{\infty}$ 不收敛于 $f(x)$ 的点构成的集合,则

$$H = \bigcup_{k=1}^{\infty} \bigcap_{N=1}^{\infty} \bigcup_{n=N}^{\infty} E[|f_n - f| \geq \varepsilon_k],$$

其中 $\varepsilon_1 > \varepsilon_2 > \cdots > \varepsilon_k > \cdots > 0$,且 $\lim_{k \to \infty} \varepsilon_k = 0$.

证明 设 $\varepsilon_1 > \varepsilon_2 > \cdots > \varepsilon_k > \cdots > 0$,且 $\lim_{k \to \infty} \varepsilon_k = 0$. 任取 $x_0 \in H$,则 $\lim_{n \to \infty} f_n(x_0) \neq f(x_0)$. 于是,存在 $\varepsilon_0 > 0$ 及正整数列

$$n_1 < n_2 < \cdots < n_i < \cdots \to +\infty,$$

使 $|f_{n_i}(x_0) - f(x_0)| \geq \varepsilon_0$. 取 k 充分大,使 $\varepsilon_k \leq \varepsilon_0$,则 $|f_{n_i}(x_0) - f(x_0)| \geq \varepsilon_k$. 于是

$$x_0 \in \bigcup_{n=N}^{\infty} E[|f_n - f| \geq \varepsilon_k] \quad (N=1,2,\cdots),$$

从而

$$x_0 \in \bigcap_{N=1}^{\infty} \bigcup_{n=N}^{\infty} E[|f_n - f| \geq \varepsilon_k].$$

所以

$$x_0 \in \bigcup_{k=1}^{\infty} \bigcap_{N=1}^{\infty} \bigcup_{n=N}^{\infty} E[|f_n - f| \geq \varepsilon_k].$$

反之,任取 $x_0 \in \bigcup_{k=1}^{\infty} \bigcap_{N=1}^{\infty} \bigcup_{n=N}^{\infty} E[|f_n - f| \geq \varepsilon_k]$,则存在 k_0,使

$$x_0 \in \bigcap_{N=1}^{\infty}\bigcup_{n=N}^{\infty}E[\,|f_n-f|\geqslant \varepsilon_{k_0}\,].$$

于是,对任意正整数 N,有

$$x_0 \in \bigcup_{n=N}^{\infty}E[\,|f_n-f|\geqslant \varepsilon_{k_0}\,],$$

即对任意正整数 N,存在 $n_i>N$,使

$$|f_{n_i}(x_0)-f(x_0)|\geqslant \varepsilon_{k_0}.$$

这说明 x_0 是使 $\{f_n(x)\}_{n=1}^{\infty}$ 不收敛于 $f(x)$ 的点,即 $x_0 \in H$.

综上,有 $H = \bigcup_{k=1}^{\infty}\bigcap_{N=1}^{\infty}\bigcup_{n=N}^{\infty}E[\,|f_n-f|\geqslant \varepsilon_k\,]$.

定理 1(叶果洛夫定理) 设 $mE<+\infty$,$\{f_n(x)\}_{n=1}^{\infty}$ 是 E 上几乎处处取有限值的可测函数列,$\lim_{n\to\infty}f_n(x)=f(x)$ a.e. 于 E,且 $|f(x)|<+\infty$ a.e. 于 E,则对任意 $\delta>0$,总存在 E 的可测子集 e,$me<\delta$,使 $\{f_n(x)\}_{n=1}^{\infty}$ 在 $E-e$ 上一致收敛于 $f(x)$.

证明 因为可测集去掉测度为零的集合后依然为可测集且测度不变,由已知不妨设 $\{f_n(x)\}_{n=1}^{\infty}$ 及 $f(x)$ 均在 E 上处处取有限值. 令

$$e_k = \bigcup_{n=N_k}^{\infty}E[\,|f_n-f|\geqslant \varepsilon_k\,], \quad e = \bigcup_{k=1}^{\infty}e_k,$$

则 e 为可测集,且 $\{f_n(x)\}_{n=1}^{\infty}$ 在 $E-e$ 上一致收敛于 $f(x)$. 事实上,对任意 $\varepsilon>0$,总存在 $0<\varepsilon_k<\varepsilon$,当 $x\in E-e$ 时,$x\notin e_k$,故当 $n\geqslant N_k$ 时,$|f_n(x)-f(x)|<\varepsilon_k<\varepsilon$.

下面选取适当的 e_k,使对任意 $\delta>0$,有 $me<\delta$. 由 $\lim_{n\to\infty}f_n(x)=f(x)$ 在 E 上几乎处处成立与上面的引理,可得

$$m\Big(\bigcup_{k=1}^{\infty}\bigcap_{N=1}^{\infty}\bigcup_{n=N}^{\infty}E[\,|f_n-f|\geqslant \varepsilon_k\,]\Big)=0.$$

于是,对任意 k,有

$$m\Big(\bigcap_{N=1}^{\infty}\bigcup_{n=N}^{\infty}E[\,|f_n-f|\geqslant \varepsilon_k\,]\Big)=0.$$

又因 $\Big\{\bigcup_{n=N}^{\infty}E[\,|f_n-f|\geqslant \varepsilon_k\,]\Big\}_{N=1}^{\infty}$ 单调递减,且 $mE<+\infty$,故

$$\lim_{N\to\infty}m\Big(\bigcup_{n=N}^{\infty}E[\,|f_n-f|\geqslant \varepsilon_k\,]\Big)=0.$$

对任意 k,取 N_k 充分大,使

$$me_k = m\Big(\bigcup_{n=N_k}^{\infty}E[\,|f_n-f|\geqslant \varepsilon_k\,]\Big)<\frac{\delta}{2^k},$$

则

$$me = m\Big(\bigcup_{k=1}^{\infty} e_k\Big) \leqslant \sum_{k=1}^{\infty} me_k < \sum_{k=1}^{\infty} \frac{\delta}{2^k} = \delta.$$

注意：(1) 条件 $mE<+\infty$ 不能取消！

例如，设

$$E=(0,+\infty), \quad f_n(x)=\begin{cases} 1, & x\in(0,n), \\ 0, & x\in[n,+\infty) \end{cases} (n=1,2,\cdots), \quad f(x)\equiv 1,$$

则对任意 $x\in E=(0,+\infty)$，总有

$$\lim_{n\to\infty} f_n(x)=1=f(x).$$

故 $\{f_n(x)\}_{n=1}^{\infty}$ 及 $f(x)$ 满足定理中除去 $mE<+\infty$ 之外的所有条件．

取 $\delta=1$，则对 E 的任意可测子集 $e\,(me<1)$，$\{f_n(x)\}_{n=1}^{\infty}$ 在 $E-e$ 上都不一致收敛于 $f(x)\equiv 1$．事实上，取 $\varepsilon_0=\dfrac{1}{2}$，对任意正整数 N，存在 $n_N=N+1$ 和 $x_0\in E-e$ 且 $x_0>n_N$，有

$$|f_{n_N}(x_0)-f(x_0)|=|0-1|>\varepsilon_0,$$

即 $\{f_n(x)\}_{n=1}^{\infty}$ 在 $E-e$ 上不一致收敛于 $f(x)$．

(2) 结论中的 "$\delta>0$" 不能改成 "$\delta=0$"！

例如，设

$$E=(0,1), \quad f_n(x)=x^n\ (n=1,2,\cdots), \quad f(x)\equiv 0,$$

则对任意 $x\in E$，总有

$$\lim_{n\to\infty} f_n(x)=0=f(x).$$

故 $\{f_n(x)\}_{n=1}^{\infty}$ 及 $f(x)$ 满足定理的所有条件．

对 E 的测度为零的任意子集 e，$\{f_n(x)\}_{n=1}^{\infty}$ 在 $E-e$ 上都不一致收敛于 $f(x)\equiv 0$．事实上，因 $m\Big(1-\dfrac{1}{n},1\Big)=\dfrac{1}{n}\neq 0$，故 $\Big(1-\dfrac{1}{n},1\Big)\cap(E-e)\neq\varnothing$．取 $x_n\in\Big(1-\dfrac{1}{n},1\Big)\cap(E-e)\ (n=1,2,\cdots)$，则

$$f_n(x_n)=x_n^n>\Big(1-\dfrac{1}{n}\Big)^n\to\dfrac{1}{e}\ (n\to\infty), \quad 即\quad \lim_{n\to\infty} f_n(x_n)\neq 0.$$

于是 $\{f_n(x)\}_{n=1}^{\infty}$ 在 $E-e$ 上都不一致收敛于 $f(x)$．

二、几乎处处收敛与依测度收敛

下面介绍可测函数列的一种新的收敛，这种收敛不同于以往的收敛，是与集合测度有关的收敛——依测度收敛，它在实际中有广泛的应用．为了深入理解这种收敛的本质特征，我们也对它与几乎处处收敛的关系进行研究．

第四章 可测函数

定义 设 $\{f_n(x)\}_{n=1}^{\infty}$ 是可测集 E 上几乎处处取有限值的可测函数列，$f(x)$ 为 E 上几乎处处取有限值的可测函数. 若对任意 $\sigma>0$，有

$$\lim_{n\to\infty} mE[|f_n-f|\geq\sigma]=0,$$

则称 $\{f_n(x)\}_{n=1}^{\infty}$ 在 E 上**依测度收敛**于 $f(x)$，记为 $f_n\Rightarrow f$ 于 E.

注意：(1) 因点集的测度为非负实数，故上述极限用数列极限的"ε-N"语言表述为：对任意 $\sigma>0$ 和 $\varepsilon>0$，存在 $N\in\mathbb{Z}_+$，当 $n\geq N$ 时，有

$$mE[|f_n-f|\geq\sigma]<\varepsilon.$$

(2) 依测度收敛的函数列未必是处处收敛的.

下面给出一个依测度收敛而处处发散的函数列的例子：

设 $E=[0,1)$，定义第 1 组的 1 个函数为

$$f_1^{(1)}(x)=1;$$

定义第 2 组的 2 个函数分别为

$$f_1^{(2)}(x)=\begin{cases}1, & x\in\left[0,\dfrac{1}{2}\right),\\ 0, & x\in\left[\dfrac{1}{2},1\right),\end{cases}\quad f_2^{(2)}(x)=\begin{cases}0, & x\in\left[0,\dfrac{1}{2}\right),\\ 1, & x\in\left[\dfrac{1}{2},1\right);\end{cases}$$

一般地，将 $[0,1)$ 分为 k 等份，定义第 k 组的 k 个函数为

$$f_i^{(k)}(x)=\begin{cases}1, & x\in\left[\dfrac{i-1}{k},\dfrac{i}{k}\right),\\ 0, & x\notin\left[\dfrac{i-1}{k},\dfrac{i}{k}\right)\end{cases}\quad (i=1,2,\cdots,k).$$

令

$$\varphi_1(x)=f_1^{(1)}(x),\quad \varphi_2(x)=f_1^{(2)}(x),\quad \varphi_3(x)=f_2^{(2)}(x),$$
$$\varphi_4(x)=f_1^{(3)}(x),\quad \varphi_5(x)=f_2^{(3)}(x),\quad \varphi_6(x)=f_3^{(3)}(x),$$
$$\cdots\cdots$$

则 $\{\varphi_n(x)\}_{n=1}^{\infty}$ 是定义在 $[0,1)$ 上的处处取有限值的可测函数. 令 $\varphi(x)\equiv 0$，则对任意 $\sigma>0$，若 $\sigma>1$，有 $E[|\varphi_n-\varphi|\geq\sigma]=\varnothing$，从而

$$\lim_{n\to\infty} mE[|\varphi_n-\varphi|\geq\sigma]=0;$$

若 $\sigma\leq 1$，当 φ_n 为第 k 组的第 i 个函数时，有 $E[|\varphi_n-\varphi|\geq\sigma]=\left[\dfrac{i-1}{k},\dfrac{i}{k}\right)$，且当 $n\to\infty$ 时，$k\to\infty$，从而

$$\lim_{n\to\infty} mE[|\varphi_n-\varphi|\geq\sigma]=0.$$

所以 $\{\varphi_n(x)\}_{n=1}^{\infty}$ 在 $[0,1)$ 上依测度收敛于 $\varphi(x)\equiv 0$.

任取 $x\in[0,1)$，$\{\varphi_n(x)\}_{n=1}^{\infty}$ 中有无穷多个函数在该点处的值为零，也有无穷多个函数

在该点处的值为 1,因此 $\{\varphi_n(x)\}_{n=1}^\infty$ 在 $[0,1)$ 中的每一点处都是发散的.

(3) 处处收敛的函数列也未必是依测度收敛的.

下面给出一个处处收敛但不是依测度收敛的函数列的例子:

设 $E=(0,+\infty)$,函数列为
$$f_n(x)=\begin{cases}1, & x\in(0,n),\\ 0, & x\in[n,+\infty)\end{cases}\quad(n=1,2,\cdots).$$

对任意 $x\in E$,均有 $\lim\limits_{n\to\infty}f_n(x)=1$.

取 $\sigma=\dfrac{1}{2}$,则 $E[|f_n-1|\geqslant\sigma]=[n,+\infty)$. 故
$$\lim_{n\to\infty}mE[|f_n-1|\geqslant\sigma]=+\infty.$$

因此 $\{f_n(x)\}_{n=1}^\infty$ 不依测度收敛于 1.

虽然依测度收敛与几乎处处收敛之间没有必然的包含关系,但在满足一定的条件下,二者之间还是有紧密联系的,这就是下面的勒贝格定理与黎斯(F. Riesz,1880—1956)定理.

定理 2(勒贝格定理) 设 $mE<+\infty$,$\{f_n(x)\}_{n=1}^\infty$ 是 E 上几乎处处取有限值的可测函数列,$f(x)$ 为 E 上几乎处处取有限值的函数,且
$$\lim_{n\to\infty}f_n(x)=f(x)\,\text{a. e. 于}\,E,$$

则 $f_n\Rightarrow f$ 于 E.

证明 由叶果洛夫定理,对任意 $\varepsilon>0$,存在 E 的可测子集 e,$me<\varepsilon$,使 $\{f_n(x)\}_{n=1}^\infty$ 在 $E-e$ 上一致收敛于 $f(x)$. 于是,对任意给定的 $\sigma>0$,存在正整数 N,当 $n\geqslant N$ 时,对一切 $x\in E-e$,均有 $|f_n-f|<\sigma$. 因此 $E[|f_n-f|\geqslant\sigma]\subset e$. 故
$$mE[|f_n-f|\geqslant\sigma]\leqslant me<\varepsilon,$$

从而
$$\lim_{n\to\infty}mE[|f_n-f|\geqslant\sigma]=0,\quad\text{即}\quad f_n\Rightarrow f.$$

注意:(1) 该定理说明,当 $mE<+\infty$ 时,几乎处处收敛的函数列一定是依测度收敛的,即在 $mE<+\infty$ 的条件下,依测度收敛是比几乎处处收敛弱的收敛;

(2) 条件 $mE<+\infty$ 不可以去掉,见定义 1 的注意(3).

定理 3(黎斯定理) 设 E 为可测集,$f_n\Rightarrow f$ 于 E,则存在 $\{f_n(x)\}_{n=1}^\infty$ 的子列 $\{f_{n_i}(x)\}_{i=1}^\infty$,使
$$\lim_{i\to\infty}f_{n_i}(x)=f(x)\,\text{a. e. 于}\,E.$$

证明 由已知,对任意 $\sigma>0$,$\lim\limits_{n\to\infty}mE[|f_n-f|\geqslant\sigma]=0$. 取 $\sigma_i=\dfrac{1}{2^i}$,则对每个 σ_i,存在正整数 n_i,使当 $n\geqslant n_i$ 时,$mE[|f_n-f|\geqslant\sigma_i]<\sigma_i$. 我们还可以要求 $n_{i+1}>n_i$ $(i=1,2,\cdots)$.

下面证明 $\lim\limits_{i\to\infty}f_{n_i}(x)=f(x)\,\text{a. e. 于}\,E$. 为方便起见,记 $E_k=\bigcup\limits_{i=k}^\infty E[|f_{n_i}-f|\geqslant\sigma_i]$,则

$E_k \supset E_{k+1}$ ($k=1,2,\cdots$),且

$$mE_k \leqslant \sum_{i=k}^{\infty} mE[|f_{n_i}-f| \geqslant \sigma_i] \leqslant \sum_{i=k}^{\infty} \sigma_i \to 0 \quad (k\to\infty).$$

由 $mE_1 \leqslant \sum_{i=1}^{\infty} \sigma_i < +\infty$ 及 §3.1 的定理 9,得

$$m\left(\bigcap_{k=1}^{\infty} E_k\right) = \lim_{k\to\infty} mE_k = 0.$$

任取 $x \in E - \bigcap_{k=1}^{\infty} E_k$,不妨设 $x \notin E_{k_0} = \bigcup_{i=k_0}^{\infty} E[|f_{n_i}-f| \geqslant \sigma_i]$,则对任意 $i \geqslant k_0$,有

$$x \notin E[|f_{n_i}-f| \geqslant \sigma_i], \quad 即 \quad |f_{n_i}-f| < \sigma_i \to 0 \ (i\to\infty).$$

因此

$$\lim_{i\to\infty} f_{n_i}(x) = f(x) \text{ a.e. } 于 E.$$

下面的定理说明,当我们忽略函数在测度为零的集合上的取值情况时,依测度收敛函数列的极限函数是唯一的.

定理 4(极限唯一性) 若在可测集 E 上 $f_n \Rightarrow f$,且 $f_n \Rightarrow g$,则 $f=g$ a.e. 于 E.

证明 1 因为 $f_n \Rightarrow f$ 于 E,由黎斯定理,存在 $\{f_n(x)\}_{n=1}^{\infty}$ 的子列 $\{f_{n_i}(x)\}_{i=1}^{\infty}$,使

$$\lim_{i\to\infty} f_{n_i}(x) = f(x) \text{ a.e. } 于 E.$$

又因 $f_n \Rightarrow g$ 于 E,故在 E 上 $f_{n_i} \Rightarrow g$.再由黎斯定理,存在 $\{f_{n_i}(x)\}_{i=1}^{\infty}$ 的子列 $\{f_{n_{i_k}}(x)\}_{k=1}^{\infty}$,使

$$\lim_{k\to\infty} f_{n_{i_k}}(x) = g(x) \text{ a.e. } 于 E.$$

令 $E_0 = E[f_{n_{i_k}} \to g]$,则 $m(E-E_0)=0$,且在 E_0 上 $\lim_{k\to\infty} f_{n_{i_k}}(x) = f(x)$ 与 $\lim_{k\to\infty} f_{n_{i_k}}(x) = g(x)$ 同时成立.由收敛函数列极限函数的唯一性,可得在 E_0 上 $f(x) = g(x)$,于是 $f=g$ a.e. 于 E.

证明 2 由不等式

$$|f(x) - g(x)| \leqslant |f(x) - f_n(x)| + |f_n(x) - g(x)|,$$

对任意正整数 k,均有

$$E\left[|f-g| \geqslant \frac{1}{k}\right] \subset E\left[|f-f_n| \geqslant \frac{1}{2k}\right] \cup E\left[|f_n-g| \geqslant \frac{1}{2k}\right].$$

因在集合 E 上 $f_n \Rightarrow f$,且 $f_n \Rightarrow g$,故当 $n \to \infty$ 时,有

$$mE\left[|f-g| \geqslant \frac{1}{k}\right] \leqslant mE\left[|f-f_n| \geqslant \frac{1}{2k}\right] + mE\left[|f_n-g| \geqslant \frac{1}{2k}\right] \to 0.$$

于是,对任意 k,有

$$mE\left[|f-g| \geqslant \frac{1}{k}\right] = 0.$$

又因为

$$E[f\neq g]=\bigcup_{k=1}^{\infty}E\left[|f-g|\geq\frac{1}{k}\right],$$

所以

$$0\leq mE[f\neq g]\leq\sum_{k=1}^{\infty}mE\left[|f-g|\geq\frac{1}{k}\right]=0,$$

即 $mE[f\neq g]=0$, 结论成立.

习 题 4.2

1. 设 $mE<+\infty$, $\{f_n(x)\}_{n=1}^{\infty}$ 为 E 上几乎处处取有限值的可测函数列, 且 $\lim_{n\to\infty}f_n(x)=1$ a.e. 于 E, 证明: 存在 E 的单调递增子集序列 $\{E_n\}_{n=1}^{\infty}$, 使 $\lim_{n\to\infty}mE_n=mE$, 且在每个 $E_n(n=1,2,\cdots)$ 上 $\{f_n(x)\}_{n=1}^{\infty}$ 都一致收敛于 1.

2. 设 E 为可测集, $f_n(x)\Rightarrow f(x)$ 于 E, $g_n(x)\Rightarrow g(x)$ 于 E, 证明:

(1) $f_n(x)\pm g_n(x)\Rightarrow f(x)\pm g(x)$ 于 E.

(2) $af_n(x)\Rightarrow af(x)$ 于 E, 其中 a 为任意常数.

(3) 若 $mE<+\infty$, 则 $f_n(x)g_n(x)\Rightarrow f(x)g(x)$ 于 E; 若 $mE=+\infty$, 则上述结论未必成立.

(4) 若 $f(x)=g(x)=0$, 则 $f_n(x)g_n(x)\Rightarrow 0$ 于 E.

(5) 若 $mE<+\infty$, $f(x)\neq 0$, $f_n(x)\neq 0$ a.e. 于 $E(n=1,2,\cdots)$, 则 $\dfrac{1}{f_n(x)}\Rightarrow\dfrac{1}{f(x)}$ 于 E.

3. 设 E 为可测集, $f_n(x)\Rightarrow f(x)$ 于 E, 且 $f(x)=g(x)$ a.e. 于 E, 证明: $f_n(x)\Rightarrow g(x)$ 于 E.

4. 设 $\{f_n(x)\}_{n=1}^{\infty}$ 为可测集 E 上的单调可测函数列, 且 $f_n(x)\Rightarrow f(x)$ 于 E, 证明:
$$\lim_{n\to\infty}f_n(x)=f(x).$$

5. 设 E 为可测集, $f_n(x)\Rightarrow f(x)$ 于 E, 且 $|f_n(x)|\leq K$ a.e. 于 E, 证明:
$$|f(x)|\leq K \text{ a.e. } 于 E.$$

6. 设 $mE<+\infty$, 证明: $f_n(x)\Rightarrow f(x)$ 于 E 当且仅当 $\{f_n(x)\}_{n=1}^{\infty}$ 的任一子列 $\{f_{n_i}(x)\}_{i=1}^{\infty}$ 中都存在子列 $\{f_{n_{i_k}}(x)\}_{k=1}^{\infty}$, 使 $\lim_{k\to\infty}f_{n_{i_k}}(x)=f(x)$ a.e. 于 E.

§4.3 可测函数的构造——可测函数与连续函数的关系

前面我们已经研究了可测函数与简单函数之间的关系, 得到任何可测函数均可表示为简单函数列的极限; 反之, 任意简单函数列的极限函数也一定是可测函数. §4.1 的定理 2 证得: 定义在可测集上的连续函数一定是可测函数. 本节的鲁金(Lusin,1883—1950)定理进一步揭示了可测函数与连续函数之间的关系,即可测函数也一定是部分连续函数或"基本连续"函数[①],从而使我们清楚了可测函数的结构问题.本节的结果也是我们研究可测函数的有效手段.

一、鲁金定理及其逆定理

鲁金定理是对可测函数的本质刻画,是将可测函数问题划归为连续函数问题的有力工具,而连续函数在应用中是十分方便的.

定理 1(鲁金定理) 设 $f(x)$ 是可测集 E 上几乎处处取有限值的可测函数,则对任意 $\delta>0$,存在闭集 $F_\delta \subset E$,使 $m(E-F_\delta)<\delta$,且 $f(x)$ 在 F_δ 上为连续函数.

证明 因为可测函数均可表示为简单函数列的极限函数,我们先考虑简单函数的情形,然后分别对 $mE<+\infty$ 及 $mE=+\infty$ 两种情况下的可测函数进行证明.

情形 1:$f(x)$ 为 E 上的简单函数.

设 $f(x)=c_i(x\in E_i)$,其中 $E_i(i=1,2,\cdots,n)$ 为 E 的互不相交的可测子集,$E=\bigcup_{i=1}^{n} E_i$. 对每个 E_i,存在闭集 $F_i \subset E_i$,使 $m(E_i-F_i)<\dfrac{\delta}{n}$. 令 $F_\delta=\bigcup_{i=1}^{n} F_i$,则 F_δ 为闭集,且

$$m(E-F_\delta)=m\Big(\bigcup_{i=1}^{n}E_i-\bigcup_{i=1}^{n}F_i\Big)\leqslant m\Big(\bigcup_{i=1}^{n}(E_i-F_i)\Big)$$

$$\leqslant \sum_{i=1}^{n}m(E_i-F_i)<\sum_{i=1}^{n}\dfrac{\delta}{n}=\delta.$$

下面证明 $f(x)$ 在 F_δ 上连续.事实上,任取 $x\in F_\delta$,存在 $i_0\leqslant n$,使 $x\in F_{i_0}$.因为 $x\notin \bigcup_{i\neq i_0}F_i$,且 $\bigcup_{i\neq i_0}F_i$ 为闭集,所以 $x\in \Big(\bigcup_{i\neq i_0}F_i\Big)^c$,且 $\Big(\bigcup_{i\neq i_0}F_i\Big)^c$ 为开集,即 x 为 $\Big(\bigcup_{i\neq i_0}F_i\Big)^c$ 的内点.故存在 x 的某邻域 $N(x)$,使 $N(x)\subset \Big(\bigcup_{i\neq i_0}F_i\Big)^c$,从而 $N(x)\cap \Big(\bigcup_{i\neq i_0}F_i\Big)=\varnothing$. 因此

$$N(x)\cap F_\delta=N(x)\cap \Big(\bigcup_{i=1}^{n}F_i\Big)=N(x)\cap F_{i_0}.$$

又因 $f(x)$ 在 F_{i_0} 上为常数,故 $f(x)$ 在点 x 处连续.由 x 的任意性,$f(x)$ 在 F_δ 上连续.

情形 2:$f(x)$ 为 E 上的可测函数,且 $mE<+\infty$.

由 §4.1 的定理 8,存在 E 上的简单函数列 $\{\psi_n(x)\}_{n=1}^{\infty}$,使

$$f(x)=\lim_{n\to\infty}\psi_n(x).$$

[①] 所谓"基本连续"函数,是指其所有不连续点构成的集合测度为零的函数.

因为 $mE<+\infty$,由叶果洛夫定理,存在 E 的可测子集 e, $me<\dfrac{\delta}{2}$,使 $\{\psi_n(x)\}_{n=1}^{\infty}$ 在 $E_{\delta/2}=E-e$ 上一致收敛于 $f(x)$. 对于每个 n,由情形 1,存在闭集 $F_n\subset E_{\delta/2}$,使

$$m(E_{\delta/2}-F_n)<\dfrac{\delta}{2^{n+1}},$$

且 $\psi_n(x)$ 在 F_n 上连续. 令 $F_\delta=\bigcap\limits_{n=1}^{\infty}F_n$,则 $F_\delta\subset E_{\delta/2}$ 为闭集,$\{\psi_n(x)\}_{n=1}^{\infty}$ 在 F_δ 上一致收敛于 $f(x)$,且

$$\begin{aligned}m(E-F_\delta)&\leqslant m(E-E_{\delta/2})+m(E_{\delta/2}-F_\delta)\\&\leqslant m(E-E_{\delta/2})+\sum_{n=1}^{\infty}m(E_{\delta/2}-F_n)\\&<\dfrac{\delta}{2}+\sum_{n=1}^{\infty}\dfrac{\delta}{2^{n+1}}=\delta.\end{aligned}$$

情形 3:$f(x)$ 为 E 上的可测函数,且 $mE=+\infty$.

令 $E_n=(N(O,n)-N(O,n-1))\cap E$ $(n=1,2,\cdots;O$ 为坐标原点$)$,则各 E_n 为 E 的互不相交的测度有限的可测子集. 根据情形 2,对每个 E_n,存在闭子集 F_n,使

$$m(E_n-F_n)<\dfrac{\delta}{2^{n+1}} \quad (n=1,2,\cdots),$$

且 $f(x)$ 在 F_n 上连续. 令 $E_{\delta/2}=\bigcup\limits_{n=1}^{\infty}F_n$,则 $f(x)$ 在 $E_{\delta/2}$ 上连续,且

$$m(E-E_{\delta/2})=\sum_{n=1}^{\infty}m(E_n-F_n)<\sum_{n=1}^{\infty}\dfrac{\delta}{2^{n+1}}=\dfrac{\delta}{2}.$$

因为 $E_{\delta/2}$ 可测,所以存在闭集 $F_\delta\subset E_{\delta/2}$,且

$$m(E_{\delta/2}-F_\delta)<\dfrac{\delta}{2}.$$

于是

$$m(E-F_\delta)\leqslant m(E-E_{\delta/2})+m(E_{\delta/2}-F_\delta)<\dfrac{\delta}{2}+\dfrac{\delta}{2}=\delta.$$

因为 $f(x)$ 在 $E_{\delta/2}$ 上连续,所以其在 F_δ 上也连续.

值得注意的是,在上面的证明过程中先考虑简单函数,然后利用简单函数与可测函数之间的关系,证得结果对一般的可测函数也是成立的. 这种方法具有一般意义,在许多问题中都是行之有效的办法. 另外,由简单函数到一般可测函数的过渡中,叶果洛夫定理起到了关键性的作用.

下面我们给出可测函数的连续扩张定理,它将可测函数扩张为全空间上的连续函数,其也是鲁金定理的另一种表达形式.

定理 2 设 $f(x)$ 是可测集 $E\subset \mathbb{R}^n$ 上几乎处处取有限值的可测函数,则对任意 $\delta>0$,存在闭集 $F_\delta\subset E$ 及 $\mathbb{R}^n$ 上的连续函数 $g(x)$,使 $m(E-F_\delta)<\delta$,在 F_δ 上 $g(x)=f(x)$,且

$$\sup_{x\in\mathbb{R}^n}g(x)=\sup_{x\in F_\delta}f(x), \quad \inf_{x\in\mathbb{R}^n}g(x)=\inf_{x\in F_\delta}f(x).$$

证明 我们仅就 $E\subset\mathbb{R}$ 的情形加以证明.

由鲁金定理,对任意 $\delta>0$,存在闭集 $F_\delta\subset E$,使 $m(E-F_\delta)<\delta$,且 $f(x)$ 在 F_δ 上连续.下面将 F_δ 上的连续函数 $f(x)$ 扩张成整个空间上的连续函数.

由一维空间闭集的构造定理,F_δ 是从直线上挖掉至多可数个互不相交的开区间所得到的集合,这些开区间的端点都还是属于 F_δ 的,即

$$F_\delta^c = \bigcup_{i=1}^\infty (a_i, b_i),$$

其中至多有两个开区间为无穷区间.在 F_δ 上,取 $g(x)$ 为 $f(x)$,而在 F_δ^c 内,取 $g(x)$ 为 (a_i,b_i) 上的线性函数,即

$$g(x)=\begin{cases} f(x), & x\in F_\delta, \\ f(a_i)+\dfrac{f(b_i)-f(a_i)}{b_i-a_i}(x-a_i), & x\in(a_i,b_i), \\ f(a_i), & x\in(a_i,+\infty),(a_i,+\infty)\text{为构成区间}, \\ f(b_i), & x\in(-\infty,b_i),(-\infty,b_i)\text{为构成区间}, \end{cases}$$

则 $g(x)$ 为 $\mathbb{R}$ 上的连续函数,且

$$\sup_{x\in(a_i,b_i)}g(x)=\max\{f(a_i),f(b_i)\}, \quad \inf_{x\in(a_i,b_i)}g(x)=\min\{f(a_i),f(b_i)\}.$$

因此

$$\sup_{x\in\mathbb{R}^n}g(x)=\sup_{x\in F_\delta}f(x), \quad \inf_{x\in\mathbb{R}^n}g(x)=\inf_{x\in F_\delta}f(x).$$

定理 3(鲁金定理的逆定理) 设 $f(x)$ 是可测集 E 上几乎处处取有限值的函数.若对任意 $\delta>0$,总存在闭集 $F_\delta\subset E$,使 $m(E-F_\delta)<\delta$,且 $f(x)$ 在 F_δ 上连续,则 $f(x)$ 是 E 上的可测函数.

证明 由已知,对任意正整数 n,存在闭集 $F_n\subset E$,使 $m(E-F_n)<\dfrac{1}{n}$,且 $f(x)$ 在 F_n 上连续.令 $F=\bigcup_{n=1}^\infty F_n$,则 $F\subset E$ 可测,且

$$m(E-F)\leqslant m(E-F_n)<\frac{1}{n}\to 0 \quad (n\to\infty).$$

于是 $m(E-F)=0$.因此 $f(x)$ 在 $E-F$ 上可测.

下面证明 $f(x)$ 在 F 上也可测.事实上,对任意实数 a,有

$$F[f>a]=\bigcup_{n=1}^\infty F_n[f>a].$$

由于 $f(x)$ 在 F_n 上连续,其在 F_n 上一定可测,因此 $F_n[f>a]$ 为可测集,从而 $F[f>a]$ 亦为可测集. 由可测函数的定义, $f(x)$ 在 F 上可测.

综上, $f(x)$ 在 $E=(E-F)\bigcup F$ 上为可测函数.

二、可测函数的连续逼近——弗雷歇定理

利用鲁金定理我们还可以证得可测函数与连续函数之间的更为密切的关系:可测函数可以由连续函数列逼近,即可测函数可以表示为连续函数列的极限函数,反之亦成立. 这也就下面的定理.

定理 4(弗雷歇定理) 设 $f(x)$ 是可测集 E 上几乎处处取有限值的函数,则 $f(x)$ 在 E 上可测当且仅当存在 E 上的连续函数列 $\{f_i(x)\}_{i=1}^{\infty}$,使
$$\lim_{i\to\infty} f_i(x) = f(x) \text{ a.e. } \mp E.$$

证明 充分性显然成立.

下证必要性. 由定理 2,对任意正整数 k,存在闭集 $F_k \subset E$ 及 $\mathbb{R}^n$ 上的连续函数 $f_k(x)$,使 $m(E-F_k)<\dfrac{1}{k}$,且在 F_k 上 $f_k(x)=f(x)$,因此 $mE[f_k\neq f]<\dfrac{1}{k}$. 于是,对任意 $\sigma>0$,有
$$mE[|f_k-f|\geqslant\sigma] \leqslant mE[f_k\neq f] < \frac{1}{k} \to 0 \quad (k\to\infty),$$
即 $f_k \Rightarrow f$ 于 E. 再由黎斯定理,存在 $\{f_k(x)\}_{k=1}^{\infty}$ 的子列 $\{f_i(x)\}_{i=1}^{\infty}$,使
$$\lim_{i\to\infty} f_i(x) = f(x) \text{ a.e. } \mp E.$$

习 题 4.3

1. 证明: $f(x)$ 在闭区间 $[a,b]$ 上可测当且仅当存在多项式函数列 $\{p_n(x)\}_{n=1}^{\infty}$,使
$$\lim_{n\to\infty} p_n(x) = f(x) \text{ a.e. } \mp [a,b].$$

2. 设 E 为有界可测集, $|f(x)|<+\infty$ a.e 于 E,证明: $f(x)$ 在 E 上可测当且仅当存在整个空间上的连续函数列 $\{f_n(x)\}_{n=1}^{\infty}$,使
$$\lim_{n\to\infty} f_n(x) = f(x) \text{ a.e. } \mp E.$$

3. 证明:有界闭集上的连续函数均为有界函数.

第五章 勒贝格积分理论

> 本章建立实变函数论的核心理论——勒贝格积分理论. 黎曼积分的积分对象是连续函数和"基本连续"函数. 而许多现实问题中遇到的函数并不具有这种特性, 比如概率论与量子力学中遇到的函数. 另外, 黎曼积分在处理积分与极限交换次序、重积分交换次序等问题时对条件的要求过于苛刻, 一般来讲是不容易被满足的, 这就使得黎曼积分在解决具体问题时受到很大的限制. 虽然黎曼积分在微积分学领域的重大贡献是无可替代的, 但摆脱各种条件的限制, 使得运算变得灵活是数学家们一直以来追求的目标, 而各种条件的限制也往往是物理学家对数学不满意的地方. 广义函数论在近代物理学上之所以显得越来越重要, 其原因就是它解决了一些极限交换次序的问题.

§5.1 黎曼积分回顾与勒贝格积分简介

黎曼积分的定义方式通常有如下两种,它们是等价的:

方式 1: 设 $f(x)$ 为定义在闭区间 $[a,b]$ 上的有界函数. 作分割:
$$\Delta: a=x_0<x_1<\cdots<x_n=b.$$

令
$$M_i = \sup_{x_{i-1}\leqslant x\leqslant x_i} f(x), \quad m_i = \inf_{x_{i-1}\leqslant x\leqslant x_i} f(x) \quad (i=1,2,\cdots,n),$$
$$S_\Delta = \sum_{i=1}^n M_i(x_i-x_{i-1}), \quad s_\Delta = \sum_{i=1}^n m_i(x_i-x_{i-1}).$$

若达布上积分
$$\overline{\int_a^b} f(x)\mathrm{d}x = \inf_\Delta S_\Delta$$

与达布下积分
$$\underline{\int_a^b} f(x)\mathrm{d}x = \sup_\Delta s_\Delta$$

相等,则称 $f(x)$ 在 $[a,b]$ 上是**黎曼可积**的,其达布上、下积分的共同值称为 $f(x)$ 在 $[a,b]$ 上的**黎曼积分**,记为 $\int_a^b f(x)\mathrm{d}x$.

方式 2:设 $f(x)$ 为定义在闭区间 $[a,b]$ 上的有界函数. 作分割:
$$\Delta: a = x_0 < x_1 < \cdots < x_n = b.$$
任取 $\xi_i \in [x_{i-1}, x_i]$,$f(x)$ 关于分割 Δ 的黎曼和为
$$R(f,\Delta) = \sum_{i=1}^n f(\xi_i)(x_i - x_{i-1}).$$
记 $|\Delta| = \max_{1 \leqslant i \leqslant n}\{x_i - x_{i-1}\}$. 若对 $[a,b]$ 的任意分割 Δ 及任意 $\xi_i \in [x_{i-1}, x_i]$,极限
$$\lim_{|\Delta| \to 0} \sum_{i=1}^n f(\xi_i)(x_i - x_{i-1})$$
总存在,则称 $f(x)$ 在 $[a,b]$ 上是**黎曼可积**的,并称此极限值为 $f(x)$ 在 $[a,b]$ 上的**黎曼积分**.

可以证得 $f(x)$ 在 $[a,b]$ 上黎曼可积的充分必要条件为
$$\lim_{|\Delta| \to 0} \sum_{i=1}^n (M_i - m_i)(x_i - x_{i-1}) = 0.$$

由上面的条件可以看到,黎曼可积与分割的子区间长度及函数在每个子区间上的振幅有关,而函数的振幅大小涉及连续性的问题,为了保证函数的黎曼可积性,其不连续点必须能被长度总和任意小的区间覆盖,用勒贝格测度的思想来说就是其不连续点构成的集合的测度为零. 随着理论的深入与实际应用范围的拓宽,各种各样"奇特"的函数摆在人们面前,其性质也亟待研究.

比如,定义在闭区间 $[0,1]$ 上的狄利克雷(P. Dirichlet, 1805—1859)函数
$$\mathrm{D}(x) = \begin{cases} 1, & x \text{ 为 }[0,1] \text{ 上的有理数}, \\ 0, & x \text{ 为 }[0,1] \text{ 上的无理数} \end{cases}$$
在 $[0,1]$ 中任意小区间上的振幅均为 1,故其不是黎曼可积的.

在黎曼积分的范围内,上述具有无穷多次激烈震荡的狄利克雷函数无法研究,于是勒贝格提出不分割函数的定义区间,而从分割函数的值域入手定义积分.

引入勒贝格积分的方式通常有三种:

方式 1:设 $f(x)$ 是定义在 $\mathbb{R}^n$ 中可测集 E 上的有界函数. 作可测集 E 的任意可测分划:
$$D: E = \bigcup_{i=1}^m E_i, \ E_i \cap E_j = \varnothing \ (i \neq j).$$
令
$$b_i = \inf_{x \in E_i} f(x), \quad B_i = \sup_{x \in E_i} f(x) \quad (i = 1, 2, \cdots, m),$$
对应分划 D 的小和与大和分别为

$$s_D = \sum_{i=1}^{m} b_i mE_i \quad \text{与} \quad S_D = \sum_{i=1}^{m} B_i mE_i.$$

讨论其小和的上确界 $\sup_D s_D$ 与大和的下确界 $\inf_D S_D$ 是否相等,若二者相等,则称 $f(x)$ 在可测集 E 上**勒贝格可积**,并称二者的共同值为 $f(x)$ 在 E 上的**勒贝格积分**.

方式 2:设 $f(x)$ 是定义在 $\mathbb{R}^n$ 中可测集 E 上的有界函数,即 $A \leqslant f(x) \leqslant B$. 将 $[A,B]$ 任意分成 n 个小区间:

$$D: A = y_0 < y_1 < \cdots < y_{i-1} < y_i < \cdots < y_n = B.$$

在每个小区间上任取一点 $\eta_i \in (y_{i-1}, y_i]$ $(i=1,2,\cdots,n)$,$f(x)$ 关于分划 D 的勒贝格和为

$$L(f,D) = \sum_{i=1}^{n} \eta_i mE[y_{i-1} < f \leqslant y_i],$$

其中

$$E[y_{i-1} < f \leqslant y_i] = \{x \mid x \in E, \text{且 } y_{i-1} < f(x) \leqslant y_i\}.$$

记 $\lambda = \max\limits_{1 \leqslant i \leqslant n}\{y_i - y_{i-1}\}$. 对 $[A,B]$ 的任意分划 D 及任意的 $\eta_i \in [y_{i-1}, y_i]$,讨论极限

$$\lim_{\lambda \to 0} \sum_{i=1}^{n} \eta_i mE[y_{i-1} < f(x) \leqslant y_i]$$

是否存在. 若极限存在,则称 $f(x)$ 在可测集 E 上**勒贝格可积**,并称该极限值为 $f(x)$ 在 E 上的**勒贝格积分**.

方式 3:设 $f(x)$ 是定义在 $\mathbb{R}^n$ 中可测集 E 上的非负可测函数,令

$$\Psi_f = \{\psi \mid 0 \leqslant \psi \leqslant f, \psi \text{ 为简单函数}\},$$

定义 $f(x)$ 在 E 上的**勒贝格积分**为 $\sup\left\{\int_E \psi \mathrm{d}x \mid \psi \in \Psi_f\right\}$,其中非负简单函数 $\psi = \sum_{i=1}^{m} c_i \varphi_{E_i}$ (φ_{E_i} 为 E_i 的示性函数)在 E 上的积分 $\int_E \psi \mathrm{d}x = \sum_{i=1}^{m} c_i mE_i$. 然后利用非负可测函数的勒贝格积分定义一般可测函数的勒贝格积分.

表面看来上述三种方式之间的差异很大,各具特色,但实质上它们是等价的,各种书籍根据不同的需要采取适合的方法. 其中第一种方式和第二种方式与数学分析中引入黎曼积分的方法有类似的地方,便于初学者理解,第二种方式也是统计学中经常采用的方式. 为了与黎曼积分进行比较,本书采取第一种方式. 第三种方式最为简洁,便于推广,是现在多数实分析与测度论教材中采用的方式.

§5.2 有界函数的勒贝格积分及其性质

若不做特殊声明,本节讨论的函数都是定义在测度有限的可测集上的有界函数.

一、小和与大和

为了采用与黎曼积分的积分和确界式定义类似的方法定义勒贝格积分,我们首先定义勒贝格意义下的小和与大和.与黎曼积分不同的是,那里将闭区间分成有限个小闭区间,它们彼此之间有公共端点,而这里将可测集分成有限个互不相交的可测子集.

定义 1 设 E 是 $\mathbb{R}^n$ 中的可测集.如果 $E_i(i=1,2,\cdots,m)$ 是 E 中互不相交的非空可测子集,且 $E=\bigcup_{i=1}^{m}E_i$,则称 $D=\{E_i\}_{i=1}^{m}$ 为 E 的一个**可测分划**,简称为**分划**.

定义 2 设 $D_1=\{E_i^{(1)}\}_{i=1}^{m_1}$ 与 $D_2=\{E_i^{(2)}\}_{i=1}^{m_2}$ 为可测集 E 的两个分划,则
$$D^* = \{E_i^{(1)} \cap E_j^{(2)} \mid E_i^{(1)} \in D_1, E_j^{(2)} \in D_2\}$$
也为 E 的分划,称其为分划 D_1 与 D_2 的**合并**.

定义 3 对于可测集 E 的两个分划 D 与 D^*,如果 D^* 是 D 与 E 的另一个分划的合并,则称**分划** D^* 比 D **更细密**.

定义 4 设 $mE<+\infty$, $f(x)$ 为 E 上的有界函数.对 E 的任意分划 $D=\{E_i\}_{i=1}^{m}$,令 $b_i=\inf_{x\in E_i}f(x)$, $B_i=\sup_{x\in E_i}f(x)$ $(i=1,2,\cdots,m)$.分别称
$$s_D(f)=\sum_{i=1}^{m}b_i mE_i \quad \text{与} \quad S_D(f)=\sum_{i=1}^{m}B_i mE_i$$
为 $f(x)$ 关于分划 D 的**小和**与**大和**,在不易引起混淆的情况下简记为 s_D 与 S_D.

下面给出小和与大和的性质,它是我们定义勒贝格积分的关键.

引理 (1) $s_D \leqslant S_D$;
(2) 若分划 D^* 比 D 更细密,则 $s_D \leqslant s_{D^*} \leqslant S_{D^*} \leqslant S_D$;
(3) 对于可测集 E 的任意两个分划 D_1 与 D_2,总有 $s_{D_i} \leqslant S_{D_j}$ $(i,j=1,2)$;
(4) 对于可测集 E 的所有可能分划,有 $\sup_D s_D \leqslant \inf_D S_D$.

证明 (1) 由小和与大和的定义显然成立.
(2) 设 $D=\{E_i\}_{i=1}^{m}$, D^* 是 D 与分划 $D^{**}=\{E_j^{**}\}_{j=1}^{l}$ 的合并,即
$$D^* = \{E_{ij} = E_i \cap E_j^{**} \mid E_i \in D, E_j^{**} \in D^{**}\}.$$
于是
$$s_{D^*} = \sum_{i,j}^{m,l} b_{ij} mE_{ij} = \sum_{i=1}^{m}\Big(\sum_{j=1}^{l} b_{ij} mE_{ij}\Big) \geqslant \sum_{i=1}^{m} b_i \Big(\sum_{j=1}^{l} mE_{ij}\Big) = \sum_{i=1}^{m} b_i mE_i = s_D,$$
$$S_{D^*} = \sum_{i,j}^{m,l} B_{ij} mE_{ij} = \sum_{i=1}^{m}\Big(\sum_{j=1}^{l} B_{ij} mE_{ij}\Big) \leqslant \sum_{i=1}^{m} B_i \Big(\sum_{j=1}^{l} mE_{ij}\Big) = \sum_{i=1}^{m} B_i mE_i = S_D.$$
又因为 $s_{D^*} \leqslant S_{D^*}$,所以 $s_D \leqslant s_{D^*} \leqslant S_{D^*} \leqslant S_D$.

(3) 设 D^* 为 D_1 与 D_2 的合并,由(2),得

第五章 勒贝格积分理论

$$s_{D_1} \leqslant s_{D^*} \leqslant S_{D^*} \leqslant S_{D_1}, \quad 且 \quad s_{D_2} \leqslant s_{D^*} \leqslant S_{D^*} \leqslant S_{D_2}.$$

综合以上两式,得 $s_{D_i} \leqslant S_{D_j}\ (i, j = 1, 2)$.

由(3)立即可得(4)成立.

二、勒贝格积分及其存在条件

有了前面的准备,我们可以给出勒贝格积分的定义,并讨论其存在条件. 勒贝格积分与黎曼积分的本质区别在于:黎曼积分的存在性要求函数为几乎处处连续的(§5.4 的定理 7),而只要函数可测,其勒贝格积分一定存在(定理 2). 因此,勒贝格积分的应用更加广泛.

定义 5 设 $mE < +\infty$,$f(x)$ 为 E 上的有界函数,称 $\overline{\int_E} f(x) \mathrm{d}x = \inf_D S_D$ 为 $f(x)$ 在 E 上的**勒贝格上积分**,$\underline{\int_E} f(x) \mathrm{d}x = \sup_D s_D$ 为 $f(x)$ 在 E 上的**勒贝格下积分**. 若

$$\overline{\int_E} f(x) \mathrm{d}x = \underline{\int_E} f(x) \mathrm{d}x,$$

则称 $f(x)$ 在 E 上**勒贝格可积**,简称为 **L 可积**,此时称勒贝格上、下积分的共同值为 $f(x)$ 在 E 上的**勒贝格积分**,简称为 **L 积分**,记为 $\int_E f(x) \mathrm{d}x$,即

$$\int_E f(x) \mathrm{d}x = \overline{\int_E} f(x) \mathrm{d}x = \underline{\int_E} f(x) \mathrm{d}x,$$

其中 E 称为**积分集合**,$f(x)$ 称为**被积函数**.

注意:(1) 在不引起混淆的情况下,L 可积也简称为可积.

(2) 若 $mE = 0$,且 $f(x)$ 为 E 上的有界函数,则 $\int_E f(x) \mathrm{d}x = 0$.

(3) 从形式上看,L 积分与 R 积分(黎曼积分的简称)的确界式定义基本一致,区别有两点:其一,R 积分的积分集合为区域,而 L 积分的积分集合为可测集;其二,L 积分将 R 积分定义中的小区间换成了互不相交的可测集.

下面的定理与 R 积分的相应结论类似,它在证明 L 积分的性质时将起到关键性的作用.

定理 1 设 $mE < +\infty$,$f(x)$ 为 E 上的有界函数,则 $f(x)$ 在 E 上 L 可积当且仅当

$$\inf_D (S_D - s_D) = \inf_D \sum_i \omega_i m E_i = 0,$$

即对任意 $\varepsilon > 0$,存在 E 的分划 D,使

$$S_D - s_D = \sum_i \omega_i m E_i < \varepsilon,$$

其中 $\omega_i = B_i - b_i$.

§5.2 有界函数的勒贝格积分及其性质

证明 必要性 因为 $f(x)$ 在 E 上 L 可积,即

$$\overline{\int_E} f(x) \mathrm{d}x = \underline{\int_E} f(x) \mathrm{d}x,$$

由勒贝格上、下积分的定义,对任意 $\varepsilon > 0$,存在分划 D_1 与 D_2,使

$$S_{D_1} - \overline{\int_E} f(x) \mathrm{d}x < \frac{\varepsilon}{2}, \quad \underline{\int_E} f(x) \mathrm{d}x - s_{D_2} < \frac{\varepsilon}{2}.$$

设 D 为 D_1 与 D_2 的合并,由引理(2),有

$$S_D - \overline{\int_E} f(x) \mathrm{d}x < \frac{\varepsilon}{2}, \quad \underline{\int_E} f(x) \mathrm{d}x - s_D < \frac{\varepsilon}{2},$$

将上面两式相加,得 $S_D - s_D < \varepsilon$.

充分性 设 $\inf_D (S_D - s_D) = 0$. 因 $s_D \leqslant \underline{\int_E} f(x) \mathrm{d}x \leqslant \overline{\int_E} f(x) \mathrm{d}x \leqslant S_D$,于是由 $\inf_D (S_D - s_D) = 0$,对任意 $\varepsilon > 0$,存在 E 的分划 D,使

$$0 \leqslant \overline{\int_E} f(x) \mathrm{d}x - \underline{\int_E} f(x) \mathrm{d}x \leqslant S_D - s_D < \varepsilon,$$

故 $\overline{\int_E} f(x) \mathrm{d}x = \underline{\int_E} f(x) \mathrm{d}x$,即 $f(x)$ 在 E 上 L 可积.

定理 2 设 $mE < +\infty$,$f(x)$ 为 E 上的有界函数,则 $f(x)$ 在 E 上 L 可积当且仅当 $f(x)$ 在 E 上可测.

证明 必要性 因为 $f(x)$ 在 E 上 L 可积,由定理 1,对任意正整数 n,存在 E 的可测分划 D_n,使

$$S_{D_n} - s_{D_n} < \frac{1}{n},$$

且分划 D_{n+1} 比 D_n ($n=1,2,\cdots$) 更细密. 事实上,若 D_{n+1} 不比 D_n 更细密,则将 D_n 与 D_{n+1} 合并为 D_{n+1}^*,并用 D_{n+1}^* 代替 D_{n+1},由引理,$S_{D_{n+1}^*} - s_{D_{n+1}^*} < \frac{1}{n+1}$ 依然成立.

设 $D_n = \{E_i^{(n)}\}_{i=1}^{m_n}$,$b_i^{(n)} = \inf_{x \in E_i^{(n)}} f(x)$,$B_i^{(n)} = \sup_{x \in E_i^{(n)}} f(x)$ ($i=1,2,\cdots,m_n$),并考虑与之相应的简单函数列

$$\underline{\psi}_n(x) = \sum_{i=1}^{m_n} b_i^{(n)} \varphi_{E_i^{(n)}}(x) \quad \text{与} \quad \overline{\psi}_n(x) = \sum_{i=1}^{m_n} B_i^{(n)} \varphi_{E_i^{(n)}}(x).$$

因为分划 D_{n+1} 比 D_n 更细密,所以

$$\underline{\psi}_n(x) \leqslant \underline{\psi}_{n+1}(x), \quad \overline{\psi}_n(x) \geqslant \overline{\psi}_{n+1}(x) \quad (n=1,2,\cdots),$$

第五章　勒贝格积分理论

即 $\{\underline{\psi}_n(x)\}_{n=1}^{\infty}$ 为单调递增的简单函数列，$\{\overline{\psi}_n(x)\}_{n=1}^{\infty}$ 为单调递减的简单函数列. 令

$$\underline{f}(x)=\lim_{n\to\infty}\underline{\psi}_n(x),\quad \overline{f}(x)=\lim_{n\to\infty}\overline{\psi}_n(x),$$

则 $\underline{f}(x)$ 与 $\overline{f}(x)$ 都是 E 上的可测函数，且

$$\underline{f}(x)\leqslant f(x)\leqslant \overline{f}(x)\quad (x\in E).$$

下面证明 $\underline{f}(x)=\overline{f}(x)$ a.e. 于 E. 我们采用反证法. 若不然，则

$$E[\overline{f}-\underline{f}>0]>0.$$

因为 $E[\overline{f}-\underline{f}>0]=\bigcup_{k=1}^{\infty}E\left[\overline{f}-\underline{f}\geqslant\frac{1}{k}\right]$，所以必存在正整数 k_0，使

$$E\left[\overline{f}-\underline{f}\geqslant\frac{1}{k_0}\right]=\delta>0.$$

记 $E_{k_0}=E\left[\overline{f}-\underline{f}\geqslant\frac{1}{k_0}\right]$，则对任意正整数 n，在 E_{k_0} 上均有

$$\overline{\psi}_n(x)-\underline{\psi}_n(x)\geqslant\frac{1}{k_0},$$

从而对任意正整数 n，有

$$S_{D_n}-s_{D_n}=\sum_{i=1}^{m_n}(B_i^{(n)}-b_i^{(n)})mE_i^{(n)}$$

$$\geqslant\sum_{i=1}^{m_n}(B_i^{(n)}-b_i^{(n)})m(E_i^{(n)}\cap E_{k_0})$$

$$=\sum_{i=1}^{m_n}(\overline{\psi}_n(x)-\underline{\psi}_n(x))m(E_i^{(n)}\cap E_{k_0})$$

$$\geqslant\frac{1}{k_0}\sum_{i=1}^{m_n}m(E_i^{(n)}\cap E_{k_0})$$

$$=\frac{1}{k_0}mE_{k_0}=\frac{1}{k_0}\delta>0.$$

这与 $S_{D_n}-s_{D_n}<\frac{1}{n}\to 0\ (n\to\infty)$ 矛盾，于是 $\overline{f}(x)=\underline{f}(x)$ a.e. 于 E. 再由 $\underline{f}(x)\leqslant f(x)\leqslant \overline{f}(x)$ $(x\in E)$，知 $f(x)=\overline{f}(x)$ a.e. 于 E. 又因为 $\overline{f}(x)$ 为 E 上的可测函数，因此 $f(x)$ 在 E 上可测.

充分性　设 $f(x)$ 为 E 上的有界可测函数，$|f(x)|\leqslant M$. 对任意 $\varepsilon>0$，取正整数 N，使 $\frac{M}{N}<\frac{\varepsilon}{1+mE}$. 令

$$E_i=E\left[i\frac{M}{N}\leqslant f\leqslant(i+1)\frac{M}{N}\right]\quad (i=-N,-N+1,\cdots,N-2,N-1).$$

因为 $f(x)$ 在 E 上可测,故 $D=\{E_i\}_{i=-N}^{N-1}$ 为 E 的一个分划,且

$$0 \leqslant S_D - s_D = \sum_{i=-N}^{N-1}(B_i - b_i)mE_i \leqslant \frac{M}{N}\sum_{i=-N}^{N-1}mE_i$$

$$= \frac{M}{N}mE < \frac{\varepsilon}{1+mE}mE < \varepsilon,$$

从而 $\inf_D(S_D - s_D) = 0$. 由定理 1, $f(x)$ 在 E 上 L 可积.

注意: 该定理告诉我们, 对于定义在测度有限的可测集上的有界函数而言, 其可测性与 L 可积性是等价的.

三、勒贝格积分与黎曼积分的关系

下面给出 R 积分与 L 积分的关系定理. 想求一个函数的 L 积分, 当可以证明它为 R 可积时, 就可以将求 L 积分的问题转化为求 R 积分的问题, 而 R 积分的计算是我们熟悉的.

定理 3 若函数 $f(x)$ 在闭区间 $[a,b]$ 上 R 可积,则其在该区间上一定 L 可积,且二者的积分值相同,即

$$\int_a^b f(x)\mathrm{d}x = \int_{[a,b]} f(x)\mathrm{d}x.$$

证明 因为 $f(x)$ 在 $[a,b]$ 上 R 可积, 故对任意 $\varepsilon > 0$, 都存在 $[a,b]$ 的分割 $T: a = x_0 < x_1 < \cdots < x_n = b$, 使得 $f(x)$ 关于分割 T 的黎曼和满足 $S_T - s_T < \varepsilon$. 作 $[a,b]$ 的可测分划:

$$D = \{E_1 = [x_0, x_1], E_i = (x_{i-1}, x_i] (i=2,3,\cdots,n)\}.$$

令 $b_i = \inf\limits_{x \in E_i} f(x), B_i = \sup\limits_{x \in E_i} f(x), m_i = \inf\limits_{x \in [x_{i-1},x_i]} f(x), M_i = \sup\limits_{x \in [x_{i-1},x_i]} f(x)$ $(i=1,2,\cdots,n)$. 因为 $E_i \subset [x_{i-1}, x_i]$, 所以 $m_i \leqslant b_i, M_i \geqslant B_i$ $(i=1,2,\cdots,n)$, 从而

$$s_T = \sum_{i=1}^n m_i \Delta x_i \leqslant \sum_{i=1}^n b_i mE_i = s_D \leqslant S_D = \sum_{i=1}^n B_i mE_i \leqslant \sum_{i=1}^n M_i \Delta x_i = S_T.$$

故 $S_D - s_D < \varepsilon$. 由定理 1, $f(x)$ 在 $[a,b]$ 上 L 可积.

下面证明 $\int_a^b f(x)\mathrm{d}x = \int_{[a,b]} f(x)\mathrm{d}x$. 因为 $S_T - s_T < \varepsilon$, 且

$$s_T \leqslant \int_a^b f(x)\mathrm{d}x \leqslant S_T,$$

所以

$$\int_a^b f(x)\mathrm{d}x - \varepsilon < s_T \leqslant S_T < \int_a^b f(x)\mathrm{d}x + \varepsilon.$$

又因

$$s_T \leqslant s_D \leqslant S_D \leqslant S_T,$$

且

$$s_D \leqslant \underline{\int}_{[a,b]} f(x)\mathrm{d}x \leqslant \overline{\int}_{[a,b]} f(x)\mathrm{d}x \leqslant S_D,$$

故

$$\int_a^b f(x)\mathrm{d}x - \varepsilon < \underline{\int}_{[a,b]} f(x)\mathrm{d}x \leqslant \overline{\int}_{[a,b]} f(x)\mathrm{d}x < \int_a^b f(x)\mathrm{d}x + \varepsilon.$$

由 ε 的任意性,有

$$\underline{\int}_{[a,b]} f(x)\mathrm{d}x = \overline{\int}_{[a,b]} f(x)\mathrm{d}x = \int_a^b f(x)\mathrm{d}x,$$

即

$$\int_a^b f(x)\mathrm{d}x = \int_{[a,b]} f(x)\mathrm{d}x.$$

注意:(1) 该定理的逆不成立. 例如,狄利克雷函数

$$D(x) = \begin{cases} 1, & x \text{ 为有理数}, \\ 0, & x \text{ 为无理数} \end{cases}$$

在闭区间[0,1]上可测,由定理 2,其在[0,1]上 L 可积. 但 $D(x)$ 在[0,1]上处处不连续,故其不是 R 可积的.

(2) 该定理可推广到 n 维空间.

(3) 该定理深刻揭示了 L 积分与 R 积分之间的关系,即 L 积分是 R 积分的推广. 原因有二:(以一维空间为例)一是,R 积分的积分域为闭区间,L 积分的"积分域"为直线上测度有限的可测集,其当然包括闭区间;二是,R 积分是将[a,b]分割成 n 个小闭区间,L 积分是将可测集 E 分解为 n 个互不相交的可测子集,而区间的端点对积分值没有影响,因此将 R 积分定义中的 n 个小闭区间除了第一个外,其他都取左开右闭区间时,L 积分的可测分划包含了 R 积分的情形.

(4) L 积分与广义 R 积分无必然联系.

四、勒贝格积分的性质

由于 L 积分与 R 积分的积分和确界式定义类似,因此 R 积分的许多基本性质也同样被 L 积分所具有.

定理 4 设 $mE < +\infty$,$f(x)$ 为 E 上的有界函数.

(1) 若 $f(x)$ 在 E 上 L 可积,则其在 E 的任意可测子集上也 L 可积.

(2) 设 $E = \bigcup_{i=1}^n E_i$,其中 $E_i (i=1,2,\cdots,n)$ 为 E 的互不相交的可测子集,$f(x)$ 在 $E_i (i=1, 2,\cdots,n)$ 上均 L 可积,则 $f(x)$ 在 E 上也 L 可积,且

$$\int_E f(x)\mathrm{d}x = \sum_{i=1}^n \int_{E_i} f(x)\mathrm{d}x.$$

(3) 若 $f_i(x)$ $(i=1,2,\cdots,n)$ 都在 E 上 L 可积, 则 $\sum_{i=1}^n f_i(x)$ 在 E 上也 L 可积, 且

$$\int_E \Big(\sum_{i=1}^n f_i(x)\Big)\mathrm{d}x = \sum_{i=1}^n \int_E f_i(x)\mathrm{d}x.$$

(4) 若 $f(x)$ 在 E 上 L 可积, 则对任意常数 c, $cf(x)$ 也在 E 上 L 可积, 且

$$\int_E cf(x)\mathrm{d}x = c\int_E f(x)\mathrm{d}x.$$

(5) (**单调性**) 若 $f(x)$ 与 $g(x)$ 均在 E 上 L 可积, 且 $f(x) \leqslant g(x)$ $(x \in E)$, 则

$$\int_E f(x)\mathrm{d}x \leqslant \int_E g(x)\mathrm{d}x.$$

特别地, 若 $b \leqslant f(x) \leqslant B$ $(x \in E)$, 则

$$bmE \leqslant \int_E f(x)\mathrm{d}x \leqslant BmE.$$

(6) (**绝对可积性**) 若 $f(x)$ 在 E 上 L 可积, 则 $|f(x)|$ 也在 E 上 L 可积, 且

$$\Big|\int_E f(x)\mathrm{d}x\Big| \leqslant \int_E |f(x)|\mathrm{d}x.$$

(7) 设 $E \subset \mathbb{R}$ 为关于原点对称的区间, $f(x)$ 在 E 上 L 可积. 若 $f(x)$ 为 E 上的奇函数, 则

$$\int_E f(x)\mathrm{d}x = 0;$$

若 $f(x)$ 为 E 上的偶函数, 则

$$\int_E f(x)\mathrm{d}x = 2\int_{E \cap [0,+\infty)} f(x)\mathrm{d}x.$$

证明 (1) 因为 $f(x)$ 在 E 上 L 可积, 由定理 1, 对任意 $\varepsilon > 0$, 存在 E 的分划 D, 使

$$S_D - s_D = \sum_i \omega_i mE_i < \varepsilon.$$

设 E^* 为 E 的任意可测子集, $D^* = \{E_i^* = E_i \cap E^* \mid E_i \in D\}$, 则 D^* 为 E^* 的分划, 且

$$S_{D^*} - s_{D^*} = \sum_i \omega_i^* mE_i^* < \varepsilon.$$

于是, 再由定理 1, $f(x)$ 在 E^* 上也 L 可积.

(2) 我们仅就 $n=2$ 的情形加以证明, 由数学归纳法, 易证结论对任意有限个集合依然成立.

设 $E = E_1 \cup E_2$, 其中 E_1 与 E_2 可测且互不相交, $f(x)$ 在 E_1 与 E_2 上均 L 可积. 由 L 可积的定义, 对任意 $\varepsilon > 0$, 存在 E_1 的分划 D_1 与 E_2 的分划 D_2, 使

$$S_{D_1} < \int_{E_1} f(x)\,\mathrm{d}x + \frac{\varepsilon}{2}, \quad S_{D_2} < \int_{E_2} f(x)\,\mathrm{d}x + \frac{\varepsilon}{2}.$$

设 $D = D_1 \bigcup D_2$，则其为 E 的分划，且

$$\int_E f(x)\,\mathrm{d}x \leqslant S_D = S_{D_1} + S_{D_2} < \int_{E_1} f(x)\,\mathrm{d}x + \int_{E_2} f(x)\,\mathrm{d}x + \varepsilon.$$

由 ε 的任意性，知

$$\int_E f(x)\,\mathrm{d}x \leqslant \int_{E_1} f(x)\,\mathrm{d}x + \int_{E_2} f(x)\,\mathrm{d}x.$$

又因为 L 积分为小和的上确界，与上面的证明类似，可得

$$\int_E f(x)\,\mathrm{d}x \geqslant \int_{E_1} f(x)\,\mathrm{d}x + \int_{E_2} f(x)\,\mathrm{d}x.$$

综上，有

$$\int_E f(x)\,\mathrm{d}x = \int_{E_1} f(x)\,\mathrm{d}x + \int_{E_2} f(x)\,\mathrm{d}x.$$

(3) 我们仅对两个函数的情形进行证明，由数学归纳法，易证结论对任意有限个函数仍成立.

设 $f(x)$ 与 $g(x)$ 都在 E 上 L 可积. 由 L 可积的定义，对任意 $\varepsilon > 0$，存在 E 的分划 D_1 与 D_2，使

$$S_{D_1}(f) < \int_E f(x)\,\mathrm{d}x + \frac{\varepsilon}{2}, \quad S_{D_2}(g) < \int_E g(x)\,\mathrm{d}x + \frac{\varepsilon}{2}.$$

取分划 D 为 D_1 与 D_2 的合并，由引理，得

$$S_D(f) < \int_E f(x)\,\mathrm{d}x + \frac{\varepsilon}{2}, \quad S_D(g) < \int_E g(x)\,\mathrm{d}x + \frac{\varepsilon}{2}.$$

于是

$$S_D(f+g) \leqslant S_D(f) + S_D(g) < \int_E f(x)\,\mathrm{d}x + \int_E g(x)\,\mathrm{d}x + \varepsilon,$$

从而

$$\int_E [f(x) + g(x)]\,\mathrm{d}x \leqslant S_D(f+g) < \int_E f(x)\,\mathrm{d}x + \int_E g(x)\,\mathrm{d}x + \varepsilon.$$

由 ε 的任意性，知

$$\int_E [f(x) + g(x)]\,\mathrm{d}x \leqslant \int_E f(x)\,\mathrm{d}x + \int_E g(x)\,\mathrm{d}x.$$

又因为 L 积分为小和的上确界，类似可得

$$\int_E [f(x) + g(x)]\,\mathrm{d}x \geqslant \int_E f(x)\,\mathrm{d}x + \int_E g(x)\,\mathrm{d}x.$$

综上，有

$$\int_E [f(x)+g(x)]\mathrm{d}x = \int_E f(x)\mathrm{d}x + \int_E g(x)\mathrm{d}x.$$

(4) 先就 $f(x)$ 为非负函数的情形证明结论成立.

当 $c=0$ 时,结论显然成立.

当 $c>0$ 时,由于 $f(x)$ 为 L 可积的,故对任意 $\varepsilon>0$,存在 E 的分划 D,使

$$S_D(f) < \int_E f(x)\mathrm{d}x + \frac{\varepsilon}{c}.$$

于是

$$\int_E cf(x)\mathrm{d}x \leqslant S_D(cf) = cS_D(f) < c\int_E f(x)\mathrm{d}x + \varepsilon.$$

由 ε 的任意性,知

$$\int_E cf(x)\mathrm{d}x \leqslant c\int_E f(x)\mathrm{d}x.$$

再利用 L 积分为小和的上确界,类似可得

$$\int_E cf(x)\mathrm{d}x \geqslant c\int_E f(x)\mathrm{d}x.$$

综上,有

$$\int_E cf(x)\mathrm{d}x = c\int_E f(x)\mathrm{d}x.$$

当 $c<0$ 时,类似可证结论成立.

因为任意函数均可以表示为其正部函数与负部函数两个非负函数之差,即

$$f(x) = f^+(x) - f^-(x),$$

可得对一般的 L 可积函数 $f(x)$ 有

$$\begin{aligned}
\int_E cf(x)\mathrm{d}x &= \int_E c[f^+(x) - f^-(x)]\mathrm{d}x \\
&= c\int_E f^+(x)\mathrm{d}x - c\int_E f^-(x)\mathrm{d}x \\
&= c\int_E [f^+(x) - f^-(x)]\mathrm{d}x \\
&= c\int_E f(x)\mathrm{d}x.
\end{aligned}$$

(5) 因 $g(x)$ 在 E 上 L 可积,故对任意 $\varepsilon>0$,存在 E 的分划 D,使

$$S_D(g) < \int_E g(x)\mathrm{d}x + \varepsilon.$$

因为 $f(x) \leqslant g(x)$ $(x \in E)$,所以

$$\int_E f(x)\mathrm{d}x \leqslant S_D(f) \leqslant S_D(g) < \int_E g(x)\mathrm{d}x + \varepsilon.$$

由 ε 的任意性,知
$$\int_E f(x)\mathrm{d}x \leqslant \int_E g(x)\mathrm{d}x.$$

(6) 因为 $f(x)$ 在 E 上 L 可积,由定理 2,$f(x)$ 在 E 上可测,所以 $|f(x)|$ 在 E 上也可测.再由定理 2,$|f(x)|$ 在 E 上 L 可积.

又因为 $-|f(x)| \leqslant f(x) \leqslant |f(x)|$,由(4)与(5),得
$$-\int_E |f(x)|\mathrm{d}x \leqslant \int_E f(x)\mathrm{d}x \leqslant \int_E |f(x)|\mathrm{d}x,$$
即
$$\left|\int_E f(x)\mathrm{d}x\right| \leqslant \int_E |f(x)|\mathrm{d}x.$$

(7) 由奇函数与偶函数的定义,再根据(2)和 L 积分的定义,可得结论成立.

注意:(1) 定理 4 中的(3)与(4)可合并写成
$$\int_E \left(\sum_{i=1}^n c_i f_i(x)\right)\mathrm{d}x = \sum_{i=1}^n c_i \int_E f_i(x)\mathrm{d}x,$$
称其为 L 积分的**线性性质**.

(2) 由该定理我们看到,L 积分具有 R 积分除了积分中值定理之外的所有基本性质.而积分中值定理只是对于被积函数为连续函数的 R 积分成立,它不是所有 R 积分所共有的性质.

我们知道,若定义在可测集 E 上的两个函数几乎处处相等,则它们的可测性相同.事实上,几乎处处相等的可测函数的可积性一致、积分值相同,即有如下定理:

定理 5 设 $mE < +\infty$,$f(x)$ 为 E 上的有界可测函数.若有界函数 $g(x) = f(x)$ a.e. 于 E,则
$$\int_E f(x)\mathrm{d}x = \int_E g(x)\mathrm{d}x.$$

证明 因为 $g(x) = f(x)$ a.e. 于 E,且 $f(x)$ 在 E 上可测,所以 $g(x)$ 也在 E 上可测.再由定理 2,$g(x)$ 在 E 上 L 可积.

设 $F(x) = f(x) - g(x)$,则 $F(x) = 0$ a.e. 于 E,且 $F(x)$ 在 E 上也为有界函数,即存在 $M > 0$,使 $|F(x)| \leqslant M$.令 $E_0 = E[F \neq 0]$,$E_1 = E - E_0$,则 $mE_0 = 0$,且在 E_1 上 $F(x) = 0$.于是
$$\left|\int_E F(x)\mathrm{d}x\right| \leqslant \int_E |F(x)|\mathrm{d}x = \int_{E_0} |F(x)|\mathrm{d}x + \int_{E_1} |F(x)|\mathrm{d}x$$
$$= \int_{E_0} |F(x)|\mathrm{d}x \leqslant M m E_0 = 0,$$
即 $\left|\int_E F(x)\mathrm{d}x\right| = 0$,从而

$$\int_E F(x)\mathrm{d}x = \int_E f(x)\mathrm{d}x - \int_E g(x)\mathrm{d}x = 0.$$

因此
$$\int_E f(x)\mathrm{d}x = \int_E g(x)\mathrm{d}x.$$

定理 6 设 $mE < +\infty$，$f(x)$ 为 E 上的非负有界可测函数，且 $\int_E f(x)\mathrm{d}x = 0$，则
$$f(x) = 0 \text{ a.e. } \text{于 } E.$$

证明 往证 $mE[f>0] = 0$。因为 $E[f>0] = \bigcup_{n=1}^{\infty} E\left[f \geq \dfrac{1}{n}\right]$，令 $E_n = E\left[f \geq \dfrac{1}{n}\right]$ ($n=1, 2, \cdots$)，只需证得 $mE_n = 0$。由于 $f(x)$ 非负，所以
$$0 = \int_E f(x)\mathrm{d}x = \int_{E_n} f(x)\mathrm{d}x + \int_{E-E_n} f(x)\mathrm{d}x \geq \int_{E_n} f(x)\mathrm{d}x \geq \frac{1}{n} mE_n.$$

于是 $mE_n = 0$，即 $mE\left[f \geq \dfrac{1}{n}\right] = 0$ ($n=1, 2, \cdots$)，从而
$$mE[f>0] = m\bigcup_{n=1}^{\infty} E\left[f \geq \frac{1}{n}\right] \leq \sum_{n=1}^{\infty} mE\left[f \geq \frac{1}{n}\right] = 0.$$

故 $mE[f>0] = 0$，即 $f(x) = 0$ a.e. 于 E。

L 积分的绝对连续性是其最重要的性质之一，在许多有关 L 积分的定理证明中都要利用到该性质。

定理 7（积分的绝对连续性） 设 $mE < +\infty$，有界函数 $f(x)$ 在 E 上 L 可积，则对任意 $\varepsilon > 0$，存在 $\delta > 0$，使当 $A \subset E$ 且 $mA < \delta$ 时，有
$$\left|\int_A f(x)\mathrm{d}x\right| < \varepsilon, \quad \text{即} \quad \lim_{mA \to 0} \int_A f(x)\mathrm{d}x = 0.$$

证明 由定理 4(6)，$|f(x)|$ 在 E 上 L 可积。设 $|f(x)| \leq M$ ($x \in E$)。对任意 $\varepsilon > 0$，取 $0 < \delta < \dfrac{\varepsilon}{M}$，于是当 $A \subset E$ 且 $mA < \delta$ 时，有
$$\left|\int_A f(x)\mathrm{d}x\right| \leq \int_A |f(x)|\mathrm{d}x \leq MmA < M \cdot \frac{\varepsilon}{M} = \varepsilon.$$

习 题 5.2

1. 设 $A \subset [0,1]$ 为可数集，$f(x) = \begin{cases} x^4, & x \in [0,1] - A, \\ x^2, & x \in A, \end{cases}$ 计算 $\int_{[0,1]} f(x)\mathrm{d}x$。

2. 计算 $\int_{[0,1]} D(x)\mathrm{d}x = 0$ 与 $\int_{[0,1]} R(x)\mathrm{d}x = 0$，其中 $D(x)$ 为狄利克雷函数，$R(x)$ 为黎曼函数，即

$$R(x)=\begin{cases}1/q, & x=p/q, p\text{ 与 }q\text{ 为互质正整数,}\\ 0, & x\text{ 为无理数,}\\ 1, & x=0,1.\end{cases}$$

3. 设 $mE<+\infty, E_1, E_2, \cdots, E_k$ 为 E 的 k 个可测子集. 若 E 中的每一个点至少属于上述 k 个子集中的 p 个, 证明: 必存在某个 $i_0(1\leqslant i_0\leqslant k)$, 使 $mE_{i_0}\geqslant\dfrac{p}{k}mE$.

§5.3 一般可测函数的勒贝格积分

前面我们定义了有界函数在测度有限集合上的 L 积分. 为了使 L 积分处理的函数范围更加广泛, 本节将取消积分集合为测度有限的可测集及被积函数为有界函数的限制, 研究一般可测函数的 L 积分问题. 类似于数学分析中定义广义积分, 即无穷限积分(积分区间为无限区间)与暇积分(被积函数为无界函数)的方法, 我们首先将测度有限的集合上有界函数的 L 积分推广到非负函数的 L 积分, 再将非负函数的 L 积分推广到一般函数的 L 积分, 并证得与有界函数在测度有限集合上的 L 积分几乎完全相同的基本性质, 如积分集合的可加性、线性性、单调性、绝对可积性、积分的绝对连续性等.

一、非负函数的勒贝格积分

下面利用测度有限集合上的有界可测函数的 L 积分定义非负函数的 L 积分. 由定义不难得到, 只要非负函数可测, 其 L 积分一定存在(其值可能为 $+\infty$).

定义 1 设 $f(x)$ 为定义在可测集 $E\subset\mathbb{R}^n$ 上的非负可测函数. 若存在测度有限的单调递增可测集列 $\{E_i\}_{i=1}^{\infty}$, 满足 $\lim\limits_{i\to\infty}E_i=E$, 且存在定义在 E 上的单调递增有界可测函数列 $\{f_i(x)\}_{i=1}^{\infty}$, 满足 $\lim\limits_{i\to\infty}f_i(x)=f(x)$, 则称 $\lim\limits_{i\to\infty}\int_{E_i}f_i(x)\mathrm{d}x$ (其为有限值或 $+\infty$) 为 $f(x)$ 在 E 上的**勒贝格积分**, 记为 $\int_E f(x)\mathrm{d}x$, 即

$$\int_E f(x)\mathrm{d}x = \lim_{i\to\infty}\int_{E_i}f_i(x)\mathrm{d}x,$$

其中集合 E 称为**积分集合**, 函数 $f(x)$ 称为**被积函数**. 若 $\int_E f(x)\mathrm{d}x$ 为有限值, 则称 $f(x)$ 在 E 上**勒贝格可积**.

注意: (1) "存在测度有限的单调递增可测集列 $\{E_i\}_{i=1}^{\infty}$, 且满足 $\lim\limits_{i\to\infty}E_i=E$" 的要求不难做到, 例如取 $E_i=E\cap N(O,i)$ 即可;

(2) "存在单调递增的有界可测函数列 $\{f_i(x)\}_{i=1}^{\infty}$, 且满足 $\lim\limits_{i\to\infty}f_i(x)=f(x)$" 的条件也

不难做到,例如取

$$f_i(x) = [f(x)]_i = \begin{cases} f(x), & f(x) \leqslant i, \\ i, & f(x) > i \end{cases}$$

即可,其中 $[f(x)]_i$ 称为 $f(x)$ 的**截断函数**;

(3) 因为 $E_i \subset E_{i+1}$,且 $0 \leqslant f_i(x) \leqslant f_{i+1}(x)$ $(i=1,2,\cdots)$,由有界函数在测度有限集合上的 L 积分的性质,知

$$\int_{E_i} f_i(x) \mathrm{d}x \leqslant \int_{E_{i+1}} f_{i+1}(x) \mathrm{d}x \quad (i = 1, 2, \cdots),$$

即 $\left\{ \int_{E_i} f_i(x) \mathrm{d}x \right\}_{i=1}^{\infty}$ 为单调递增数列,于是 $\lim_{i \to \infty} \int_{E_i} f_i(x) \mathrm{d}x$ 存在(其为有限值或 $+\infty$);

(4) 为方便起见,通常 $\{E_i\}_{i=1}^{\infty}$ 和 $\{f_i(x)\}_{i=1}^{\infty}$ 分别为(1)与(2)中的取法.

二、一般函数的勒贝格积分

任意函数 $f(x)$ 均可以表示为其正部函数 $f^+(x)$ 与负部函数 $f^-(x)$ 两个非负函数之差,且 $f(x)$ 在 E 上可测当且仅当 $f^+(x)$ 与 $f^-(x)$ 均在 E 上可测.因此,当 $f(x)$ 在 E 上可测时,由定义 1,$\int_E f^+(x) \mathrm{d}x$ 与 $\int_E f^-(x) \mathrm{d}x$ 均存在.于是可以定义一般函数的勒贝格积分如下:

定义 2 设 $f(x)$ 为定义在可测集 $E \subset \mathbb{R}^n$ 上的可测函数.若 $\int_E f^+(x) \mathrm{d}x$ 与 $\int_E f^-(x) \mathrm{d}x$ 至少有一个为有限值,则称

$$\int_E f(x) \mathrm{d}x = \int_E f^+(x) \mathrm{d}x - \int_E f^-(x) \mathrm{d}x$$

为 $f(x)$ 在 E 上的**勒贝格积分**(其为有限值或 ∞),此时也称 $f(x)$ 在 E 上**有勒贝格积分**,其中集合 E 称为**积分集合**,函数 $f(x)$ 称为**被积函数**.若 $\int_E f^+(x) \mathrm{d}x$ 与 $\int_E f^-(x) \mathrm{d}x$ 均有有限值,则 $\int_E f(x) \mathrm{d}x = \int_E f^+(x) \mathrm{d}x - \int_E f^-(x) \mathrm{d}x$ 为有限值,此时称 $f(x)$ 在 E 上**勒贝格可积**.

注意:由 L 积分的定义不难得到,若 $f(x) \equiv 0$ $(x \in E)$ 或 $mE = 0$,则 $f(x)$ 在 E 上一定 L 可积,且 $\int_E f(x) \mathrm{d}x = 0$.

由有界函数在测度有限集合上的 L 积分的性质与一般可测函数的 L 积分的定义,不难证明一般可测函数的 L 积分具有以下基本性质:

定理 1 设 $f(x)$ 为可测集 $E \subset \mathbb{R}^n$ 上的可测函数.

(1) 若 $f(x)$ 在 E 上有 L 积分(或 L 可积),则其在 E 的任意可测子集上也有 L 积分(或 L 可积);

(2) 设 $E=\bigcup_{i=1}^{m} E_i$，其中 E_i $(i=1,2,\cdots,m)$ 为 E 的互不相交的可测子集，$f(x)$ 在 E_i $(i=1,2,\cdots,m)$ 上均 L 可积，则 $f(x)$ 在 E 上也 L 可积，且

$$\int_E f(x)\mathrm{d}x = \sum_{i=1}^{m}\int_{E_i} f(x)\mathrm{d}x;$$

(3) 若 $f_i(x)$ $(i=1,2,\cdots,m)$ 都在 E 上 L 可积，则 $\sum_{i=1}^{m} f_i(x)$ 在 E 上也 L 可积，且

$$\int_E \Big(\sum_{i=1}^{m} f_i(x)\Big)\mathrm{d}x = \sum_{i=1}^{m}\int_E f_i(x)\mathrm{d}x;$$

(4) 若 $f(x)$ 在 E 上有 L 积分(或 L 可积)，则对任意常数 c，$cf(x)$ 也在 E 上有 L 积分(或 L 可积)，且

$$\int_E cf(x)\mathrm{d}x = c\int_E f(x)\mathrm{d}x;$$

(5) (**单调性**) 若 $f(x)$ 与 $g(x)$ 均在 E 上有 L 积分，且 $f(x)\leqslant g(x)$ $(x\in E)$，则

$$\int_E f(x)\mathrm{d}x \leqslant \int_E g(x)\mathrm{d}x;$$

(6) (**绝对可积性**) 设 $f(x)$ 在 E 上可测，则 $f(x)$ 在 E 上 L 可积当且仅当 $|f(x)|$ 在 E 上 L 可积，且

$$\Big|\int_E f(x)\mathrm{d}x\Big| \leqslant \int_E |f(x)|\mathrm{d}x.$$

注意：与有界函数在测度有限集合上的 L 积分一样，定理 1 中的(3)与(4)可合并写成

$$\int_E \Big(\sum_{i=1}^{m} c_i f_i(x)\Big)\mathrm{d}x = \sum_{i=1}^{m} c_i \int_E f_i(x)\mathrm{d}x,$$

同样称其为 L 积分的**线性性质**.

例 设函数 $f(x)$ 在 $E=[0,1]$ 上可测，$|f(x)|\ln(1+|f(x)|)$ 在 E 上 L 可积，证明：$f(x)$ 在 E 上 L 可积.

证明 因为 $f(x)$ 在 E 上可测，所以 $|f(x)|$ 在 E 上亦可测. 又因 $\ln(1+|f(x)|)$ 为 E 上的连续函数，故其在 E 上也可测，从而非负函数 $|f(x)|\ln(1+|f(x)|)$ 为 E 上的可测函数.

设 $E_1 = E[|f|\leqslant \mathrm{e}]$，$E_2 = E - E_1$，则

$$\int_E |f(x)|\mathrm{d}x = \int_{E_1} |f(x)|\mathrm{d}x + \int_{E_2} |f(x)|\mathrm{d}x$$

$$\leqslant \int_{E_1} \mathrm{e}\,\mathrm{d}x + \int_{E_2} |f(x)|\ln(1+|f(x)|)\mathrm{d}x$$

$$= \mathrm{e}\,mE_1 + \int_{E_2} |f(x)|\ln(1+|f(x)|)\mathrm{d}x.$$

因为 $|f(x)|\ln(1+|f(x)|)$ 在 E 上 L 可积,由定理 1(1),其在 E_2 上也 L 可积,所以 $\int_{E_2}|f(x)|\ln(1+|f(x)|)\mathrm{d}x<+\infty$. 又因为 $emE_1\leqslant \mathrm{e}$,所以
$$emE_1+\int_{E_2}|f(x)|\ln(1+|f(x)|)\mathrm{d}x<+\infty.$$

因此 $\int_E|f(x)|\mathrm{d}x<+\infty$,即 $|f(x)|$ 在 E 上 L 可积. 再由定理 1(6),知 $f(x)$ 在 E 上的 L 可积.

由下面的定理可以看到,L 可积函数是几乎处处取得有限值的. 因此,若使函数取得无穷值的点所构成集合的测度大于零,该函数一定不是 L 可积的.

定理 2 设函数 $f(x)$ 在可测集 $E\subset\mathbb{R}^n$ 上 L 可积,则
$$mE[f=+\infty]=mE[f=-\infty]=0,$$
即 $f(x)$ 在 E 上几乎处处取有限值.

证明 我们仅证 $mE[f=+\infty]=0$,同法可证 $mE[f=-\infty]=0$.

用反证法. 若不然,假设 $mE[f=+\infty]=\delta>0$,则必存在正整数 i,使
$$m(E[f=+\infty]\cap N(O,i))\geqslant\frac{\delta}{2}>0.$$

令 $E_i^+=E[f=+\infty]\cap N(O,i)$,则对任意正整数 k,有
$$\int_E f^+(x)\mathrm{d}x\geqslant\int_{E_i^+}f^+(x)\mathrm{d}x\geqslant\int_{E_i^+}[f^+(x)]_k\mathrm{d}x$$
$$=kmE_i^+\geqslant\frac{k\delta}{2}\to+\infty\quad(k\to\infty),$$

从而 $\int_E f^+(x)\mathrm{d}x=+\infty$. 这与 $f(x)$ 在 E 上 L 可积矛盾.

有了下面的定理,今后我们可以将求函数的 L 积分问题转化为求与之几乎处处相等的函数的 L 积分问题.

定理 3 设函数 $f(x)$ 在可测集 $E\subset\mathbb{R}^n$ 上有 L 积分. 若 $g(x)=f(x)$ a.e. 于 E,则 $g(x)$ 在 E 上也有 L 积分,且
$$\int_E f(x)\mathrm{d}x=\int_E g(x)\mathrm{d}x.$$

证明 因为 $f(x)$ 在 E 上有 L 积分,故 $f(x)$ 在 E 上可测. 又 $g(x)=f(x)$ a.e. 于 E,所以 $g(x)$ 在 E 上也可测. 设 $E_0=E[f\neq g]$,$E_1=E-E_0$,则 $mE_0=0$,且在 E_1 上 $g(x)=f(x)$. 于是
$$\int_{E_0}g(x)\mathrm{d}x=0=\int_{E_0}f(x)\mathrm{d}x,\quad \int_{E_1}g(x)\mathrm{d}x=\int_{E_1}f(x)\mathrm{d}x,$$

从而 $g(x)$ 在 E 上也有 L 积分,且

$$\int_E g(x)\mathrm{d}x = \int_{E_1} g(x)\mathrm{d}x + \int_{E_0} g(x)\mathrm{d}x = \int_{E_1} f(x)\mathrm{d}x + \int_{E_0} f(x)\mathrm{d}x = \int_E f(x)\mathrm{d}x.$$

由定理 3 易得,若可测函数 $f(x)$ 在可测集 E 上几乎处处为零,则其一定勒贝格可积,且积分值为零.下面证明反之也成立,证明方法与 §5.2 定理 6 的证明完全相同.

定理 4 设函数 $f(x)$ 在可测集 $E \subset \mathbb{R}^n$ 上 L 可积,$f(x) \geqslant 0$.若 $\int_E f(x)\mathrm{d}x = 0$,则

$$f(x) = 0 \text{ a.e. } \mp E.$$

下面对一般可测函数的 L 积分给出积分绝对连续性定理.该定理是关于 L 积分的一个十分重要且适用的定理,在解决许多问题时都要借助于它.

定理 5(积分的绝对连续性) 设函数 $f(x)$ 在可测集 $E \subset \mathbb{R}^n$ 上 L 可积,则对任意 $\varepsilon > 0$,存在 $\delta > 0$,使当 $A \subset E$ 且 $mA < \delta$ 时,有

$$\left|\int_A f(x)\mathrm{d}x\right| < \varepsilon, \quad \text{即} \quad \lim_{mA \to 0}\int_A f(x)\mathrm{d}x = 0.$$

证明 (1) 若 $f(x)$ 在 E 上有界,即存在 $M > 0$,使 $|f(x)| \leqslant M$ $(x \in E)$,则对任意 $\varepsilon > 0$,取 $0 < \delta < \dfrac{\varepsilon}{M}$,当 $A \subset E$ 且 $mA < \delta$ 时,有

$$\left|\int_A f(x)\mathrm{d}x\right| \leqslant \int_A |f(x)|\mathrm{d}x \leqslant M\,mA < M \cdot \frac{\varepsilon}{M} = \varepsilon.$$

(2) 设 $f(x)$ 在 E 上无界.由于 $f(x)$ 在 E 上 L 可积,则 $|f(x)|$ 也在 E 上 L 可积.由非负函数 L 积分的定义:

$$\int_E |f(x)|\mathrm{d}x = \lim_{i \to \infty}\int_{E_i} [|f(x)|]_i \mathrm{d}x,$$

从而对任意 $\varepsilon > 0$,存在正整数 i_0,使当 $i > i_0$ 时,有

$$\int_E |f(x)|\mathrm{d}x - \int_{E_i} [|f(x)|]_i \mathrm{d}x < \frac{\varepsilon}{2}.$$

特别地,取 $N = i_0 + 1$,于是也有

$$\int_E |f(x)|\mathrm{d}x - \int_{E_N} [|f(x)|]_N \mathrm{d}x < \frac{\varepsilon}{2}.$$

因 $[|f(x)|]_N$ 在 E 上有界,由(1),对上述 $\varepsilon > 0$,存在 $\delta > 0$,使当 $A \subset E$ 且 $mA < \delta$ 时,有

$$\int_A [|f(x)|]_N \mathrm{d}x < \frac{\varepsilon}{2}.$$

于是,对任意 $\varepsilon > 0$,存在 $\delta > 0$,当 $A \subset E$ 且 $mA < \delta$ 时,有

$$\left|\int_A f(x)\mathrm{d}x\right| \leqslant \int_A |f(x)|\mathrm{d}x$$

$$= \int_{A - A \cap E_N} |f(x)|\mathrm{d}x + \int_{A \cap E_N} (|f(x)| - [|f(x)|]_N)\mathrm{d}x + \int_{A \cap E_N} [|f(x)|]_N \mathrm{d}x$$

$$\leqslant \int_{E-E_N} |f(x)|\,\mathrm{d}x + \int_{E_N}(|f(x)| - [|f(x)|]_N)\,\mathrm{d}x + \int_{A\cap E_N}[|f(x)|]_N\,\mathrm{d}x$$

$$= \int_E |f(x)|\,\mathrm{d}x - \int_{E_N}[|f(x)|]_N\,\mathrm{d}x + \int_{A\cap E_N}[|f(x)|]_N\,\mathrm{d}x$$

$$< \frac{\varepsilon}{2} + \frac{\varepsilon}{2} = \varepsilon,$$

即 $\lim\limits_{mA\to 0}\int_A f(x)\,\mathrm{d}x = 0$.

注意：(1) 由上面的证明过程可以看到，该定理的结论可以加强为

$$\lim_{mA\to 0}\int_A |f(x)|\,\mathrm{d}x = 0.$$

用"ε-δ"语言可叙述为：对任意 $\varepsilon > 0$，存在 $\delta > 0$，使当 $A \subset E$ 且 $mA < \delta$ 时，有

$$\int_A |f(x)|\,\mathrm{d}x < \varepsilon.$$

(2) 在证明与 L 积分有关的命题时经常采用上面证明的方法，即先讨论积分集合为有限可测集，被积函数为有界函数的情形，然后再利用一般可测函数 L 积分的定义进行证明.

因为可测函数与连续函数有着密切的关系，我们可以证明 L 可积函数的积分可以用连续函数的积分逼近，即有下面的定理. 借助该定理，我们可以更加深入地研究 L 可积函数的性质.

定理 6（可积函数的连续逼近定理） 设函数 $f(x)$ 在闭区间 $[a,b]$ 上 L 可积，则对任意 $\varepsilon > 0$，存在 $[a,b]$ 上的连续函数 $\varphi(x)$，使

$$\int_{[a,b]} |f(x) - \varphi(x)|\,\mathrm{d}x < \varepsilon.$$

证明 记 $E = [a,b]$. 设 $e_n = E[|f| > n]$，则 $e_n\ (n=1,2,\cdots)$ 为单调递减的可测集列，且

$$\lim_{n\to\infty} e_n = E[|f| = +\infty].$$

因为 $f(x)$ 在 E 上 L 可积，故 $f(x)$ 在 E 上几乎处处取有限值，即 $mE[|f| = +\infty] = 0$. 于是

$$\lim_{n\to\infty} me_n = mE[|f| = +\infty] = 0.$$

因为 $f(x)$ 在 E 上 L 可积，由积分的绝对连续性，有 $\lim\limits_{n\to\infty}\int_{e_n}|f(x)|\,\mathrm{d}x = 0$. 于是，对任意 $\varepsilon > 0$，必存在正整数 N，使

$$N \cdot me_N \leqslant \int_{e_N} |f(x)|\,\mathrm{d}x < \frac{\varepsilon}{4}.$$

令 $E_N = E - e_N$，对 $f(x)$ 在 E_N 上应用 §4.3 的定理 2（鲁金定理），则存在闭集 $F_N \subset E_N$ 与 $\mathbb{R}$ 上的连续函数 $\varphi(x)$，使

(1) $m(E_N - F_N) < \dfrac{\varepsilon}{4N}$;

(2) 在 F_N 上 $\varphi(x) = f(x)$, 且 $\sup\limits_{x \in \mathbb{R}} |\varphi(x)| = \sup\limits_{x \in F_N} |f(x)| \leqslant N$.

因此, 有
$$\int_{[a,b]} |f(x) - \varphi(x)| \mathrm{d}x = \int_{e_N} |f(x) - \varphi(x)| \mathrm{d}x + \int_{E_N} |f(x) - \varphi(x)| \mathrm{d}x$$
$$\leqslant \int_{e_N} |f(x)| \mathrm{d}x + \int_{e_N} |\varphi(x)| \mathrm{d}x + \int_{E_N - F_N} |f(x) - \varphi(x)| \mathrm{d}x$$
$$< \frac{\varepsilon}{4} + N \cdot me_N + 2N \cdot \frac{\varepsilon}{4N}$$
$$< \frac{\varepsilon}{4} + \frac{\varepsilon}{4} + \frac{\varepsilon}{2} = \varepsilon.$$

三、勒贝格积分的几何意义

L 积分对 R 积分的推广不仅体现在定义与诸多性质上, 其几何意义也与 R 积分的几何意义相类似. 非负函数的 R 积分的几何意义为其下方图形的面积, 而 L 积分的几何意义为其下方图形的测度, 其包含的内容更加广泛. 对于 L 积分的许多性质, 我们可以考虑用其几何意义加以证明, 其过程简单, 便于理解.

为了介绍 L 积分的几何意义, 我们先引入一个概念——下方图形.

定义 3 设 $f(x)$ 为定义在 $E \subset \mathbb{R}^n$ 上的非负函数, 称 $\mathbb{R}^{n+1}$ 中的点集
$$\{(x,z) \mid x \in E, 0 \leqslant z \leqslant f(x)\}$$
为 $f(x)$ 在 E 上的**下方图形**, 记为 $G(E,f)$.

下面的定理给出了勒贝格积分的几何意义.

定理 7 设 $f(x)$ 为可测集 $E \subset \mathbb{R}^n$ 上的非负函数, 则 $f(x)$ 在 E 上可测当且仅当其下方图形 $G(E,f)$ 为 $\mathbb{R}^{n+1}$ 中的可测集, 且当 $f(x)$ 在 E 上可测时, 有
$$\int_E f(x) \mathrm{d}x = mG(E,f).$$

由于该定理的证明过程比较繁杂, 这里省略.

注意: (1) 非负可测函数的积分也是一种测度, 因此勒贝格积分理论本质上也为测度论, 积分论中成立的许多结论都可以用相应的测度语言叙述;

(2) $f(x)$ 在可测集 E 上 L 可积当且仅当 $mG(E, f^+)$ 与 $mG(E, f^-)$ 均为有限值, 且
$$\int_E f(x) \mathrm{d}x = mG(E, f^+) - mG(E, f^-).$$

习 题 5.3

1. 设 $\{f_n(x)\}_{n=1}^{\infty}$ 为可测集 E 上的非负 L 可积函数列,且 $\lim\limits_{n\to\infty}\int_E f_n(x)\mathrm{d}x = 0$,证明:
$$f_n(x) \Rightarrow 0 \text{ 于 } E.$$

2. 设 $f(x)$ 为可测集 E 上的非负 L 可积函数,$E_n = E[f \geqslant n]$ $(n=1,2,\cdots)$,证明:
$$\sum_{n=1}^{\infty} mE_n < +\infty.$$

3. 设 $mE < +\infty$,$f(x)$ 为 E 上的非负可测函数,证明:$f(x)$ 在 E 上 L 可积当且仅当
$$\sum_{n=0}^{\infty} 2^n mE[f \geqslant 2^n] < +\infty.$$

4. 设 $mE < +\infty$,$f(x)$ 为 E 上几乎处处取有限值的可测函数,$E_n = E[n-1 \leqslant f < n]$ $(n=0,\pm 1, \pm 2, \cdots)$,证明:$f(x)$ 在 E 上 L 可积当且仅当
$$\sum_{n=-\infty}^{+\infty} |n| \cdot mE_n < +\infty.$$

5. 设 $mE < +\infty$,$f(x)$ 为 E 上的非负 L 可积函数,$e_n = E[f \geqslant n]$ $(n=1,2,\cdots)$,证明:
$$\lim_{n\to\infty} n \cdot me_n = 0.$$

6. 设 $\{f_n(x)\}_{n=1}^{\infty}$ 为可测集 E 上的非负递减可测函数列,$\lim\limits_{n\to\infty} f_n(x) = f(x)$,且存在 n_0,使 $f_{n_0}(x)$ 在 E 上 L 可积,证明:
$$\lim_{n\to\infty}\int_E f_n(x)\mathrm{d}x = \int_E f(x)\mathrm{d}x.$$

7. 设函数 $f(x)$ 在可测集 E 上可测,证明:对任意常数 $a > 0$,均有
$$mE[x \mid |f(x)| \geqslant a] \leqslant \frac{1}{a}\int_E |f(x)|\mathrm{d}x,$$
$$mE[x \mid f(x) \geqslant a] \leqslant \mathrm{e}^{-a}\int_E \mathrm{e}^{f(x)}\mathrm{d}x.$$

8. 设函数 $f(x)$ 在可测集 $E \subset \mathbb{R}$ 上 L 可积,证明:对任意 $\varepsilon > 0$,存在 $\mathbb{R}$ 上的连续函数 $h(x)$,使
$$\int_E |f(x) - h(x)|\mathrm{d}x < \varepsilon.$$
若 E 是有界集,则可以要求 $h(x)$ 为多项式.

9. 设 $mE > 0$,函数 $f(x)$ 在 E 上 L 可积. 若对任意有界可测函数 $g(x)$,有
$$\int_E f(x)g(x)\mathrm{d}x = 0,$$
证明:$f(x) = 0$ a.e. 于 E.

§5.4 勒贝格积分的极限定理

与 R 积分一样,在引入 L 积分之后,我们自然关心函数列 L 积分的极限与该函数列极限的 L 积分是否相等这个重要并且有广泛应用的问题.在数学分析中,为了讨论这类问题,或者需要十分复杂的推导与演算,或者要求函数列满足较为苛刻的条件.本节中我们将看到,L 积分在实现积分与极限交换次序方面所要求的条件比 R 积分宽松得多.这点也正是勒贝格引入 L 积分的最大成功之一.下面将介绍的勒贝格控制收敛定理、勒维(B. Levi,1875—1928)渐升列积分定理与法都(P. Fatou,1878—1929)引理尤为重要,它们通常称为 L 积分的三大极限定理,在函数论领域中有着十分广泛的应用.

对于 R 积分,在求 $\lim\limits_{n\to\infty}\int_a^b f_n(x)\mathrm{d}x$ 时,为了实现积分与极限之间的交换次序,一般需要函数列 $\{f_n(x)\}_{n=1}^\infty$ 在闭区间 $[a,b]$ 上具有一致收敛性,但这个条件在实际应用中却不容易满足.

事实上,一致收敛条件是积分与极限交换次序的充分而非必要条件.例如,考虑函数列
$$f_n(x)=x^n \quad (0\leqslant x\leqslant 1; n=1,2,\cdots).$$
它在闭区间 $[0,1]$ 上处处收敛于极限函数
$$f(x)=\begin{cases} 0, & 0\leqslant x<1, \\ 1, & x=1, \end{cases}$$
但却不一致收敛于 $f(x)$,此时
$$\lim_{n\to\infty}\int_0^1 x^n\mathrm{d}x = \lim_{n\to\infty}\frac{1}{n+1}=0, \quad \int_0^1 \lim_{n\to\infty}x^n\mathrm{d}x=\int_0^1 f(x)\mathrm{d}x=0,$$
即积分与极限仍可以交换次序.

我们有比要求函数列一致收敛弱的 R 积分意义下的有界收敛定理:

设 $\{f_n(x)\}_{n=1}^\infty$ 是定义在闭区间 $[a,b]$ 上的函数列,其满足如下条件:

(1) $f_n(x)$ $(n=1,2,\cdots)$ 均在 $[a,b]$ 上 R 可积;

(2) $|f_n(x)|\leqslant K$ $(x\in[a,b],K>0$ 为常数$;n=1,2,\cdots)$;

(3) $\lim\limits_{n\to\infty}f_n(x)=f(x)$;

(4) $f(x)$ 在 $[a,b]$ 上 R 可积,

则
$$\lim_{n\to\infty}\int_a^b f_n(x)\mathrm{d}x=\int_a^b f(x)\mathrm{d}x.$$

在上面的定理中要求极限函数是 R 可积的,但即便是单调递增且一致有界的 R 可积函数列,其极限函数也未必 R 可积.例如,设闭区间 $[0,1]$ 中全体有理数排成的无穷序列为

$\{r_1, r_2, \cdots, r_n, \cdots\}$，考虑定义在$[0,1]$上的函数列

$$f_n(x) = \begin{cases} 1, & x = r_1, r_2, \cdots, r_n \\ 0, & \text{其他} \end{cases} \quad (n=1,2,\cdots).$$

显然$\{f_n(x)\}_{n=1}^{\infty}$为单调递增的 R 可积函数列，且$|f_n(x)| \leqslant 1 (n=1,2,\cdots)$，其极限函数为狄利克雷函数$D(x)$. 由前面的讨论，可知$D(x)$在$[0,1]$上却不是 R 可积的.

而在 L 积分意义下，只要函数列满足上述(1)—(3)相应的条件，其极限函数一定 L 可积.

一、勒贝格控制收敛定理及其推论

作为 L 积分与极限交换次序的充分条件，勒贝格控制收敛定理有着广泛的应用，是 L 积分理论中最为重要的结果之一，其证明方法有一定的代表性与启示作用.

定理 1（勒贝格控制收敛定理） 设可测集E上的可测函数列$\{f_n(x)\}_{n=1}^{\infty}$满足如下条件：

(1) $|f_n(x)| \leqslant F(x)$ a.e. 于E $(n=1,2,\cdots)$，且$F(x)$在E上 L 可积；

(2) $f_n \Rightarrow f$ 于 E，

则$f(x)$在E上 L 可积，且

$$\lim_{n\to\infty}\int_E f_n(x)\mathrm{d}x = \int_E f(x)\mathrm{d}x.$$

证明 因为$f_n \Rightarrow f$ 于E，由黎斯定理，存在$\{f_n(x)\}_{n=1}^{\infty}$的子列$\{f_{n_i}(x)\}_{i=1}^{\infty}$，使

$$\lim_{i\to\infty} f_{n_i}(x) = f(x) \text{ a.e. 于 } E.$$

又因为$\{f_n(x)\}_{n=1}^{\infty}$为$E$上的可测函数列，所以$\{f_{n_i}(x)\}_{i=1}^{\infty}$亦为$E$上的可测函数列，于是其极限函数$f(x)$为$E$上的可测函数，进而$|f(x)|$在$E$上也可测. 由已知，有

$$|f_{n_i}(x)| \leqslant F(x) \text{ a.e. 于 } E,$$

故其极限函数$f(x)$也满足$|f(x)| \leqslant F(x)$ a.e. 于E. 因为$F(x)$在E上 L 可积，由 L 积分的性质，$f(x), f_n(x)$ $(n=1,2,\cdots)$均在E上 L 可积.

下面证明$\lim_{n\to\infty}\int_E f_n(x)\mathrm{d}x = \int_E f(x)\mathrm{d}x$. 我们分两种情况进行证明：

情况 1：$mE < +\infty$.

因为$F(x)$在E上 L 可积，由 L 积分的绝对连续性，对任意$\varepsilon > 0$，存在$\delta > 0$，使当$e \subset E$且$me < \delta$时，有

$$\int_e F(x)\mathrm{d}x < \frac{\varepsilon}{4}.$$

又因为$f_n \Rightarrow f$ 于E，令$\sigma = \frac{\varepsilon}{2mE}$，由依测度收敛的定义，则对上述$\delta > 0$，存在$N \in \mathbb{Z}_+$，使

当 $n \geq N$ 时,有
$$mE[|f_n-f|\geq \sigma]<\delta.$$
取 $e=E[|f_n-f|\geq \sigma]$,则有
$$\int_{E[|f_n-f|\geq \sigma]} F(x)\mathrm{d}x < \frac{\varepsilon}{4}.$$
因此,对任意 $\varepsilon>0$,总存在 $N\in \mathbb{Z}_+$,当 $n\geq N$ 时,有
$$\left|\int_E f_n(x)\mathrm{d}x - \int_E f(x)\mathrm{d}x\right| \leq \int_E |f_n(x)-f(x)|\mathrm{d}x$$
$$= \int_{E[|f_n-f|\geq \sigma]} |f_n(x)-f(x)|\mathrm{d}x + \int_{E[|f_n-f|<\sigma]} |f_n(x)-f(x)|\mathrm{d}x$$
$$\leq 2\int_{E[|f_n-f|\geq \sigma]} F(x)\mathrm{d}x + \sigma \cdot mE[|f_n-f|<\sigma]$$
$$< 2\cdot \frac{\varepsilon}{4} + \sigma \cdot mE = \frac{\varepsilon}{2} + \frac{\varepsilon}{2} = \varepsilon,$$
即当 $mE<+\infty$ 时,$\lim\limits_{n\to\infty}\int_E f_n(x)\mathrm{d}x = \int_E f(x)\mathrm{d}x$ 成立.

情况 2:$mE=+\infty$.

因为 $F(x)$ 在 E 上 L 可积,由非负可测函数 L 积分的定义,有
$$\int_E F(x)\mathrm{d}x = \lim_{i\to\infty}\int_{E_i} [F(x)]_i \mathrm{d}x,$$
即对任意 $\varepsilon>0$,存在 $i(\varepsilon)\in \mathbb{Z}_+$,当 $i\geq i(\varepsilon)$ 时,有
$$\int_E F(x)\mathrm{d}x - \int_{E_i} [F(x)]_i \mathrm{d}x < \frac{\varepsilon}{4}.$$
取 $i=i(\varepsilon)$,当然也有
$$\int_E F(x)\mathrm{d}x - \int_{E_i} [F(x)]_i \mathrm{d}x < \frac{\varepsilon}{4},$$
故
$$\int_{E-E_i} F(x)\mathrm{d}x = \int_E F(x)\mathrm{d}x - \int_{E_i} F(x)\mathrm{d}x$$
$$\leq \int_E F(x)\mathrm{d}x - \int_{E_i} [F(x)]_i \mathrm{d}x < \frac{\varepsilon}{4}.$$
因为 $|f_n(x)|\leq F(x)$ a.e. 于 E,且 $|f(x)|\leq F(x)$ a.e. 于 E,所以有
$$|f_n(x)-f(x)|\leq 2F(x) \text{ a.e. 于 } E_i.$$
又因为 $f_n\Rightarrow f$ 于 E,由依测度收敛的定义,易得 $|f_n-f|\Rightarrow 0$ 于 E,从而当然也有 $|f_n-f|\Rightarrow 0$ 于 E_i.

由情况 1,对上述 $\varepsilon>0$,存在 $N\in \mathbb{Z}_+$,当 $n\geq N$ 时,有

$$\int_{E_i} |f_n(x) - f(x)| \, \mathrm{d}x < \frac{\varepsilon}{2}.$$

于是

$$\left| \int_E f_n(x) \mathrm{d}x - \int_E f(x) \mathrm{d}x \right| \leqslant \int_E |f_n(x) - f(x)| \, \mathrm{d}x$$

$$= \int_{E-E_i} |f_n(x) - f(x)| \, \mathrm{d}x + \int_{E_i} |f_n(x) - f(x)| \, \mathrm{d}x$$

$$\leqslant 2 \int_{E-E_i} F(x) \mathrm{d}x + \frac{\varepsilon}{2}$$

$$< 2 \cdot \frac{\varepsilon}{4} + \frac{\varepsilon}{2} = \varepsilon,$$

即

$$\lim_{n \to \infty} \int_E f_n(x) \mathrm{d}x = \int_E f(x) \mathrm{d}x.$$

注意：(1) 定理中的条件(2)改为 $\lim_{n \to \infty} f_n(x) = f(x)$ a.e. 于 E 时，结论依然成立．事实上，当 $mE < +\infty$ 时，由 $\lim_{n \to \infty} f_n(x) = f(x)$ a.e. 于 E 可以得到 $f_n \Rightarrow f$ 于 E；当 $mE = +\infty$ 时，利用情况 2 的证明方法可得结论成立．

(2) 通常称函数 $F(x)$ 为函数列 $\{f_n(x)\}_{n=1}^{\infty}$ 的**控制函数**.

例 1 求 $\lim_{n \to \infty} \int_{(0,+\infty)} \dfrac{n\sqrt{x}}{1+n^2 x^2} \sin^5 x \mathrm{d}x.$

解 设 $f_n(x) = \dfrac{n\sqrt{x}}{1+n^2 x^2} \sin^5 x \ (x \in (0,+\infty); n=1,2,\cdots)$. 因 $f_n(x)$ 在 $(0,+\infty)$ 上连续，故其为 $(0,+\infty)$ 上的可测函数，且在 $(0,+\infty)$ 上，$\lim_{n \to \infty} f_n(x) = 0$.

当 $0 < x \leqslant 1$ 时，$|f_n(x)| \leqslant \dfrac{n\sqrt{x}}{1+n^2 x^2} \leqslant \dfrac{n\sqrt{x}}{n^2 x^2} \leqslant \dfrac{n\sqrt{x}}{nx} = \dfrac{1}{\sqrt{x}} = x^{-1/2}$；

当 $x > 1$ 时，$|f_n(x)| \leqslant \dfrac{n\sqrt{x}}{1+n^2 x^2} \leqslant \dfrac{n\sqrt{x}}{n^2 x^2} \leqslant \dfrac{\sqrt{x}}{x^2} = x^{-3/2}$.

令 $F(x) = \begin{cases} x^{-1/2}, & 0 < x \leqslant 1, \\ x^{-3/2}, & x > 1, \end{cases}$ 则在 $(0,+\infty)$ 上，$|f_n(x)| \leqslant F(x)$. 因为

$$\int_{(0,+\infty)} F(x) \mathrm{d}x = \int_0^{+\infty} F(x) \mathrm{d}x = \int_0^1 F(x) \mathrm{d}x + \int_1^{+\infty} F(x) \mathrm{d}x$$

$$= \int_0^1 x^{-1/2} \mathrm{d}x + \int_1^{+\infty} x^{-3/2} \mathrm{d}x = 2 + 2 = 4,$$

即 $F(x)$ 在 $(0,+\infty)$ 上 L 可积，由定理 1，有

第五章　勒贝格积分理论

$$\lim_{n\to\infty}\int_{(0,+\infty)} \frac{n\sqrt{x}}{1+n^2x^2}\sin^5 x\,\mathrm{d}x = \int_{(0,+\infty)}\left(\lim_{n\to\infty}\frac{n\sqrt{x}}{1+n^2x^2}\sin^5 x\right)\mathrm{d}x = 0.$$

作为勒贝格控制收敛定理的推论,勒贝格有界收敛定理的形式更为简单.

推论 1(勒贝格有界收敛定理)　设可测集 E 上的可测函数列 $\{f_n(x)\}_{n=1}^\infty$ 满足如下条件:

(1) $mE<+\infty$;

(2) $|f_n(x)|\leqslant K$ a.e. 于 E ($K>0$ 为常数;$n=1,2,\cdots$);

(3) $\lim\limits_{n\to\infty}f_n(x)=f(x)$ a.e. 于 E 或 $f_n\Rightarrow f$ 于 E,

则 $f(x)$ 在 E 上 L 可积,且

$$\lim_{n\to\infty}\int_E f_n(x)\mathrm{d}x = \int_E f(x)\mathrm{d}x.$$

证明　因为 $mE<+\infty$,取 $F(x)\equiv K$,则 $F(x)$ 即为函数列 $\{f_n(x)\}_{n=1}^\infty$ 的控制函数. 由勒贝格控制收敛定理,结论成立.

注意:由于在上述定理中 K 为函数列 $\{f_n(x)\}_{n=1}^\infty$ 的一个界,因此该定理通常称为勒贝格有界收敛定理.

因为导数本身是利用极限来定义的,由勒贝格控制收敛定理,可以得到如下积分与导数的换序定理:

推论 2　设 $f(x,y)$ 为闭矩形 $\{(x,y)|a\leqslant x\leqslant b,c\leqslant y\leqslant d\}$ 上的二元函数. 若对任意 $y\in[c,d]$, $f(x,y)$ 都是 x 的 L 可积函数,对几乎所有的 $x\in[a,b]$,$f(x,y)$ 对 y 的偏导数都存在,并且存在 $[a,b]$ 上的 L 可积函数 $g(x)$,使对任意的 $y\in[c,d]$ 及充分小的 $|t|$,有

$$\left|\frac{f(x,y+t)-f(x,y)}{t}\right|\leqslant g(x)\text{ a.e. 于}[a,b],$$

则含参变量 y 的 L 积分 $\int_{[a,b]}f(x,y)\mathrm{d}x$ 在 $[c,d]$ 上可导,且

$$\frac{\mathrm{d}}{\mathrm{d}y}\int_{[a,b]}f(x,y)\mathrm{d}x = \int_{[a,b]}\frac{\partial}{\partial y}f(x,y)\mathrm{d}x.$$

证明　对任意 $y\in[c,d]$,取数列 $\{t_n\}_{n=1}^\infty$,使其满足:$t_n\neq 0$,$\lim\limits_{n\to\infty}t_n=0$,且 $t_n+y\in[c,d]$ ($n=1,2,\cdots$). 由已知,对几乎所有的 $x\in[a,b]$,有

$$\lim_{n\to\infty}\frac{f(x,y+t_n)-f(x,y)}{t_n} = \frac{\partial}{\partial y}f(x,y).$$

因为 $g(x)$ 为函数列 $\left\{\dfrac{f(x,y+t_n)-f(x,y)}{t_n}\right\}_{n=1}^\infty$ 的控制函数,所以由勒贝格控制收敛定理,有

$$\int_{[a,b]}\frac{\partial}{\partial y}f(x,y)\mathrm{d}x = \int_{[a,b]}\lim_{n\to\infty}\frac{f(x,y+t_n)-f(x,y)}{t_n}\mathrm{d}x$$

$$= \lim_{n\to\infty} \int_{[a,b]} \frac{f(x,y+t_n) - f(x,y)}{t_n} \mathrm{d}x$$

$$= \lim_{n\to\infty} \frac{1}{t_n} \left[\int_{[a,b]} f(x,y+t_n) \mathrm{d}x - \int_{[a,b]} f(x,y) \mathrm{d}x \right]$$

$$= \frac{\mathrm{d}}{\mathrm{d}y} \int_{[a,b]} f(x,y) \mathrm{d}x.$$

二、勒维定理

单调上升的函数列一定存在极限,下面的勒维渐升列积分定理给出了任意非负递增可测函数列的积分与极限都可以交换次序. 这是 R 积分所不具有的. 因此, 在积分与极限交换次序方面, L 积分对函数列的要求的确比 R 积分弱得多.

定理 2(勒维渐升列积分定理) 设 $\{f_n(x)\}_{n=1}^{\infty}$ 为可测集 E 上的非负递增可测函数列,即

$$f_n(x) \leqslant f_{n+1}(x) \quad (x \in E; n = 1, 2, \cdots),$$

则

$$\lim_{n\to\infty} \int_E f_n(x) \mathrm{d}x = \int_E \lim_{n\to\infty} f_n(x) \mathrm{d}x.$$

证明 因为 $\{f_n(x)\}_{n=1}^{\infty}$ 为 E 上的非负递增可测函数列,其一定存在极限函数,设 $\lim_{n\to\infty} f_n(x) = f(x)$,则 $f(x)$ 在 E 上非负可测.

下面证明 $\lim_{n\to\infty} \int_E f_n(x) \mathrm{d}x = \int_E f(x) \mathrm{d}x$.

一方面,因 $\{f_n(x)\}_{n=1}^{\infty}$ 单调递增,故在 E 上 $f_n(x) \leqslant f(x)(n=1,2,\cdots)$. 由 L 积分的单调性,知 $\left\{ \int_E f_n(x) \mathrm{d}x \right\}_{n=1}^{\infty}$ 为单调递增的数列,且

$$\int_E f_n(x) \mathrm{d}x \leqslant \int_E f(x) \mathrm{d}x,$$

从而 $\lim_{n\to\infty} \int_E f_n(x) \mathrm{d}x$ 存在,且

$$\lim_{n\to\infty} \int_E f_n(x) \mathrm{d}x \leqslant \int_E f(x) \mathrm{d}x.$$

另一方面,考虑 $\{f_n(x)\}_{n=1}^{\infty}$ 的截断函数列 $\{[f_n(x)]_K\}_{n=1}^{\infty} (K > 0$ 为常数),则在 E 上,有

$$\lim_{n\to\infty} [f_n(x)]_K = [f(x)]_K.$$

事实上,任取 $x_0 \in E$,若对一切 $n \geqslant K$,均有 $f_n(x_0) \leqslant K$,则 $f(x_0) \leqslant K$. 于是,由 $\lim_{n\to\infty} f_n(x) = f(x)$,得

$$\lim_{n\to\infty} [f_n(x_0)]_K = [f(x_0)]_K = f(x_0);$$

若存在 $n_0 \geq K$，使 $f_{n_0}(x_0) > K$，则由 $\{f_n(x)\}_{n=1}^{\infty}$ 单调递增，对一切 $n \geq n_0$，都有 $f_n(x_0) > K$，且 $f(x_0) > K$，即当 $n \geq n_0$ 时，$[f_n(x_0)]_K = [f(x_0)]_K = K$. 故

$$\lim_{n \to \infty} [f_n(x_0)]_K = [f(x_0)]_K = K.$$

因为 $[f_n(x)]_K \leq K$，由勒贝格有界收敛定理，有

$$\int_{E_K} [f(x)]_K \mathrm{d}x = \int_{E_K} \lim_{n \to \infty} [f_n(x)]_K \mathrm{d}x = \lim_{n \to \infty} \int_{E_K} [f_n(x)]_K \mathrm{d}x$$

$$\leq \lim_{n \to \infty} \int_E f_n(x) \mathrm{d}x,$$

从而

$$\int_E f(x) \mathrm{d}x = \lim_{K \to \infty} \int_{E_K} [f(x)]_K \mathrm{d}x \leq \lim_{n \to \infty} \int_E f_n(x) \mathrm{d}x.$$

综上，$\lim_{n \to \infty} \int_E f_n(x) \mathrm{d}x = \int_E f(x) \mathrm{d}x$ 成立.

注意：若定理中条件(1)变为 $\{f_n(x)\}_{n=1}^{\infty}$ 单调递减，则结论未必成立. 如取 $f_n(x) \equiv \dfrac{1}{n}$ ($x \in E = [0, +\infty)$)，则 $\{f_n(x)\}_{n=1}^{\infty}$ 为 E 上的单调递减非负可测函数列，且

$$\lim_{n \to \infty} f_n(x) = f(x) = 0.$$

而 $\int_E f_n(x) \mathrm{d}x = +\infty$，$\int_E f(x) \mathrm{d}x = 0$，故

$$\lim_{n \to \infty} \int_E f_n(x) \mathrm{d}x \neq \int_E f(x) \mathrm{d}x.$$

思考：单调递减的可测函数列在满足什么条件时，可以实现 L 积分与极限交换次序？

因为非负函数项级数的部分和函数列是单调递增的，利用勒维渐升列积分定理，可以证得下面的逐项积分定理. 该定理说明 L 积分在与求和运算交换次序方面也比 R 积分对函数项级数的限制少得多. 只要函数列中所有函数均非负可测，函数项级数就可以逐项积分，这为积分估值提供了有效工具.

定理 3（勒贝格逐项积分定理） 设 $\{f_n(x)\}_{n=1}^{\infty}$ 为可测集 E 上的非负可测函数列，则

$$\int_E \Big(\sum_{n=1}^{\infty} f_n(x) \Big) \mathrm{d}x = \sum_{n=1}^{\infty} \int_E f_n(x) \mathrm{d}x.$$

证明 令 $s_n(x) = \sum_{k=1}^{n} f_k(x)$，则 $\{s_n(x)\}_{n=1}^{\infty}$ 为 E 上的非负单调递增可测函数列，且

$$\lim_{n \to \infty} s_n(x) = \sum_{n=1}^{\infty} f_n(x).$$

由勒维渐升列积分定理，有

$$\int_E \Big(\sum_{n=1}^{\infty} f_n(x) \Big) \mathrm{d}x = \lim_{n \to \infty} \int_E s_n(x) \mathrm{d}x = \lim_{n \to \infty} \sum_{k=1}^{n} \int_E f_k(x) \mathrm{d}x$$

$$= \sum_{n=1}^{\infty} \int_E f_n(x) \mathrm{d}x.$$

L 积分不仅具有有限可加性,还满足下面的可数可加性,这就使得它在应用上方便很多.

例 2 证明:$\int_{(0,1)} \frac{x^k}{1-x} \ln \frac{1}{x} \mathrm{d}x = \sum_{n=1}^{\infty} \frac{1}{(k+n)^2}$ $(k > -1)$.

证明 当 $|x| < 1$ 时,$\frac{1}{1-x} = \sum_{n=0}^{\infty} x^n$,所以

$$\frac{x^k}{1-x} \ln \frac{1}{x} = \sum_{n=0}^{\infty} x^{k+n} \ln \frac{1}{x} \quad (x \in (0,1)).$$

因为 $x^{k+n} \ln \frac{1}{x}$ 在 $(0,1)$ 内连续,所以其为 $(0,1)$ 上的可测函数. 又 $x^{k+n} \ln \frac{1}{x} > 0$ $(n = 0, 1, 2, \cdots)$,由定理 3,有

$$\int_{(0,1)} \frac{x^k}{1-x} \ln \frac{1}{x} \mathrm{d}x = \int_{(0,1)} \left(\sum_{n=0}^{\infty} x^{k+n} \ln \frac{1}{x} \right) \mathrm{d}x = \sum_{n=0}^{\infty} \int_{(0,1)} x^{k+n} \ln \frac{1}{x} \mathrm{d}x$$

$$= \sum_{n=0}^{\infty} \int_0^1 x^{k+n} \ln \frac{1}{x} \mathrm{d}x = \sum_{n=0}^{\infty} \frac{1}{(k+n+1)^2} = \sum_{n=1}^{\infty} \frac{1}{(k+n)^2}.$$

推论(L 积分的可数可加性) 设 $f(x)$ 在可测集 E 上有 L 积分,$E = \bigcup_{i=1}^{\infty} E_i$,其中 E_i $(i = 1, 2, \cdots)$ 为互不相交的 E 的可测子集,则

$$\int_E f(x) \mathrm{d}x = \sum_{i=1}^{\infty} \int_{E_i} f(x) \mathrm{d}x.$$

证明 设

$$f_i(x) = \begin{cases} f^+(x), & x \in E_i, \\ 0, & x \in E - E_i \end{cases} \quad (i = 1, 2, \cdots),$$

则 $\{f_i(x)\}_{i=1}^{\infty}$ 为 E 上的非负可测函数列,且 $f^+(x) = \sum_{i=1}^{\infty} f_i(x)$. 由勒贝格逐项积分定理,有

$$\int_E f^+(x) \mathrm{d}x = \int_E \sum_{i=1}^{\infty} f_i(x) \mathrm{d}x = \sum_{i=1}^{\infty} \int_E f_i(x) \mathrm{d}x = \sum_{i=1}^{\infty} \int_{E_i} f^+(x) \mathrm{d}x.$$

同理可证

$$\int_E f^-(x) \mathrm{d}x = \sum_{i=1}^{\infty} \int_{E_i} f^-(x) \mathrm{d}x.$$

因为 $f(x)$ 在 E 上有 L 积分,所以 $\int_E f^+(x) \mathrm{d}x$ 与 $\int_E f^-(x) \mathrm{d}x$ 至少有一个为有限值. 因此

$$\int_E f(x)\mathrm{d}x = \int_E f^+(x)\mathrm{d}x - \int_E f^-(x)\mathrm{d}x$$
$$= \sum_{i=1}^{\infty}\int_{E_i} f^+(x)\mathrm{d}x - \sum_{i=1}^{\infty}\int_{E_i} f^-(x)\mathrm{d}x$$
$$= \sum_{i=1}^{\infty}\int_{E_i} [f^+(x) - f^-(x)]\mathrm{d}x$$
$$= \sum_{i=1}^{\infty}\int_{E_i} f(x)\mathrm{d}x.$$

三、法都引理

法都引理是所有非负可测函数列都具有的性质,其常用于判断极限函数的 L 可积性.

定理 4(法都引理) 设 $\{f_n(x)\}_{n=1}^{\infty}$ 为可测集 E 上的非负可测函数列,则
$$\int_E \varliminf_{n\to\infty} f_n(x)\mathrm{d}x \leqslant \varliminf_{n\to\infty}\int_E f_n(x)\mathrm{d}x.$$

证明 令 $g_n(x) = \inf_{k\geqslant 0}\{f_{n+k}(x)\}$ $(x\in E)$,则 $\{g_n(x)\}_{n=1}^{\infty}$ 是 E 上的非负单调递增可测函数列,$g_n(x)\leqslant f_n(x)$ $(n=1,2,\cdots)$,且
$$\varliminf_{n\to\infty} f_n(x) = \lim_{n\to\infty} g_n(x).$$

由勒维渐升列积分定理,有
$$\int_E \varliminf_{n\to\infty} f_n(x)\mathrm{d}x = \int_E \lim_{n\to\infty} g_n(x)\mathrm{d}x = \lim_{n\to\infty}\int_E g_n(x)\mathrm{d}x$$
$$= \varliminf_{n\to\infty}\int_E g_n(x)\mathrm{d}x \leqslant \varliminf_{n\to\infty}\int_E f_n(x)\mathrm{d}x.$$

注意:由于对该定理中的函数列 $\{f_n(x)\}_{n=1}^{\infty}$ 没有假定递增性,故结论中的严格不等号确实可以成立.例如,设 $f_n(x) = nx^{n-1}$ $(x\in[0,1];n=1,2,\cdots)$.根据 R 可积与 L 可积的关系,因 $f_n(x)$ 在 $[0,1]$ 上连续,故其 R 可积,从而其在 $[0,1]$ 上也 L 可积,且
$$\int_{[0,1]} f_n(x)\mathrm{d}x = \int_0^1 f_n(x)\mathrm{d}x = \int_0^1 nx^{n-1}\mathrm{d}x = [x^n]_0^1 = 1.$$

所以 $\varliminf_{n\to\infty}\int_{[0,1]} f_n(x)\mathrm{d}x = 1.$ 而 $\varliminf_{n\to\infty} f_n(x) = 0$ $(x\in[0,1))$,故
$$\int_{[0,1]} \varliminf_{n\to\infty} f_n(x)\mathrm{d}x = \int_{[0,1)} \varliminf_{n\to\infty} f_n(x)\mathrm{d}x = 0.$$

于是
$$\int_{[0,1]} \varliminf_{n\to\infty} f_n(x)\mathrm{d}x < \varliminf_{n\to\infty}\int_{[0,1]} f_n(x)\mathrm{d}x.$$

思考:非负可测函数列下极限的 L 积分与其 L 积分的下极限有什么关系?

§5.4 勒贝格积分的极限定理

虽然 L 积分与广义 R 积分无必然联系,但在满足一定的条件下,由广义 R 积分的存在性可以推出其 L 积分的存在性,且二者的积分值相同,即下面的定理 5 与定理 6.

定理 5 设 $f(x)$ 为 $(a,b]$ 上的非负有界连续函数,且 $\lim\limits_{x \to a^+} f(x) = +\infty$. 若瑕积分 $\int_a^b f(x) \mathrm{d}x$ (黎曼反常积分——被积函数为无界函数的情形)存在,则 $f(x)$ 在 $[a,b]$ 上 L 可积,且

$$\int_{[a,b]} f(x) \mathrm{d}x = \int_a^b f(x) \mathrm{d}x.$$

证明 补充定义 $f(a) = +\infty$. 因为 $f(x)$ 在 $(a,b]$ 上连续,所以其在 $(a,b]$ 上一定可测. 而单点集 $\{a\}$ 为零测集,故 $f(x)$ 在 $\{a\}$ 上也可测. 于是 $f(x)$ 在 $(a,b] \bigcup \{a\} = [a,b]$ 上为可测函数.

任取一个单调递减的正数列 $\{\varepsilon_n\}_{n=1}^{\infty}$,使其满足:$0 < \varepsilon_n < b - a$,且 $\lim\limits_{n \to \infty} \varepsilon_n = 0$. 令 $\varphi_n(x)$ 为 $[a + \varepsilon_n, b]$ 的示性函数, $f_n(x) = \varphi_n(x) f(x)$ $(n = 1, 2, \cdots)$. 因 $f(x)$ 在 $[a + \varepsilon_n, b]$ 上 R 可积,故 $f(x)$ 在 $[a + \varepsilon_n, b]$ 上也 L 可积,从而 $f_n(x)$ 在 $[a,b]$ 上 L 可积,且

$$\int_{[a,b]} f_n(x) \mathrm{d}x = \int_{[a+\varepsilon_n, b]} f_n(x) \mathrm{d}x = \int_{[a+\varepsilon_n, b]} f(x) \mathrm{d}x = \int_{a+\varepsilon_n}^b f(x) \mathrm{d}x.$$

因为 $f(x)$ 在 $(a,b]$ 上的瑕积分存在且非负,所以

$$\int_a^b f(x) \mathrm{d}x = \lim_{n \to \infty} \int_{a+\varepsilon_n}^b f(x) \mathrm{d}x.$$

由 $f_n(x)$ 的定义,可知 $\{f_n(x)\}_{n=1}^{\infty}$ 为 $[a,b]$ 上的单调递增非负可测函数列且几乎处处收敛到 $f(x)$. 根据勒维渐升列积分定理,有

$$\int_{[a,b]} f(x) \mathrm{d}x = \lim_{n \to \infty} \int_{[a,b]} f_n(x) \mathrm{d}x = \lim_{n \to \infty} \int_{[a+\varepsilon_n, b]} f_n(x) \mathrm{d}x$$

$$= \lim_{n \to \infty} \int_{a+\varepsilon_n}^b f(x) \mathrm{d}x = \int_a^b f(x) \mathrm{d}x.$$

注意:结论对其他类型的瑕积分也成立.

定理 6 设 $f(x)$ 为 $[a, +\infty)$ 上的非负有界函数,且 $f(x)$ 在 $[a, +\infty)$ 上的无穷限积分 $\int_a^{+\infty} f(x) \mathrm{d}x$ (黎曼反常积分——积分区间为无限区间)存在,则 $f(x)$ 在 $[a, +\infty)$ 上 L 可积,且

$$\int_{[a, +\infty)} f(x) \mathrm{d}x = \int_a^{+\infty} f(x) \mathrm{d}x.$$

证明 因为 $f(x)$ 在 $[a, +\infty)$ 上的无穷限积分存在,所以对任意正整数 n, $f(x)$ 在 $[a, a+n]$ 上 R 可积,且

$$\int_a^{+\infty} f(x) \mathrm{d}x = \lim_{n \to \infty} \int_a^{a+n} f(x) \mathrm{d}x.$$

第五章 勒贝格积分理论

令 $\varphi_n(x)$ 为 $[a, a+n]$ 的示性函数，$f_n(x) = \varphi_n(x) f(x)$ $(n=1, 2, \cdots)$。因为 $f(x)$ 在 $[a, a+n]$ 上 R 可积，所以 $f_n(x)$ 在 $[a, a+n]$ 上 L 可积。又因为在 $(a+n, +\infty)$ 上 $f_n(x) \equiv 0$，所以其在 $(a+n, +\infty)$ 上也 L 可积，从而 $f_n(x)$ 在 $[a, +\infty)$ 上 L 可积，且

$$\int_{[a,+\infty)} f_n(x) \mathrm{d}x = \int_{[a,a+n]} f_n(x) \mathrm{d}x = \int_{[a,a+n]} f(x) \mathrm{d}x = \int_a^{a+n} f(x) \mathrm{d}x.$$

由 $f_n(x)$ 的定义，可知 $\{f_n(x)\}_{n=1}^{\infty}$ 为 $[a, +\infty)$ 上的单调递增非负可测函数列且几乎处处收敛到 $f(x)$。根据勒维渐升列积分定理，有

$$\int_{[a,+\infty)} f(x) \mathrm{d}x = \lim_{n \to \infty} \int_{[a,+\infty)} f_n(x) \mathrm{d}x = \lim_{n \to \infty} \int_{[a,a+n]} f_n(x) \mathrm{d}x$$

$$= \lim_{n \to \infty} \int_a^{a+n} f(x) \mathrm{d}x = \int_a^{+\infty} f(x) \mathrm{d}x.$$

注意：结论对其他类型的无穷限积分也成立。

四、三大极限定理的等价性

前面我们利用勒贝格控制收敛定理证明了勒维渐升列积分定理，又利用勒维渐升列积分定理证明了法都引理。下面我们利用法都引理来证明勒贝格控制收敛定理，从而说明勒贝格积分三大极限定理的等价性，使我们更加深刻地认识到 L 积分在与极限交换次序方面较 R 积分的灵活性。

利用法都引理证明勒贝格控制收敛定理的过程如下：

我们仅在 $\lim\limits_{n \to \infty} f_n(x) = f(x)$ a.e. 于 E 的前提下证明结论成立。

因为在零测集上的情况不影响函数的可积性与积分值，所以假定在 E 上处处有

$$|f_n(x)| \leqslant F(x) \quad (n=1, 2, \cdots),$$

且

$$\lim_{n \to \infty} f_n(x) = f(x).$$

因为 $\{f_n(x)\}_{n=1}^{\infty}$ 为可测函数列，所以其极限函数 $f(x)$ 可测，且也有 $|f(x)| \leqslant F(x)$。又由 $F(x)$ 的 L 可积性，得 $f(x)$ 在 E 上 L 可积。

由于 $F(x) + f_n(x)$ 与 $F(x) - f_n(x)$ 均为 E 上的非负可测函数，由法都引理，有

$$\int_E (F(x) + f(x)) \mathrm{d}x = \int_E \lim_{n \to \infty} (F(x) + f_n(x)) \mathrm{d}x$$

$$\leqslant \varliminf_{n \to \infty} \int_E (F(x) + f_n(x)) \mathrm{d}x$$

$$= \int_E F(x) \mathrm{d}x + \varliminf_{n \to \infty} \int_E f_n(x) \mathrm{d}x,$$

$$\int_E (F(x) - f(x)) \mathrm{d}x = \int_E \lim_{n \to \infty} (F(x) - f_n(x)) \mathrm{d}x$$

$$\leqslant \varliminf_{n\to\infty}\int_E (F(x)-f_n(x))\mathrm{d}x$$
$$=\int_E F(x)\mathrm{d}x - \varlimsup_{n\to\infty}\int_E f_n(x)\mathrm{d}x.$$

因为 $F(x)$ 在 E 上 L 可积, 即 $\int_E F(x)\mathrm{d}x < +\infty$, 将上面两个不等式的两边同时减去 $\int_E F(x)\mathrm{d}x$, 可得

$$\int_E f(x)\mathrm{d}x \leqslant \varliminf_{n\to\infty}\int_E f_n(x)\mathrm{d}x,$$
$$\int_E f(x)\mathrm{d}x \geqslant \varlimsup_{n\to\infty}\int_E f_n(x)\mathrm{d}x.$$

因此

$$\int_E f(x)\mathrm{d}x \leqslant \varliminf_{n\to\infty}\int_E f_n(x)\mathrm{d}x \leqslant \varlimsup_{n\to\infty}\int_E f_n(x)\mathrm{d}x \leqslant \int_E f(x)\mathrm{d}x,$$

即 $\lim\limits_{n\to\infty}\int_E f_n(x)\mathrm{d}x$ 存在, 且

$$\lim_{n\to\infty}\int_E f_n(x)\mathrm{d}x = \int_E f(x)\mathrm{d}x.$$

五、黎曼积分存在的充分必要条件

在数学分析中, 我们已经给出了几个 R 可积的充分必要条件. 下面给出的 R 可积的充分必要条件较以往的简洁, 它使我们清晰地看到了 R 可积函数的构造. 该结论只有利用实变函数论的相关理论才能证得.

定理 7 设 $f(x)$ 为闭区间 $[a,b]$ 上的有界函数, 则 $f(x)$ 在 $[a,b]$ 上 R 可积当且仅当其在 $[a,b]$ 上几乎处处连续.

证明 **必要性** 对任意正整数 n, 将 $[a,b]$ 等分为 2^n 个小区间, 得到 $[a,b]$ 的一个分割
$$\Delta_n: a = x_0^{(n)} < x_1^{(n)} < \cdots < x_{2^n}^{(n)} = b.$$

令
$$M_i^{(n)} = \sup_{x_{i-1}^{(n)} \leqslant x \leqslant x_i^{(n)}} f(x), \quad m_i^{(n)} = \inf_{x_{i-1}^{(n)} \leqslant x \leqslant x_i^{(n)}} f(x) \quad (i=1,2,\cdots,2^n),$$
$$\overline{\psi}_n(x) = \sum_{i=1}^{2^n} M_i^{(n)} \varphi_{[x_{i-1}^{(n)}, x_i^{(n)})}(x), \quad \underline{\psi}_n(x) = \sum_{i=1}^{2^n} m_i^{(n)} \varphi_{[x_{i-1}^{(n)}, x_i^{(n)})}(x),$$

其中 $\varphi_{[x_{i-1}^{(n)}, x_i^{(n)})}(x)$ 为 $[x_{i-1}^{(n)}, x_i^{(n)})$ 的示性函数, 则有

$$\overline{S}_{\Delta_n} = \sum_{i=1}^{2^n} M_i^{(n)} (x_i^{(n)} - x_{i-1}^{(n)}) = \int_a^b \overline{\psi}_n(x)\mathrm{d}x,$$

$$s_{\Delta_n} = \sum_{i=1}^{2^n} m_i^{(n)} (x_i^{(n)} - x_{i-1}^{(n)}) = \int_a^b \underline{\psi}_n(x) \mathrm{d}x.$$

因为 Δ_n 的分点都是 Δ_{n+1} 的分点,所以

$$\underline{\psi}_n(x) \leqslant \underline{\psi}_{n+1}(x) \leqslant f(x) \leqslant \overline{\psi}_{n+1}(x) \leqslant \overline{\psi}_n(x).$$

令

$$b(x) = \lim_{n\to\infty} \underline{\psi}_n(x), \quad B(x) = \lim_{n\to\infty} \overline{\psi}_n(x),$$

则

$$b(x) \leqslant f(x) \leqslant B(x).$$

因为 $f(x)$ 在 $[a,b]$ 上 R 可积,所以

$$\lim_{n\to\infty} (S_{\Delta_n} - s_{\Delta_n}) = 0,$$

即

$$\lim_{n\to\infty} \int_a^b (\overline{\psi}_n(x) - \underline{\psi}_n(x)) \mathrm{d}x = 0.$$

下面证明

$$\lim_{n\to\infty} \underline{\psi}_n(x) = b(x) = \lim_{n\to\infty} \overline{\psi}_n(x) = B(x) = f(x) \text{ a.e. } \exists E = [a,b]. \tag{5.1}$$

对任意正整数 k,令

$$E_k = E\left[B(x) - b(x) \geqslant \frac{1}{k}\right],$$

则

$$0 \leqslant \frac{1}{k} m E_k \leqslant \int_a^b (B(x) - b(x)) \mathrm{d}x \leqslant \int_a^b (\overline{\psi}_n(x) - \underline{\psi}_n(x)) \mathrm{d}x \to 0 \quad (n \to \infty).$$

因此 $\frac{1}{k} m E_k = 0$,从而 $m E_k = 0$. 又因为

$$E[B(x) - b(x) > 0] = \bigcup_{k=1}^{\infty} E_k,$$

所以

$$mE[B(x) - b(x) > 0] \leqslant \sum_{k=1}^{\infty} m E_k = 0,$$

即(5.1)式成立.

令 D 为 $f(x)$ 的全体不连续点构成的集合,D^* 为所有使(5.1)式不成立的点及 Δ_n ($n=1,2,\cdots$) 的全体分点构成的集合,则 $mD^* = 0$. 下面证明 $D \subset D^*$.

任取 $x_0 \in E$,使 $x_0 \notin D^*$,则

$$\lim_{n\to\infty} \underline{\psi}_n(x_0) = \lim_{n\to\infty} \overline{\psi}_n(x_0) = f(x_0).$$

对任意 $\varepsilon > 0$,选取 n_0 充分大,使

§ 5.4 勒贝格积分的极限定理

$$f(x_0)-\varepsilon<\underline{\psi}_n(x_0)\leqslant\overline{\psi}_n(x_0)<f(x_0)+\varepsilon.$$

又因为 x_0 不是 Δ_{n_0} 的分点,所以存在开区间 I,使 $x_0\in I$,且对任意 $x\in I$,有

$$f(x_0)-\varepsilon<\underline{\psi}_n(x_0)\leqslant f(x)\leqslant\overline{\psi}_n(x_0)<f(x_0)+\varepsilon.$$

上述事实说明 $f(x)$ 在 x_0 处连续,即 $x_0\notin D$. 因此 $D\subset D^*$ 成立. 于是

$$mD\leqslant mD^*=0.$$

充分性 任取 $x_0\in E$,使 $x_0\notin D$,则 $f(x)$ 在 x_0 处连续. 因此,对任意 $\varepsilon>0$,存在 $\delta>0$,当 $x\in E$ 且 $|x-x_0|<\delta$ 时,有

$$|f(x)-f(x_0)|<\frac{\varepsilon}{2}.$$

取 n 充分大,使 $\frac{b-a}{2^n}<\delta$. 设 $x_0\in[x_{i-1}^{(n)},x_i^{(n)})$,则 $[x_{i-1}^{(n)},x_i^{(n)})\subset(x_0-\delta,x_0+\delta)$,从而

$$0\leqslant\overline{\psi}_n(x_0)-\underline{\psi}_n(x_0)<\varepsilon.$$

故 $\lim_{n\to\infty}(\overline{\psi}_n(x_0)-\underline{\psi}_n(x_0))=0$. 因为 $mD=0$,所以

$$\lim_{n\to\infty}(\overline{\psi}_n(x)-\underline{\psi}_n(x))=0 \text{ a. e. } 于 E.$$

因为 $f(x)$ 在 $[a,b]$ 上有界,所以存在 $K>0$,使 $|f(x)|\leqslant K$. 因此

$$0\leqslant\overline{\psi}_n(x)-\underline{\psi}_n(x)\leqslant 2K.$$

由勒贝格有界收敛定理,有

$$\lim_{n\to\infty}(S_{\Delta_n}-s_{\Delta_n})=\lim_{n\to\infty}\int_E(\overline{\psi}_n(x)-\underline{\psi}_n(x))\mathrm{d}x=0,$$

故 $f(x)$ 在 $[a,b]$ 上 R 可积.

习 题 5.4

1. 证明: $\int_{(0,+\infty)}\frac{\sin\alpha x}{\mathrm{e}^x-1}\mathrm{d}x=\pi\left(\frac{1}{\mathrm{e}^{2\alpha\pi}-1}-\frac{1}{2\alpha\pi}+\frac{1}{2}\right)\ (\alpha>0).$

2. 证明: $\lim_{n\to\infty}\int_{(0,+\infty)}\frac{1}{\left(1+\frac{x}{n}\right)^n x^{1/n}}\mathrm{d}x=1.$

3. 证明: $\lim_{n\to\infty}\int_{(0,n)}\left(1-\frac{x}{n}\right)^n x^{a-1}\mathrm{d}x=\int_{(0,+\infty)}\mathrm{e}^{-x}x^{a-1}\mathrm{d}x.$

4. 设函数 $f(x)$ 在可测集 E 上 L 可积,$\{E_n\}_{n=1}^\infty$ 为 E 的一列单调递减的可测子集,证明:

$$\lim_{n\to\infty}\int_{E_n}f(x)\mathrm{d}x=\int_{\lim_{n\to\infty}E_n}f(x)\mathrm{d}x.$$

5. 设 $\{f_n(x)\}_{n=1}^\infty$ 与 $\{g_n(x)\}_{n=1}^\infty$ 均为可测集 E 上的可测函数列,$\lim_{n\to\infty}f_n(x)=f(x)$,$\lim_{n\to\infty}g_n(x)=g(x)$,且 $|f_n(x)|\leqslant g_n(x)\ (x\in E;n=1,2,\cdots).$ 若

$$\lim_{n\to\infty}\int_E g_n(x)\mathrm{d}x = \int_E g(x)\mathrm{d}x < +\infty,$$

证明:
$$\lim_{n\to\infty}\int_E f_n(x)\mathrm{d}x = \int_E f(x)\mathrm{d}x.$$

6. 设 $mE < +\infty$, $\{f_n(x)\}_{n=1}^{\infty}$ 为 E 上几乎处处取有限值的可测函数列,证明:
$$\lim_{n\to\infty}\int_E \frac{|f_n(x)|}{1+|f_n(x)|}\mathrm{d}x = 0 \quad \text{当且仅当} \quad f_n(x) \Rightarrow 0 \text{ 于 } E.$$

7. 设 $\{f_n(x)\}_{n=1}^{\infty}$ 为可测集 E 上的 L 可积函数列,$\lim_{n\to\infty} f_n(x) = f(x)$ a.e. 于 E,且存在常数 $K > 0$,使 $\int_E |f_n(x)|\mathrm{d}x < K$,证明: $f(x)$ 在 E 上 L 可积.

8. 设函数列 $\{f_n(x)\}_{n=1}^{\infty}$ 与函数 $f(x)$ 均在可测集 E 上 L 可积,且
$$\lim_{n\to\infty} f_n(x) = f(x) \text{ a.e. 于 } E, \quad \lim_{n\to\infty}\int_E |f_n(x)|\mathrm{d}x = \int_E |f(x)|\mathrm{d}x,$$

证明:对 E 的任意可测子集 e,均有
$$\lim_{n\to\infty}\int_e |f_n(x)|\mathrm{d}x = \int_e |f(x)|\mathrm{d}x.$$

第六章 勒贝格意义下的微分与不定积分

在数学分析中,我们研究了微分与黎曼积分之间的关系,得出在满足一定的条件下,二者互为逆运算.本章研究勒贝格积分意义下的微积分基本定理,给出牛顿-莱布尼茨公式成立的充分必要条件.因为勒贝格可积函数 $f(x)$ 的不定积分可以写成两个单调递增函数之差,即

$$F(x) = \int_{[a,x]} f^+(t)\mathrm{d}t - \int_{[a,x]} f^-(t)\mathrm{d}t,$$

所以我们的讨论首先从单调函数入手.由于有界变差函数本质上就是两个单调递增函数的差,不定积分的全体为有界变差函数类的子类并且为真子类——绝对连续函数类.

本章要解决以下三个问题:

(1) 勒贝格意义下微分与不定积分的定义是什么?

(2) $f(x)$ 满足什么条件时它的勒贝格不定积分可微,且

$$\left(\int_{[a,x]} f(t)\mathrm{d}t\right)' = f(x)$$

成立?

(3) $F(x)$ 满足什么条件时具有 L 可积的导函数,且

$$\int_{[a,x]} F'(t)\mathrm{d}t = F(x) - F(a)$$

成立?

§6.1 基本概念

一、导数

在数学分析中,我们曾经学习过导数的概念.若函数在一点处可导,其导数值一定为有限值.因为实变函数论研究的函数为广义实值函数,

第六章 勒贝格意义下的微分与不定积分

我们允许其在一点处的导数值为 $+\infty$ 或 $-\infty$，即下面推广的导数概念. 本节还将给出函数在一点处的右上、右下、左上、左下导数以及列导数的概念，并研究它们与可导的关系.

定义 1 设 $f(x)$ 为在闭区间 $[a,b]$ 上取有限值的函数，$x_0 \in (a,b)$. 若极限

$$\lim_{h \to 0} \frac{f(x_0+h)-f(x_0)}{h}$$

存在（为有限值或 ∞），则称 $f(x)$ 在 x_0 处**可导**，并称此极限值为 $f(x)$ 在 x_0 处的**导数**，记为 $f'(x_0)$.

若极限

$$\lim_{h \to 0^+} \frac{f(a+h)-f(a)}{h}$$

存在（为有限值或 ∞），则称 $f(x)$ 在 $x_0=a$ 处**右可导**，并称此极限值为 $f(x)$ 在 $x_0=a$ 处的**右导数**，记为 $f'_+(a)$.

若极限

$$\lim_{h \to 0^-} \frac{f(b+h)-f(b)}{h}$$

存在（为有限值或 ∞），则称 $f(x)$ 在 $x_0=b$ 处**左可导**，并称此极限值为 $f(x)$ 在 $x_0=b$ 处的**左导数**，记为 $f'_-(b)$.

若 $f(x)$ 在 (a,b) 内的每一点处都可导，且在 a 处右可导，在 b 处左可导，则称 $f(x)$ 为 $[a,b]$ 上的**可导函数**，也称为**可微函数**，其**导函数**（简称为**导数**）记为 $f'(x)$.

定义 2 设 $f(x)$ 为在闭区间 $[a,b]$ 上取有限值的函数，$x_0 \in [a,b]$. 若下列极限存在（为有限值或 ∞）：

$$\varlimsup_{h \to 0^+} \frac{f(x_0+h)-f(x_0)}{h}, \quad \varliminf_{h \to 0^+} \frac{f(x_0+h)-f(x_0)}{h},$$

$$\varlimsup_{h \to 0^-} \frac{f(x_0+h)-f(x_0)}{h}, \quad \varliminf_{h \to 0^-} \frac{f(x_0+h)-f(x_0)}{h},$$

则分别称它们为 $f(x)$ 在 x_0 处的**右上导数、右下导数、左上导数、左下导数**，依次记为 $D^+ f(x_0)$，$D_+ f(x_0)$，$D^- f(x_0)$，$D_- f(x_0)$.

注意：$f(x)$ 在 x_0 处可导当且仅当其在 x_0 处的右上、右下、左上、左下导数均存在且相等，其导数等于这四个导数的共同值.

定义 3 设 $f(x)$ 为在闭区间 $[a,b]$ 上取有限值的函数，$x_0 \in (a,b)$，数列 $\{h_n\}_{n=1}^{\infty}$ 满足：$h_n \neq 0$，$x_0+h_n \in [a,b]$ $(n=1,2,\cdots)$，$\lim_{n \to \infty} h_n = 0$. 若极限

$$\lim_{n \to \infty} \frac{f(x_0+h_n)-f(x_0)}{h_n}$$

存在（为有限值或 ∞），则称此极限值为 $f(x)$ 在 x_0 处的一个**列导数**，记为 $Df(x_0)$.

注意:列导数的存在性与数列 $\{h_n\}_{n=1}^{\infty}$ 的选取有关. 例如,设 $f(x)=|x|$ $(x\in(-1,1))$, 取 $h_n=\dfrac{1}{n}$ $(n=1,2,\cdots)$, 则

$$\mathrm{D}f(0)=\lim_{n\to\infty}\frac{f(0+h_n)-f(0)}{h_n}=\lim_{n\to\infty}\frac{\dfrac{1}{n}-0}{\dfrac{1}{n}}=1;$$

取 $h_n=-\dfrac{1}{n}$ $(n=1,2,\cdots)$, 则

$$\mathrm{D}f(0)=\lim_{n\to\infty}\frac{f(0+h_n)-f(0)}{h_n}=\lim_{n\to\infty}\frac{\dfrac{1}{n}-0}{-\dfrac{1}{n}}=-1.$$

定理 1 函数 $f(x)$ 在 x_0 处可导当且仅当 $f(x)$ 在 x_0 处的所有列导数存在且相等,其导数为所有列导数的共同值.

证明 必要性显然.

下证充分性. 下面仅就导数为有限值的情形进行证明,导数为 ∞ 时类似可证. 我们采用反证法. 已知 $f(x)$ 在 x_0 处的所有列导数存在且都等于 a. 假设 $f(x)$ 在 x_0 处不可导,即极限

$$\lim_{h\to 0}\frac{f(x_0+h)-f(x_0)}{h}$$

不存在. 于是,存在 $\varepsilon_0>0$, 对任意 $\delta>0$, 总有 h: $0<|h|<\delta$, 使

$$\left|\frac{f(x_0+h)-f(x_0)}{h}-a\right|\geqslant\varepsilon_0.$$

取 $\delta=\dfrac{1}{n}$, 则有 h_n: $0<|h_n|<\dfrac{1}{n}$, 使

$$\left|\frac{f(x_0+h_n)-f(x_0)}{h_n}-a\right|\geqslant\varepsilon_0.$$

因为 $h_n\neq 0$ $(n=2,3,\cdots)$, 且 $\lim\limits_{n\to\infty}h_n=0$, 但

$$\lim_{n\to\infty}\left|\frac{f(x_0+h_n)-f(x_0)}{h_n}-a\right|\geqslant\varepsilon_0,$$

所以 $f(x)$ 在 x_0 处对应于数列 $\{h_n\}_{n=2}^{\infty}$ 的列导数不是 a. 这与假设矛盾,从而 $f(x)$ 在 x_0 处必可导.

例如,考查定义在闭区间 $[0,1]$ 上的狄利克雷函数

$$f(x)=\begin{cases} 1, & x\text{ 为 }[0,1]\text{ 上的有理数}, \\ 0, & x\text{ 为 }[0,1]\text{ 上的无理数}. \end{cases}$$

设 x_0 为有理数. 当取 $\{h_n\}_{n=1}^{\infty}$ 为有理数列时,有

$$\mathrm{D}f(x_0) = \lim_{n\to\infty} \frac{f(x_0+h_n)-f(x_0)}{h_n} = 0;$$

当取 $\{h_n\}_{n=1}^\infty$ 为正无理数列时,有

$$\mathrm{D}f(x_0) = \lim_{n\to\infty} \frac{f(x_0+h_n)-f(x_0)}{h_n} = -\infty;$$

当取 $\{h_n\}_{n=1}^\infty$ 为负无理数列时,有

$$\mathrm{D}f(x_0) = \lim_{n\to\infty} \frac{f(x_0+h_n)-f(x_0)}{h_n} = +\infty.$$

由定理 1,$f(x)$ 在 x_0 处不可导.

二、勒贝格不定积分

R 积分理论有两大组成部分,即 R 定积分与不定积分. 在数学分析中,我们先讨论 R 不定积分,后讨论 R 定积分. 对 L 积分理论而言,情况恰好相反. 前面已经研究了 L 积分(定积分),下面仿照 R 不定积分给出 L 不定积分的定义.

定义 4 设函数 $f(x)$ 在闭区间 $[a,b]$ 上勒贝格可积,称定义在 $[a,b]$ 上的函数

$$F(x) = \int_{[a,x]} f(t)\mathrm{d}t + C \quad (x\in[a,b])$$

为 $f(x)$ 的**勒贝格不定积分**,简称为 **L 不定积分**或**不定积分**,其中 C 为任意常数.

由 L 不定积分的定义与 L 积分的性质,不难得到 L 不定积分具有下面的线性性质:若 $f(x)$ 与 $g(x)$ 均在 $[a,b]$ 上 L 可积,k_1 和 k_2 为常数,则

$$\int_{[a,x]} [k_1 f(t)+k_2 g(t)]\mathrm{d}t = k_1 \int_{[a,x]} f(t)\mathrm{d}t + k_2 \int_{[a,x]} g(t)\mathrm{d}t \quad (x\in[a,b]).$$

三、有界变差函数

为了研究 L 不定积分与微分之间的关系,下面定义一种比连续函数更广泛的函数——有界变差函数,并研究它的性质及其与单调函数之间的关系.

定义 5 设 $f(x)$ 为在闭区间 $[a,b]$ 上取有限值的函数. 在 $[a,b]$ 上任取一组分点 $x_1,x_2,\cdots,x_{n-1}$,得到 $[a,b]$ 的一个分割

$$\Delta: a=x_0<x_1<\cdots<x_{n-1}<x_n=b.$$

称和式

$$V_a^b(f,\Delta) = \sum_{i=1}^n |f(x_i)-f(x_{i-1})|$$

为 $f(x)$ 关于分划 Δ 的**变差**.

若存在 $M>0$,使对于 $[a,b]$ 的任意分割 Δ,有

$$V_a^b(f,\Delta) \leqslant M,$$

则称 $f(x)$ 为 $[a,b]$ 上的**有界变差函数**.

若 $f(x)$ 为 $[a,b]$ 上的有界变差函数,则其所有变差构成的集合有上界,从而存在上确界 $\sup_{\Delta}\{V_a^b(f,\Delta)\}$,其中 Δ 为 $[a,b]$ 的所有可能分割. 称此上确界为 $f(x)$ 在 $[a,b]$ 上的**总变差**,记做 $V_a^b(f)$.

当 x 在 $[a,b]$ 上变化时, $f(x)$ 在 $[a,x]$ 上的总变差 $V_a^x(f)$ 构成一个函数, 称其为**总变差函数**.

闭区间 $[a,b]$ 上的全体总变差函数构成的函数类记为 $V[a,b]$.

注意:(1) $[a,b]$ 上的单调有界函数 $f(x)$ 是有界变差函数,且总变差为 $|f(b)-f(a)|$. 特别地,常值函数是有界变差函数,且其总变差为 0.

事实上,设 $f(x)$ 在 $[a,b]$ 上单调递增、有界, Δ 为 $[a,b]$ 的任意分割,因为
$$f(x_i)-f(x_{i-1})\geqslant 0,$$
所以
$$V_a^b(f,\Delta)=\sum_{i=1}^n |f(x_i)-f(x_{i-1})|=\sum_{i=1}^n (f(x_i)-f(x_{i-1}))$$
$$=f(b)-f(a)<+\infty.$$

故 $f(x)$ 为 $[a,b]$ 上的有界变差函数,且总变差为
$$V_a^b(f)=\sup_{\Delta}\{V_a^b(f,\Delta)\}=f(b)-f(a).$$

同理可证,若 $f(x)$ 在 $[a,b]$ 上单调递减、有界,则
$$V_a^b(f)=f(a)-f(b).$$

(2) 若 $f(x)$ 在 $[a,b]$ 上满足李普希茨(Lipschitz,1832—1930)条件,即存在 $L>0$,使对任意 $x,y\in[a,b]$,有
$$|f(x)-f(y)|\leqslant L|x-y|,$$
则 $f(x)$ 为 $[a,b]$ 上的有界变差函数.

事实上,设 Δ 为 $[a,b]$ 的任意分割,则
$$V_a^b(f,\Delta)=\sum_{i=1}^n |f(x_i)-f(x_{i-1})|\leqslant \sum_{i=1}^n L|x_i-x_{i-1}|$$
$$=L\sum_{i=1}^n (x_i-x_{i-1})=L(b-a)<+\infty.$$

故 $f(x)$ 为 $[a,b]$ 上的有界变差函数.

(3) 闭区间上的连续函数不一定是有界变差函数.

例如,函数

第六章　勒贝格意义下的微分与不定积分

$$f(x) = \begin{cases} x\sin\dfrac{1}{x}, & x \in (0,1], \\ 0, & x = 0 \end{cases}$$

为闭区间 $[0,1]$ 上的连续函数. 取 $[0,1]$ 的分割

$$\Delta: 0 < \frac{1}{(n-2)\pi + \frac{\pi}{2}} < \frac{1}{(n-3)\pi + \frac{\pi}{2}} < \cdots < \frac{1}{\pi + \frac{\pi}{2}} < \frac{1}{\frac{\pi}{2}} < 1,$$

则

$$\begin{aligned}
V_0^1(f,\Delta) &= \sum_{i=1}^{n} |f(x_i) - f(x_{i-1})| \\
&\geqslant \sum_{i=2}^{n-1} \left| x_i \sin\frac{1}{x_i} - x_{i-1} \sin\frac{1}{x_{i-1}} \right| \\
&= \sum_{i=2}^{n-1} \left| \frac{\pm 1}{[(n-1)-i]\pi + \frac{\pi}{2}} - \frac{\mp 1}{[(n-1)-(i-1)]\pi + \frac{\pi}{2}} \right| \\
&= \sum_{i=2}^{n-1} \left\{ \frac{1}{[(n-1)-i]\pi + \frac{\pi}{2}} + \frac{1}{[(n-1)-(i-1)]\pi + \frac{\pi}{2}} \right\} \\
&= \sum_{j=1}^{n-2} \left[\frac{1}{(j-1)\pi + \frac{\pi}{2}} + \frac{1}{j\pi + \frac{\pi}{2}} \right] \\
&\geqslant \frac{1}{\pi} \sum_{j=1}^{n-2} \frac{1}{j} \to +\infty \quad (n \to \infty).
\end{aligned}$$

故 $f(x)$ 在 $[0,1]$ 上不是有界变差函数.

(4) 因为单调函数不一定是连续函数,所以有界变差函数未必是连续函数.

由(3),连续函数也未必是有界变差函数.因此有界变差函数与连续函数之间没有必然的联系.

有界变差函数具有以下性质:

定理 2　(1) 若 $f(x)$ 为 $[a,b]$ 上的有界变差函数,则 $f(x)$ 在 $[a,b]$ 上有界;

(2) 若 $f(x)$ 为 $[a,b]$ 上的有界变差函数,$[c,d] \subset [a,b]$,则 $f(x)$ 也为 $[c,d]$ 上的有界变差函数;

(3) 若 $f(x)$ 在 $[a,c]$ 与 $[c,b]$ 上均为有界变差函数,则 $f(x)$ 在 $[a,b]$ 上也为有界变差函数,且

$$V_a^b(f) = V_a^c(f) + V_c^b(f);$$

(4) 若 $f(x)$ 与 $g(x)$ 均为 $[a,b]$ 上的有界变差函数,则 $f(x) \pm g(x)$,$f(x)g(x)$ 也为 $[a,b]$

上的有界变差函数.

证明 (1) 任取 $x \in (a,b)$，得到 $[a,b]$ 的一个分割
$$\Delta: a < x < b,$$
且 $f(x)$ 关于分割 Δ 的变差为
$$V_a^b(f, \Delta) = |f(x) - f(a)| + |f(b) - f(x)|.$$
因为 $f(x)$ 为 $[a,b]$ 上的有界变差函数，所以
$$V_a^b(f, \Delta) \leqslant V_a^b(f).$$
于是
$$|f(x)| - |f(a)| \leqslant |f(x) - f(a)| \leqslant |f(x) - f(a)| + |f(b) - f(x)| \leqslant V_a^b(f),$$
从而
$$|f(x)| \leqslant |f(a)| + V_a^b(f).$$
对于 $[a,b]$ 的分割 $\Delta: a < b$，有
$$|f(b) - f(a)| \leqslant V_a^b(f),$$
从而
$$|f(b)| = |f(b) - f(a) + f(a)| \leqslant |f(a)| + |f(b) - f(a)| \leqslant |f(a)| + V_a^b(f).$$
另外，$|f(a)| \leqslant |f(a)| + V_a^b(f)$ 显然成立.

取 $M = |f(a)| + V_a^b(f)$，则 $M > 0$，且对任意 $x \in [a,b]$，有 $|f(x)| \leqslant M$ 成立，即 $f(x)$ 在 $[a,b]$ 上有界.

(2) 设
$$\Delta: c = x_0 < x_1 < \cdots < x_n = d$$
为 $[c,d]$ 的任意分割，则
$$\Delta': a \leqslant c = x_0 < x_1 < \cdots < x_n = d \leqslant b$$
为 $[a,b]$ 的一个分割，且由变差的定义，有
$$V_c^d(f, \Delta) \leqslant V_a^b(f, \Delta') \leqslant V_a^b(f).$$
由分割 Δ 的任意性，知 $V_a^b(f) \geqslant 0$ 为所有 $V_c^d(f, \Delta)$ 的上界，故 $f(x)$ 为 $[c,d]$ 上的有界变差函数.

(3) 一方面，设
$$\Delta: a = x_0 < x_1 < \cdots < x_n = b$$
为 $[a,b]$ 的任意分割. 如果有某个 $x_i = c$，则 Δ 可拆成 $[a,c]$ 的一个分割 Δ_1 与 $[c,b]$ 的一个分割 Δ_2，且
$$V_a^b(f, \Delta) = V_a^c(f, \Delta_1) + V_c^b(f, \Delta_2) \leqslant V_a^c(f) + V_c^b(f).$$
如果没有 $x_i = c$，将 c 插入 Δ，得到 $[a,b]$ 的一个新的分割
$$\Delta': a = x_0 < x_1 < \cdots < x_{k-1} < c < x_k < \cdots < x_n = b,$$

于是
$$V_a^b(f,\Delta)\leqslant V_a^b(f,\Delta')\leqslant V_a^c(f)+V_c^b(f).$$
因此,对$[a,b]$的任意分割Δ,有
$$V_a^b(f,\Delta)\leqslant V_a^c(f)+V_c^b(f).$$
由Δ的任意性,得
$$V_a^b(f)\leqslant V_a^c(f)+V_c^b(f).$$
另一方面,设$\Delta_1: a=x_0<x_1<\cdots<x_n=c$ 与 $\Delta_2: c=y_0<y_1<\cdots<y_m=b$ 分别为$[a,c]$与$[c,b]$的任意分割,则
$$\Delta_3: a=x_0<x_1<\cdots<x_n=y_0<y_1<\cdots<y_m=b$$
为$[a,b]$的一个分割,且
$$V_a^c(f,\Delta_1)+V_c^b(f,\Delta_2)=V_a^b(f,\Delta_3)\leqslant V_a^b(f).$$
由Δ_1与Δ_2的任意性,得
$$V_a^c(f)+V_c^b(f)\leqslant V_a^b(f).$$
综上,有
$$V_a^b(f)=V_a^c(f)+V_c^b(f).$$

(4) 令$F(x)=f(x)+g(x)$. 因为
$$\begin{aligned}|F(x_i)-F(x_{i-1})|&=|f(x_i)-f(x_{i-1})+g(x_i)-g(x_{i-1})|\\&\leqslant|f(x_i)-f(x_{i-1})|+|g(x_i)-g(x_{i-1})|,\end{aligned}$$
所以
$$V_a^b(F)\leqslant V_a^b(f)+V_a^b(g).$$
由于$f(x)$与$g(x)$均为$[a,b]$上的有界变差函数,故$F(x)$也为$[a,b]$上的有界变差函数.

同理可证$f(x)-g(x)$为$[a,b]$上的有界变差函数.

令$G(x)=f(x)g(x)$. 因为$f(x)$与$g(x)$均为$[a,b]$上的有界变差函数,所以一定有界,即存在$K_1,K_2>0$,使对任意$x\in[a,b]$,有
$$|f(x)|\leqslant K_1,\quad |g(x)|\leqslant K_2.$$
于是
$$\begin{aligned}|G(x_i)-G(x_{i-1})|&=|f(x_i)g(x_i)-f(x_{i-1})g(x_{i-1})|\\&=|f(x_i)g(x_i)-f(x_{i-1})g(x_i)+f(x_{i-1})g(x_i)-f(x_{i-1})g(x_{i-1})|\\&\leqslant|g(x_i)||f(x_i)-f(x_{i-1})|+|f(x_{i-1})||g(x_i)-g(x_{i-1})|\\&\leqslant K_2|f(x_i)-f(x_{i-1})|+K_1|g(x_i)-g(x_{i-1})|.\end{aligned}$$
因此
$$V_a^b(G)\leqslant K_2V_a^b(f)+K_1V_a^b(g),$$
从而$G(x)$为$[a,b]$上的有界变差函数.

§6.1 基本概念

定义 6 设 $f(x)$ 为闭区间 $[a,b]$ 上的有界函数,
$$\Delta: a=x_0<x_1<\cdots<x_{n-1}<x_n=b$$
为 $[a,b]$ 的一个分割. 将 $f(x)$ 关于分割 Δ 的变差分为两个部分:
$$\overset{+}{V}{}_a^b(f,\Delta)=\sum_{f(x_i)\geqslant f(x_{i-1})}|f(x_i)-f(x_{i-1})|=\sum_{f(x_i)\geqslant f(x_{i-1})}[f(x_i)-f(x_{i-1})],$$
$$\overset{-}{V}{}_a^b(f,\Delta)=\sum_{f(x_i)<f(x_{i-1})}|f(x_i)-f(x_{i-1})|=\sum_{f(x_i)<f(x_{i-1})}[f(x_{i-1})-f(x_i)],$$

分别称 $\overset{+}{V}{}_a^b(f,\Delta)$ 与 $\overset{-}{V}{}_a^b(f,\Delta)$ 为 $f(x)$ 关于分割 Δ 的**正变差**与**负变差**.

显然,有
$$V_a^b(f,\Delta)=\overset{+}{V}{}_a^b(f,\Delta)+\overset{-}{V}{}_a^b(f,\Delta),$$
且当 $f(x)$ 在 $[a,b]$ 上为有界变差函数时, $\overset{+}{V}{}_a^b(f,\Delta)$ 与 $\overset{-}{V}{}_a^b(f,\Delta)$ 均为有界的. 分别称
$$\overset{+}{V}{}_a^b(f)=\sup_\Delta\{\overset{+}{V}{}_a^b(f,\Delta)\} \quad \text{与} \quad \overset{-}{V}{}_a^b(f)=\sup_\Delta\{\overset{-}{V}{}_a^b(f,\Delta)\}$$
为 $f(x)$ 在 $[a,b]$ 上的**正总变差**与**负总变差**.

定理 3 设 $f(x)$ 为闭区间 $[a,b]$ 上的有界变差函数, 则

(1) $V_a^b(f)=\overset{+}{V}{}_a^b(f)+\overset{-}{V}{}_a^b(f)$;

(2) $\overset{+}{V}{}_a^b(f)-\overset{-}{V}{}_a^b(f)=f(b)-f(a)$;

(3) $f(x)=\overset{+}{V}{}_a^x(f)+f(a)-\overset{-}{V}{}_a^x(f)$.

证明 (1) 设 Δ 为 $[a,b]$ 的任意分割, 则
$$V_a^b(f,\Delta)=\overset{+}{V}{}_a^b(f,\Delta)+\overset{-}{V}{}_a^b(f,\Delta)\leqslant\overset{+}{V}{}_a^b(f)+\overset{-}{V}{}_a^b(f).$$
对上式左边取上确界,得
$$V_a^b(f)\leqslant\overset{+}{V}{}_a^b(f)+\overset{-}{V}{}_a^b(f).$$

又因为
$$\overset{+}{V}{}_a^b(f,\Delta)+\overset{-}{V}{}_a^b(f,\Delta)=V_a^b(f,\Delta)\leqslant V_a^b(f),$$
对上式左边取上确界,得
$$\overset{+}{V}{}_a^b(f)+\overset{-}{V}{}_a^b(f)\leqslant V_a^b(f).$$

综上,有
$$V_a^b(f)=\overset{+}{V}{}_a^b(f)+\overset{-}{V}{}_a^b(f).$$

(2) 对 $[a,b]$ 的任意分割 Δ,有

第六章 勒贝格意义下的微分与不定积分

$$\overset{+}{V}{}_a^b(f,\Delta) - \overset{-}{V}{}_a^b(f,\Delta) = \sum_{f(x_i) \geqslant f(x_{i-1})} [f(x_i) - f(x_{i-1})] - \sum_{f(x_i) < f(x_{i-1})} [f(x_{i-1}) - f(x_i)]$$

$$= \sum_{i=1}^n [f(x_i) - f(x_{i-1})] = f(b) - f(a).$$

因上式对$[a,b]$的任意分割都成立,故

$$\overset{+}{V}{}_a^b(f) - \overset{-}{V}{}_a^b(f) = f(b) - f(a).$$

(3) 任取$x \in [a,b]$,因为$f(x)$为$[a,b]$上的有界变差函数,所以$f(x)$在$[a,x]$上也为有界变差函数. 由(2),得

$$\overset{+}{V}{}_a^x(f) - \overset{-}{V}{}_a^x(f) = f(x) - f(a), \quad 即 \quad f(x) = \overset{+}{V}{}_a^x(f) + f(a) - \overset{-}{V}{}_a^x(f).$$

下面的定理揭示了有界变差函数与单调函数之间的关系.

定理 4(约当分解定理) $f(x)$为闭区间$[a,b]$上的有界变差函数当且仅当$f(x)$在$[a,b]$上可以表示为两个单调递增有界函数之差.

证明 必要性 由正总变差与负总变差的定义,$\overset{+}{V}{}_a^x(f)$与$\overset{-}{V}{}_a^x(f)$均为$[a,b]$上的单调递增有界函数. 再由定理3(3),有$f(x) = \overset{+}{V}{}_a^x(f) + f(a) - \overset{-}{V}{}_a^x(f)$,即$f(x)$表示成了两个单调递增有界函数的差.

充分性 因为闭区间上的单调有界函数均为有界变差函数,且两个有界变差函数的差依然是有界变差函数,所以充分性成立.

注意:因为单调函数的间断点都是第一类的,且其全体间断点构成的集合为至多可数集,由约当分解定理,有界变差函数的间断点也都是第一类的,且其全体间断点构成的集合为至多可数集,即有界变差函数为几乎处处连续的,因此有界变差函数是黎曼可积的.

定理 5 设$f_n(x)$ $(n=1,2,\cdots)$均为闭区间$[a,b]$上的有界变差函数,$\sum_{n=1}^\infty V_a^b(f_n) < +\infty$,且函数项级数$\sum_{n=1}^\infty f_n(x)$在$[a,b]$上收敛于和函数$s(x)$,则$s(x)$也为$[a,b]$上的有界变差函数,且$V_a^b(s) \leqslant \sum_{n=1}^\infty V_a^b(f_n)$.

证明 对于$[a,b]$的任意分割

$$\Delta: a = x_0 < x_1 < \cdots < x_{m-1} < x_m = b,$$

有

$$V_a^b(s,\Delta) = \sum_{i=1}^m |s(x_i) - s(x_{i-1})| = \sum_{i=1}^m \left| \sum_{n=1}^\infty f_n(x_i) - \sum_{n=1}^\infty f_n(x_{i-1}) \right|$$

$$= \sum_{i=1}^m \left| \sum_{n=1}^\infty (f_n(x_i) - f_n(x_{i-1})) \right| \leqslant \sum_{i=1}^m \sum_{n=1}^\infty |f_n(x_i) - f_n(x_{i-1})|$$

$$= \sum_{n=1}^{\infty} \sum_{i=1}^{m} |f_n(x_i) - f_n(x_{i-1})| \leqslant \sum_{n=1}^{\infty} V_a^b(f_n).$$

由 Δ 的任意性及 $\sum_{n=1}^{\infty} V_a^b(f_n) < +\infty$,可知 $s(x)$ 为 $[a,b]$ 上的有界变差函数,且有

$$V_a^b(s) \leqslant \sum_{n=1}^{\infty} V_a^b(f_n).$$

四、绝对连续函数

在考查 L 不定积分与微分关系的过程中,通过对不定积分性质的研究,使我们可以得到勒贝格意义下的牛顿-莱布尼茨公式. 在讨论过程中,找到了使公式成立的函数类——绝对连续函数类. 下面给出这类函数的定义并研究其简单性质.

定义 7 设 $f(x)$ 为闭区间 $[a,b]$ 上的有界函数. 若对任意 $\varepsilon > 0$,存在 $\delta > 0$,使对 $[a,b]$ 中任意有限个互不相交的开区间 (a_i, b_i) $(i=1,2,\cdots,n)$,只要 $\sum_{i=1}^{n}(b_i - a_i) < \delta$,总有

$$\sum_{i=1}^{n} |f(b_i) - f(a_i)| < \varepsilon,$$

则称 $f(x)$ 为 $[a,b]$ 上的**绝对连续函数**,也称 $f(x)$ 在 $[a,b]$ 上**绝对连续**.

注意:(1) 若 $f(x)$ 在闭区间 $[a,b]$ 上 L 可积,则其不定积分

$$F(x) = \int_{[a,x]} f(t) \mathrm{d}t + C$$

是 $[a,b]$ 上的绝对连续函数.

事实上,因为 $f(x)$ 在 $[a,b]$ 上 L 可积,由 L 积分的性质,$|f(x)|$ 在 $[a,b]$ 上也 L 可积. 再由积分的绝对连续性,对任意 $\varepsilon > 0$,存在 $\delta > 0$,使当 $A \subset E$ 且 $mA < \delta$ 时,有

$$\int_A |f(x)| \mathrm{d}x < \varepsilon.$$

设 (a_i, b_i) $(i=1,2,\cdots,n)$ 为 $[a,b]$ 中任意 n 个互不相交的开区间,且 $\sum_{i=1}^{n}(b_i - a_i) < \delta$.

令 $A = \bigcup_{i=1}^{n}(a_i, b_i)$,则

$$mA = m\Big(\bigcup_{i=1}^{n}(a_i, b_i)\Big) \leqslant \sum_{i=1}^{n} m(a_i, b_i) = \sum_{i=1}^{n}(b_i - a_i) < \delta.$$

于是

$$\sum_{i=1}^{n} |F(b_i) - F(a_i)| = \sum_{i=1}^{n} \Big| \int_{[a,b_i]} f(x) \mathrm{d}x - \int_{[a,a_i]} f(x) \mathrm{d}x \Big| = \sum_{i=1}^{n} \Big| \int_{[a_i,b_i]} f(x) \mathrm{d}x \Big|$$

第六章　勒贝格意义下的微分与不定积分

$$\leqslant \sum_{i=1}^{n} \int_{[a_i,b_i]} |f(x)|\,dx = \int_{A} |f(x)|\,dx < \varepsilon.$$

由定义,$F(x)$在$[a,b]$上绝对连续.

(2) 若$f(x)$在闭区间$[a,b]$上满足李普希茨条件,则$f(x)$为$[a,b]$上的绝对连续函数.

事实上,因为$f(x)$在$[a,b]$上满足李普希茨条件,所以存在$L>0$,使对任意$x,y\in[a,b]$,有

$$|f(x)-f(y)|\leqslant L|x-y|.$$

于是,对任意$\varepsilon>0$,取$\delta=\dfrac{\varepsilon}{L}$,对于$[a,b]$中任意$n$个互不相交的开区间$(a_i,b_i)$ $(i=1,2,\cdots,n)$,当$\sum_{i=1}^{n}(b_i-a_i)<\delta$时,有

$$\sum_{i=1}^{n}|f(b_i)-f(a_i)|\leqslant L\sum_{i=1}^{n}(b_i-a_i)<L\delta=\varepsilon,$$

即$f(x)$在$[a,b]$上绝对连续.

(3) 绝对连续函数一定是有界变差函数.

事实上,设$f(x)$在闭区间$[a,b]$上绝对连续,由定义,取$\varepsilon=1$,存在$\delta>0$,当$[a,b]$中互不相交的n个开区间(a_i,b_i) $(i=1,2,\cdots,n)$满足$\sum_{i=1}^{n}(b_i-a_i)<\delta$时,有

$$\sum_{i=1}^{n}|f(b_i)-f(a_i)|<1.$$

设$N=\left[\dfrac{b-a}{\delta}\right]+1$,此处$\left[\dfrac{b-a}{\delta}\right]$表示$\dfrac{b-a}{\delta}$的整数部分.将$[a,b]$分成$N$等份,其分点为$y_0=a,y_1,\cdots,y_{N-1},y_N=b$,每个小区间的长度为

$$\frac{b-a}{N}=\frac{b-a}{\left[\dfrac{b-a}{\delta}\right]+1}<\frac{b-a}{\dfrac{b-a}{\delta}}=\delta.$$

于是,对于$[a,b]$的任意分割

$$\Delta: a=x_0<x_1<\cdots<x_{n-1}<x_n=b,$$

将$y_1,\cdots,y_{N-1}$添加进去,得到$[a,b]$的一个新的分割

$$\Delta': a=z_0<z_1<\cdots<z_m=b.$$

则

$$V_a^b(f,\Delta)\leqslant V_a^b(f,\Delta')=\sum_{i=1}^{m}|f(z_i)-f(z_{i-1})|$$

$$=\sum_{k=1}^{N}\sum_{y_{k-1}\leqslant z_{i-1}<z_i\leqslant y_k}|f(z_i)-f(z_{i-1})|$$

$$< \sum_{k=1}^{N} 1 = N,$$

即 $f(x)$ 是 $[a,b]$ 上的有界变差函数.

这里 $\sum_{y_{k-1} \leqslant z_{i-1} < z_i \leqslant y_k} |f(z_i) - f(z_{i-1})| < 1$ 的原因是：满足 $y_{k-1} \leqslant z_{i-1} < z_i \leqslant y_k$ 的开区间 (z_{i-1}, z_i) 为 $[y_{k-1}, y_k]$ 内互不相交的开区间，且 $y_k - y_{k-1} < \delta$，所以

$$\sum_{y_{k-1} \leqslant z_{i-1} < z_i \leqslant y_k} (z_i - z_{i-1}) < \delta,$$

从而

$$\sum_{y_{k-1} \leqslant z_{i-1} < z_i \leqslant y_k} |f(z_i) - f(z_{i-1})| < 1.$$

(4) 闭区间上处处可导的函数未必绝对连续. 例如，函数

$$f(x) = \begin{cases} x^2 \cos \dfrac{1}{x^2}, & x \neq 0, \\ 0, & x = 0 \end{cases}$$

在 $[-1,1]$ 上处处可导，但其不是 $[-1,1]$ 上的绝对连续函数. 事实上，

$$f'(x) = \begin{cases} \lim_{\Delta x \to 0} \dfrac{1}{\Delta x} \cdot \left((\Delta x)^2 \cos \dfrac{1}{(\Delta x)^2} \right) = 0, & x = 0, \\ 2x \cos \dfrac{1}{x^2} + \dfrac{2}{x} \sin \dfrac{1}{x^2}, & x \neq 0, \end{cases}$$

即 $f(x)$ 在 $[-1,1]$ 上处处可导. 而

$$\sum_{n=1}^{\infty} \left| f\left(\sqrt{\dfrac{1}{2n\pi}}\right) - f\left(\sqrt{\dfrac{1}{2n\pi + \dfrac{\pi}{2}}}\right) \right| = \sum_{n=1}^{\infty} \dfrac{1}{2n\pi} = +\infty,$$

故 $f(x)$ 在 $[-1,1]$ 上不是绝对连续的.

(5) 绝对连续函数一定一致连续，反之未必成立.

事实上，设 $f(x)$ 在闭区间 $[a,b]$ 上绝对连续，则对任意 $\varepsilon > 0$，存在 $\delta > 0$，使对 $[a,b]$ 中任意 n 个互不相交的开区间 (a_i, b_i) $(i = 1, 2, \cdots, n)$，当 $\sum_{i=1}^{n} (b_i - a_i) < \delta$ 时，有

$$\sum_{i=1}^{n} |f(b_i) - f(a_i)| < \varepsilon.$$

于是，对任意 $x_1, x_2 \in [a,b]$，当 $|x_2 - x_1| < \delta$ 时，有 $|f(x_2) - f(x_1)| < \varepsilon$. 此时即为在 $[a,b]$ 上只取一个开区间 (x_1, x_2). 这说明 $f(x)$ 在 $[a,b]$ 上一致连续.

反之，在闭区间上一致连续的函数未必绝对连续. 取

$$f(x) = \begin{cases} x^2 \cos \dfrac{1}{x^2}, & x \in (0,1], \\ 0, & x = 0, \end{cases}$$

则 $f(x)$ 在 $[0,1]$ 上一致连续. 由(4),知 $f(x)$ 在 $[0,1]$ 上不是绝对连续的.

定理 6 设 $f(x),g(x)$ 为闭区间 $[a,b]$ 上的绝对连续函数,则 $f(x)\pm g(x)$ 与 $f(x)g(x)$ 在 $[a,b]$ 上都是绝对连续函数;若 $g(x)\neq 0$ $(x\in[a,b])$,则 $\dfrac{f(x)}{g(x)}$ 在 $[a,b]$ 上也是绝对连续函数.

证明 我们只证明 $f(x)+g(x)$ 为 $[a,b]$ 上的绝对连续函数,其他情况可类似证明.

因为 $f(x)$ 为 $[a,b]$ 上的绝对连续函数,故对任意 $\varepsilon>0$,存在 $\delta_1>0$,使对于 $[a,b]$ 中任意 n 个互不相交的开区间 (a_i,b_i) $(i=1,2,\cdots,n)$,当 $\sum\limits_{i=1}^{n}(b_i-a_i)<\delta_1$ 时,有

$$\sum_{i=1}^{n}|f(b_i)-f(a_i)|<\frac{\varepsilon}{2}.$$

又因为 $g(x)$ 也为 $[a,b]$ 上的绝对连续函数,故对任意 $\varepsilon>0$,存在 $\delta_2>0$,使对于 $[a,b]$ 中任意 n 个互不相交的开区间 (a_i,b_i) $(i=1,2,\cdots,n)$,当 $\sum\limits_{i=1}^{n}(b_i-a_i)<\delta_2$ 时,有

$$\sum_{i=1}^{n}|g(b_i)-g(a_i)|<\frac{\varepsilon}{2}.$$

令 $\delta=\min\{\delta_1,\delta_2\}$,则对 $[a,b]$ 中任意 n 个互不相交的开区间 (a_i,b_i) $(i=1,2,\cdots,n)$,当 $\sum\limits_{i=1}^{n}(b_i-a_i)<\delta$ 时,有

$$\sum_{i=1}^{n}|(f(b_i)+g(b_i))-(f(a_i)+g(a_i))|=\sum_{i=1}^{n}|f(b_i)-f(a_i)+g(b_i)-g(a_i)|$$

$$\leqslant \sum_{i=1}^{n}|f(b_i)-f(a_i)|+\sum_{i=1}^{n}|g(b_i)-g(a_i)|$$

$$<\frac{\varepsilon}{2}+\frac{\varepsilon}{2}=\varepsilon.$$

故 $f(x)+g(x)$ 在 $[a,b]$ 上绝对连续.

注意:绝对连续函数的复合未必是绝对连续函数.例如,设

$$f(u)=\sqrt[3]{u} \ (u\in[-1,1]), \quad u=g(x)=\begin{cases} x^3\cos^3\dfrac{\pi}{x}, & x\in(0,1], \\ 0, & x=0, \end{cases}$$

则 $f(u)$ 为 $[-1,1]$ 上的绝对连续函数,$g(x)$ 为 $[0,1]$ 上的绝对连续函数,而复合函数

$$f[g(x)]=\begin{cases} x\cos\dfrac{\pi}{x}, & x\in(0,1], \\ 0, & x=0, \end{cases}$$

在 $[0,1]$ 上不是绝对连续的(见习题 6.1 的第 4 题与第 5 题).

习　题　6.1

1. 设 $f(x)$ 为闭区间 $[a,b]$ 上的函数，证明：$V_a^b(f)=0$ 当且仅当 $f(x)$ 为 $[a,b]$ 上的常值函数.

2. 设 $\{f_n(x)\}_{n=1}^{\infty}$ 为闭区间 $[a,b]$ 上的一列有界变差函数，且存在常数 $K>0$，使 $V_a^b(f_n)\leqslant K$ $(n=1,2,\cdots)$. 若 $\lim\limits_{n\to\infty}f_n(x)=f(x)$，且 $|f(x)|<+\infty$，证明：$f(x)$ 为 $[a,b]$ 上的有界变差函数.

3. 证明定理 6 中的 $f(x)-g(x), f(x)g(x), \dfrac{f(x)}{g(x)}$ $(g(x)\neq 0, x\in[a,b])$ 均为闭区间 $[a,b]$ 上的绝对连续函数.

4. 证明：函数 $g(x)=\begin{cases} x^3\cos^3\dfrac{\pi}{x}, & x\in(0,1], \\ 0, & x=0 \end{cases}$ 在闭区间 $[0,1]$ 上绝对连续.

5. 证明：函数 $f(x)=\begin{cases} x\cos\dfrac{\pi}{x}, & x\in(0,1], \\ 0, & x=0 \end{cases}$ 不是闭区间 $[0,1]$ 上的绝对连续函数.

6. 设函数 $f(x)$ 的导数 $f'(x)$ 在闭区间 $[a,b]$ 上处处存在且有界，证明：$f(x)$ 为 $[a,b]$ 上的绝对连续函数.

7. 讨论 $f(x)=x^\alpha\sin\dfrac{1}{x^\beta}$ $(x\in[0,1], \alpha,\beta>0)$ 是否为有界变差函数，是否为绝对连续函数.

§6.2　有界变差函数的可微性

通过前面的讨论，我们已经知道，单调有界函数、有界变差函数、绝对连续函数三者之间的关系，即有界变差函数可以表示为单调递增有界函数的差；绝对连续函数一定是有界变差函数. 上一节我们提到，闭区间 $[a,b]$ 上的有界变差函数在 $[a,b]$ 上是几乎处处连续且 R 可积的. 那么，自然而然的问题是：有界变差函数在 $[a,b]$ 上的导数是否存在？由有界变差函数与单调有界函数之间的关系（约当分解定理），我们从研究单调函数的导数情况入手.

一、单调函数的可微性

1872 年，德国数学家维尔斯特拉斯找到了一个处处连续但处处不可微的函数. 对于单调函数而言，虽然我们无法判断其在哪些点处可微，但其不可微点构成的集合的测度为零. 为了证明上述结论，首先给出下面的引理.

第六章 勒贝格意义下的微分与不定积分

引理 设函数 $f(x)$ 在闭区间 $[a,b]$ 上严格递增,$A \subset [a,b]$. 若对任意 $x \in A$,至少存在一个列导数 $\mathrm{D}f(x)$,使 $\mathrm{D}f(x) \leqslant r$ (或 $\mathrm{D}f(x) \geqslant r$),$r>0$,则

$$m^* f(A) \leqslant rm^* A \quad (\text{或 } m^* f(A) \geqslant rm^* A).$$

由于引理的证明过程比较复杂,这里我们不作要求.

定理 1 设 $f(x)$ 为闭区间 $[a,b]$ 上的单调有界函数,则

(1) $f(x)$ 在 $[a,b]$ 上几乎处处可导,即若记 $A=\{x \in [a,b] \mid f'(x) \text{ 不存在}\}$,则 $mA=0$;

(2) 在 A 中补充定义 $f'(x)$[①],则 $f'(x)$ 在 $[a,b]$ 上 L 可积;

(3) $\left| \int_{[a,b]} f'(x) \mathrm{d}x \right| \leqslant |f(b)-f(a)|$.

证明 我们仅就 $f(x)$ 为 $[a,b]$ 上递增函数的情形证明,递减函数的情形可类似证明.

(1) 令 $h(x)=x+f(x)$,由 $f(x)$ 在 $[a,b]$ 上有界,则 $h(x)$ 在 $[a,b]$ 上严格递增,且可导性与 $f(x)$ 相同. 设 $\widetilde{A}=\{x \in [a,b] \mid h'(x) \text{ 不存在}\}$,往证 $m\widetilde{A}=0$,从而 $mA=0$.

任取 $x \in \widetilde{A}$,则 $h(x)$ 在点 x 处不可导. 故至少存在两个列导数 $\mathrm{D}_1 h(x)$ 与 $\mathrm{D}_2 h(x)$,使 $\mathrm{D}_1 h(x) \neq \mathrm{D}_2 h(x)$. 不妨设 $\mathrm{D}_1 h(x) < \mathrm{D}_2 h(x)$. 因为 $h(x)$ 在 $[a,b]$ 上严格递增,所以列导数一定大于零. 由有理数的稠密性,存在两个正有理数 r,s,满足

$$\mathrm{D}_1 h(x) < r < s < \mathrm{D}_2 h(x).$$

令 $\widetilde{A}_{r,s}=\{x \mid \mathrm{D}_1 h(x) < r < s < \mathrm{D}_2 h(x)\}$,则 $\widetilde{A}=\bigcup_{r,s} \widetilde{A}_{r,s}$. 由上面的引理,有

$$sm^* \widetilde{A}_{r,s} \leqslant m^* h(\widetilde{A}_{r,s}) \leqslant rm^* \widetilde{A}_{r,s}.$$

又因为 $0<r<s$,所以

$$rm^* \widetilde{A}_{r,s} \leqslant sm^* \widetilde{A}_{r,s}.$$

因此 $m^* \widetilde{A}_{r,s}=0$. 于是

$$0 \leqslant m^* \widetilde{A} = m^* \bigcup_{r,s} \widetilde{A}_{r,s} \leqslant \sum_{r,s} m^* \widetilde{A}_{r,s} = 0,$$

即 $\widetilde{A}$ 为可测集,且 $m\widetilde{A}=0$,从而 $f(x)$ 在 $[a,b]$ 上几乎处处可导.

(2) 令

$$f_n(x) = \frac{f\left(x+\dfrac{1}{n}\right) - f(x)}{\dfrac{1}{n}} = n\left[f\left(x+\frac{1}{n}\right) - f(x)\right] \quad (n=1,2,\cdots),$$

并且规定当 $x>b$ 时,$f(x)=f(b)$. 由(1),知

$$\lim_{n \to \infty} f_n(x) = f'(x) \text{ a.e. 于 } [a,b].$$

[①] 对于 A 中的点 x,$f'(x)$ 可定义为任意有限值或 ∞. 本书以下对涉及 L 可积的几乎处处可导函数的导数均作这一处理,不再重复.

由 $f(x)$ 在 $[a,b]$ 上单调，可知其在 $[a,b]$ 上亦可测，于是 $f_n(x)$，$f'(x)$ 及 $|f'(x)|$ 均为 $[a,b]$ 上的可测函数. 根据法都引理与 $f(x)$ 的单调性，可得

$$\int_{[a,b]} f'(x) dx \leq \int_{[a,b]} |f'(x)| dx = \int_{[a,b]} \varliminf_{n\to\infty} |f_n(x)| dx \leq \varliminf_{n\to\infty} \int_{[a,b]} |f_n(x)| dx$$

$$= \lim_{n\to\infty} \int_{[a,b]} f_n(x) dx = \lim_{n\to\infty} \Big[n \int_{[a+\frac{1}{n}, b+\frac{1}{n}]} f(x) dx - n \int_{[a,b]} f(x) dx \Big]$$

$$= \lim_{n\to\infty} \Big[n \int_{[b, b+\frac{1}{n}]} f(x) dx - n \int_{[a, a+\frac{1}{n}]} f(x) dx \Big]$$

$$\leq \lim_{n\to\infty} [f(b) - f(a)] = f(b) - f(a),$$

故 $f'(x)$ 在 $[a,b]$ 上 L 可积.

(3) 由(2)的证明，知不等式成立.

注意：(1) 在研究函数的 L 可测性与 L 可积性时，几乎处处相等的函数可以看成一个；在研究函数的连续性与可微性时却不能这样做. 例如，设 $f(x) \equiv 0$ $(x \in [0,1])$，则 $f(x) = D(x)$ （狄利克雷函数）a.e. 于 $[0,1]$. 而 $f(x)$ 在 $[0,1]$ 上处处连续且处处可导，$f'(x) = 0$，但 $D(x)$ 在 $[0,1]$ 上处处不连续且处处不可导.

(2) 结论(3)中的不等式可取得"$<$"，即

$$\Big| \int_{[a,b]} f'(x) dx \Big| < |f(b) - f(a)|$$

可以成立. 例如，设

$$f(x) = \begin{cases} -1, & x \in [-1, 0), \\ 0, & x = 0, \\ 1, & x \in (0, 1], \end{cases}$$

则 $f(x)$ 在闭区间 $[-1,1]$ 上单调递增，$f'(x) = 0$ a.e. 于 $[-1,1]$. 于是 $\int_{[0,1]} f'(x) dx = 0$. 而 $f(1) - f(-1) = 2$，故

$$\int_{[-1,1]} f'(x) dx < f(1) - f(-1).$$

事实上，使"$<$"成立的函数有很多，即便 $[a,b]$ 上的连续单调函数也能做到使"$<$"成立.

二、有界变差函数的可微性

有了前面对单调函数可微性的讨论，结合有界变差函数与单调有界函数的关系，我们可以得到有界变差函数也是几乎处处可导的，即有下面的定理.

定理 2 设 $f(x)$ 为闭区间 $[a,b]$ 上的有界变差函数，则

(1) $f(x)$ 在 $[a,b]$ 上几乎处处可导；

第六章 勒贝格意义下的微分与不定积分

(2) $f'(x)$ 在 $[a,b]$ 上 L 可积；

(3) $\int_{[a,b]} |f'(x)| \, dx \leqslant V_a^b(f)$.

证明 由约当分解定理与定理 1，$f(x)$ 在 $[a,b]$ 上几乎处处可导，且 $f'(x)$ 在 $[a,b]$ 上 L 可积.

下面证明 $\int_{[a,b]} |f'(x)| \, dx \leqslant V_a^b(f)$.

由 §6.1 的定理 3(3)，有

$$f(x) = \overset{+}{V_a^x}(f) + f(a) - \overset{-}{V_a^x}(f),$$

其中 $\overset{+}{V_a^x}(f)$ 与 $\overset{-}{V_a^x}(f)$ 均为 $[a,b]$ 上的单调递增函数，故

$$f'(x) = (\overset{+}{V_a^x}(f))' - (\overset{-}{V_a^x}(f))' \text{ a. e. } 于 [a,b].$$

再由 $\overset{+}{V_a^x}(f) + \overset{-}{V_a^x}(f) = V_a^x(f)$ 与定理 1(3)，得

$$\int_{[a,b]} |f'(x)| \, dx = \int_{[a,b]} |(\overset{+}{V_a^x}(f))' - (\overset{-}{V_a^x}(f))'| \, dx$$

$$\leqslant \int_{[a,b]} (\overset{+}{V_a^x}(f))' \, dx + \int_{[a,b]} (\overset{-}{V_a^x}(f))' \, dx$$

$$\leqslant \overset{+}{V_a^b}(f) + \overset{-}{V_a^b}(f) = V_a^b(f).$$

注意：因为闭区间 $[a,b]$ 上的单调有界函数一定为有界变差函数，因此定理 1 为定理 2 的特殊情况.

定理 3 设 $f_n(x)$ $(n=1,2,\cdots)$ 均为闭区间 $[a,b]$ 上的有界变差函数，$\sum_{n=1}^{\infty} V_a^b(f_n) < +\infty$，且函数项级数 $\sum_{n=1}^{\infty} f_n(x)$ 在 $[a,b]$ 上收敛，和函数为 $s(x)$，则函数项级数 $\sum_{n=1}^{\infty} f'_n(x)$ 在 $[a,b]$ 上几乎处处收敛于 $s'(x)$.

证明 由定理 2，$f'_n(x)$ $(n=1,2,\cdots)$ 为 $[a,b]$ 上几乎处处有定义的可测函数，从而 $|f'_n(x)|$ 为 $[a,b]$ 上几乎处处有定义的非负可测函数. 令 $g(x) = \sum_{n=1}^{\infty} |f'_n(x)|$，则 $g(x)$ 为 $[a,b]$ 上几乎处处有定义的非负可测函数（取有限值或 $+\infty$）. 由勒贝格逐项积分定理，有

$$\int_{[a,b]} g(x) \, dx = \sum_{n=1}^{\infty} \int_{[a,b]} |f'_n(x)| \, dx \leqslant \sum_{n=1}^{\infty} V_a^b(f_n) < +\infty.$$

即 $g(x)$ 在 $[a,b]$ 上 L 可积，因此 $g(x) < +\infty$ a. e. 于 $[a,b]$. 这说明函数项级数 $\sum_{n=1}^{\infty} f'_n(x)$ 在 $[a,b]$ 上是几乎处处收敛的.

令 $h(x) = \sum_{n=1}^{\infty} f'_n(x)$，只需证 $s'(x) = h(x)$ a.e. 于 $[a,b]$. 由法都引理与定理 2，得

$$\int_{[a,b]} |s'(x) - h(x)| \mathrm{d}x = \int_{[a,b]} \left| s'(x) - \lim_{n\to\infty} \sum_{i=1}^{n} f'_i(x) \right| \mathrm{d}x = \int_{[a,b]} \lim_{n\to\infty} \left| s'(x) - \sum_{i=1}^{n} f'_i(x) \right| \mathrm{d}x$$

$$\leqslant \lim_{n\to\infty} \int_{[a,b]} \left| s'(x) - \sum_{i=1}^{n} f'_i(x) \right| \mathrm{d}x = \lim_{n\to\infty} \int_{[a,b]} \left| \left(s(x) - \sum_{i=1}^{n} f_i(x) \right)' \right| \mathrm{d}x$$

$$\leqslant \lim_{n\to\infty} V_a^b \left(s(x) - \sum_{i=1}^{n} f_i(x) \right) = \lim_{n\to\infty} V_a^b \left(\sum_{i=n+1}^{\infty} f_i(x) \right)$$

$$\leqslant \lim_{n\to\infty} \sum_{i=n+1}^{\infty} V_a^b(f_i) = 0,$$

即 $\int_{[a,b]} |s'(x) - h(x)| \mathrm{d}x = 0$. 由 §5.3 的定理 4，知 $s'(x) = h(x)$ a.e. 于 $[a,b]$.

习 题 6.2

1. 设 $f(x)$ 为闭区间 $[a,b]$ 上的连续函数，$g(x)$ 为 $[a,b]$ 上的有界变差函数，证明：$\int_a^x f(t)g'(t)\mathrm{d}t$ 也为 $[a,b]$ 上的有界变差函数.

2. 设 $f(x)$ 为闭区间 $[a,b]$ 上的有界变差函数，点列 $\{x_i\}_{i=1}^{\infty} \subset [a,b]$，且当 $x \neq x_i$ 时，$f(x) = 0$，证明：$f'(x) = 0$ a.e. 于 $[a,b]$.

§6.3 勒贝格积分意义下的牛顿-莱布尼茨公式

前面我们定义了勒贝格意义下的微分与不定积分，并讨论了闭区间 $[a,b]$ 上单调有界函数与有界变差函数的可微性. 有了前面的准备工作，本节将回答本章开始时提出的问题(2)和(3).

一、勒贝格积分意义下的积分上、下限函数及其性质

为了研究 L 不定积分与微分之间的关系，仿照 R 积分的做法，需要定义 L 积分上限函数与积分下限函数，并研究其性质.

定义 设函数 $f(x)$ 在闭区间 $[a,b]$ 上勒贝格可积，则可定义函数

$$F(x) = \int_{[a,x]} f(t)\mathrm{d}t \quad \text{与} \quad G(x) = \int_{[x,b]} f(t)\mathrm{d}t \quad (x \in [a,b]),$$

分别称它们为 $f(x)$ 在 $[a,b]$ 上的**勒贝格积分上限函数**与**勒贝格积分下限函数**，简称为 **L 积分上限函数**与 **L 积分下限函数**.

第六章 勒贝格意义下的微分与不定积分

引理 设函数 $f(x)$ 在闭区间 $[a,b]$ 上 L 可积. 若对任意 $c \in [a,b]$, 均有 $\int_{[a,c]} f(x)\mathrm{d}x \equiv 0$, 则

$$f(x) = 0 \text{ a. e. } 于 [a,b].$$

证明 采用反证法. 假若 $f(x) = 0$ a. e. 于 $E = [a,b]$ 不成立, 不妨设 $mE[f>0] > 0$. 因为

$$E[f>0] = \bigcup_{n=1}^{\infty} E\left[f \geq \frac{1}{n}\right],$$

所以存在 N, 使

$$mE\left[f \geq \frac{1}{N}\right] = \delta > 0.$$

由 $\int_{[a,c]} f(t)\mathrm{d}t \equiv 0$, 易知对 $[a,b]$ 中的任何区间 I, 有 $\int_I f(x)\mathrm{d}x = 0$. 又因为 $[a,b]$ 中的任何开集都可以表示成 $[a,b]$ 中至多可数个互不相交的开区间的并, 因此, 对任意开集 $G \subset [a,b]$, 有 $\int_G f(x)\mathrm{d}x = 0$. 于是, 对任意闭集 $F \subset [a,b]$, 因 $(a,b) - F = G$ 为开集, 故

$$\int_F f(x)\mathrm{d}x = \int_{[a,b]} f(x)\mathrm{d}x - \int_G f(x)\mathrm{d}x = 0 \quad (\text{区间的端点不影响积分值}).$$

取闭集 $F \subset E\left[f \geq \frac{1}{N}\right]$ 且 $mF \geq \frac{\delta}{2}$, 则有

$$0 = \int_F f(x)\mathrm{d}x \geq \frac{1}{N} \cdot mF \geq \frac{\delta}{2N} > 0,$$

产生矛盾. 故 $f(x) = 0$ a. e. 于 $[a,b]$.

定理 1 设函数 $f(x)$ 在闭区间 $[a,b]$ 上 L 可积, 则 L 积分上限函数

$$F(x) = \int_{[a,x]} f(t)\mathrm{d}t$$

在 $[a,b]$ 上绝对连续, 且 $F'(x) = f(x)$ a. e. 于 $[a,b]$, 即

$$\left(\int_{[a,x]} f(t)\mathrm{d}t\right)' = f(x) \text{ a. e. } 于 [a,b]. \tag{6.1}$$

证明 由 §6.1 中定义 7 后的注意 (1), $F(x)$ 在 $[a,b]$ 上绝对连续. 下证 (6.1) 式成立.

因为 $f(x)$ 在 $[a,b]$ 上 L 可积, 所以对任意 $c \in [a,b]$, $f(x)$ 在 $[a,c]$ 上也 L 可积. 由可积函数的连续逼近定理, 对任意 $\varepsilon > 0$, 存在 $[a,c]$ 上的连续函数 $\varphi(x)$, 使

$$\int_{[a,c]} |f(x) - \varphi(x)| \mathrm{d}x < \frac{\varepsilon}{2}.$$

因为 $\varphi(x)$ 在 $[a,c]$ 上连续, 所以其在 $[a,c]$ 上 R 可积. 于是

$$\left(\int_{[a,x]} \varphi(t)\mathrm{d}t\right)' = \left(\int_a^x \varphi(t)\mathrm{d}t\right)' = \varphi(x) \quad (x \in [a,c]),$$

§6.3 勒贝格积分意义下的牛顿-莱布尼茨公式

从而

$$\int_{[a,c]} \left| \left(\int_{[a,x]} f(t)\,\mathrm{d}t \right)' - f(x) \right| \mathrm{d}x$$

$$= \int_{[a,c]} \left| \left[\int_{[a,x]} (f(t)-\varphi(t))\,\mathrm{d}t \right]' + \varphi(x) - f(x) \right| \mathrm{d}x$$

$$\leqslant \int_{[a,c]} \left| \left[\int_{[a,x]} (f(t)-\varphi(t))\,\mathrm{d}t \right]' \right| \mathrm{d}x + \int_{[a,c]} |\varphi(x)-f(x)|\,\mathrm{d}x.$$

令 $h(x) = f(x) - \varphi(x)$,则 $h(x)$ 在 $[a,c]$ 上 L 可积. 因为 $h(x) = h^+(x) - h^-(x)$ ($h^+(x) \geqslant 0$, $h^-(x) \geqslant 0$),且积分上限函数

$$\int_{[a,x]} h^+(t)\,\mathrm{d}t \quad \text{与} \quad \int_{[a,x]} h^-(t)\,\mathrm{d}t$$

在 $[a,c]$ 上均为递增函数,所以

$$\left(\int_{[a,x]} h(t)\,\mathrm{d}t \right)' = \left(\int_{[a,x]} h^+(t)\,\mathrm{d}t - \int_{[a,x]} h^-(t)\,\mathrm{d}t \right)'$$

$$= \left(\int_{[a,x]} h^+(t)\,\mathrm{d}t \right)' - \left(\int_{[a,x]} h^-(t)\,\mathrm{d}t \right)'.$$

故

$$\int_{[a,c]} \left| \left(\int_{[a,x]} h(t)\,\mathrm{d}t \right)' \right| \mathrm{d}x \leqslant \int_{[a,c]} \left(\int_{[a,x]} h^+(t)\,\mathrm{d}t \right)' \mathrm{d}x + \int_{[a,c]} \left(\int_{[a,x]} h^-(t)\,\mathrm{d}t \right)' \mathrm{d}x$$

$$\leqslant \int_{[a,c]} h^+(x)\,\mathrm{d}x + \int_{[a,c]} h^-(x)\,\mathrm{d}x$$

$$= \int_{[a,c]} |h(x)|\,\mathrm{d}x.$$

因此

$$\int_{[a,c]} \left| \left(\int_{[a,x]} f(t)\,\mathrm{d}t \right)' - f(x) \right| \mathrm{d}x \leqslant 2 \int_{[a,c]} |f(x)-\varphi(x)|\,\mathrm{d}x < \varepsilon.$$

由 ε 的任意性,有

$$\int_{[a,c]} \left| \left(\int_{[a,x]} f(t)\,\mathrm{d}t \right)' - f(x) \right| \mathrm{d}x = 0.$$

再由上面的引理,有

$$\left| \left(\int_{[a,x]} f(t)\,\mathrm{d}t \right)' - f(x) \right| = 0 \text{ a.e. } \exists [a,b],$$

故

$$\left(\int_{[a,x]} f(t)\,\mathrm{d}t \right)' = f(x) \text{ a.e. } \exists [a,b].$$

上述定理告诉我们,对于 L 积分而言,积分上限函数的导数几乎处处等于被积函数. 这个结论与 R 积分相同. 利用与上述证明完全相同的方法可以证明 L 积分下限函数的相应结

论如下：

定理 2 设函数 $f(x)$ 在闭区间 $[a,b]$ 上 L 可积，则 L 积分下限函数

$$G(x) = \int_{[x,b]} f(t)\mathrm{d}t$$

在 $[a,b]$ 上绝对连续，且 $G'(x) = -f(x)$ a.e. 于 $[a,b]$，即

$$\left(\int_{[x,b]} f(t)\mathrm{d}t\right)' = -f(x) \text{ a.e. } 于 [a,b].$$

二、绝对连续函数的可微性——勒贝格积分意义下的牛顿-莱布尼茨公式

首先我们给出绝对连续函数的一个重要性质.

定理 3 设 $F(x)$ 为闭区间 $[a,b]$ 上的绝对连续函数，且 $F'(x)=0$ a.e. 于 $[a,b]$，则 $F(x)$ 在 $[a,b]$ 上为常值函数.

证明 只需证对任意 $c \in [a,b]$，均有 $F(c)=F(a)$.

因为 $F(x)$ 在 $[a,b]$ 上绝对连续，所以在其子区间 $E=[a,c]$ 上亦绝对连续，即对任意 $\varepsilon > 0$，存在 $\delta > 0$，使对 $[a,c]$ 中任意有限个互不相交的开区间 (a_i, c_i) $(i=1,2,\cdots,n)$，只要 $\sum_{i=1}^{n}(c_i - a_i) < \delta$，总有 $\sum_{i=1}^{n}|f(c_i) - f(a_i)| < \varepsilon$ 成立，

令 $E_0 = E[F'=0]$，则 $m(E-E_0)=0$. 对上述 $\delta > 0$，由外测度的定义，存在开集 $G \supset E-E_0$，满足 $mG < \delta$. 由一维空间中开集的构造，可知 $G = \bigcup_{i=1}^{m}(d_i, e_i)$，其中 (d_i, e_i) $(i=1,2,\cdots,m)$ 为 G 的构成区间，m 取有限值或 $+\infty$.

任取 $\xi_0 \in E_0$，则 $F'(\xi_0) = 0$，即

$$\lim_{x \to \xi_0} \frac{F(x) - F(\xi_0)}{x - \xi_0} = 0.$$

因此，对上述 $\varepsilon > 0$，存在 $h > 0$，当 $|x - \xi_0| < h$ 时，有

$$\left|\frac{F(x) - F(\xi_0)}{x - \xi_0}\right| < \frac{\varepsilon}{2(c-a)}.$$

于是开区间族

$$\{(d_i, e_i), (\xi_0 - h, \xi_0 + h) \mid 1 \leqslant i \leqslant m, \xi_0 \in E_0\}$$

构成 $[a,c]$ 的开覆盖. 由有限覆盖定理，上述覆盖存在有限子覆盖，不妨设为

$$\{(d_i, e_i), (\xi_j - h, \xi_j + h) \mid i=1,\cdots,p; j=1,\cdots,q\}.$$

在这些 $d_i, e_i, \xi_j - h, \xi_j + h$ $(i=1,\cdots,p; j=1,\cdots,q)$ 中加入适当的分点，得到 $[a,c]$ 的一个分割

$$\Delta: a = x_0 < x_1 < \cdots < x_{n-1} < x_n = b,$$

且每个区间(x_{k-1}, x_k)满足下列三种情形之一:

(1) $(x_{k-1}, x_k) \subset (d_i, e_i)$;

(2) $x_{k-1} = \xi_j$, 且 $(x_{k-1}, x_k) \subset (\xi_j, \xi_j + h_j)$;

(3) $x_k = \xi_j$, 且 $(x_{k-1}, x_k) \subset (\xi_j - h_j, \xi_j)$.

于是
$$|F(c) - F(a)| \leqslant \sum_{k=1}^n |F(x_k) - F(x_{k-1})|$$
$$= \sum_{(1)} |F(x_k) - F(x_{k-1})| + \sum_{(2),(3)} |F(x_k) - F(x_{k-1})|,$$

其中 $\sum_{(1)}$ 表示对满足(1)情形的所有区间求和, $\sum_{(2),(3)}$ 表示对满足(2),(3)的所有区间求和.

当 $mG < \delta$ 时, 包含在 (d_i, e_i) 中的所有区间 (x_{k-1}, x_k) 的长度总和也小于 δ, 故
$$\sum_{(1)} |F(x_k) - F(x_{k-1})| < \frac{\varepsilon}{2}.$$

又
$$\sum_{(2),(3)} |F(x_k) - F(x_{k-1})| < \sum_{(2),(3)} \frac{\varepsilon}{2(c-a)} (x_k - x_{k-1}) \leqslant \frac{\varepsilon}{2(c-a)} \cdot (c-a) = \frac{\varepsilon}{2},$$

因此
$$|F(c) - F(a)| < \frac{\varepsilon}{2} + \frac{\varepsilon}{2} = \varepsilon,$$

由 ε 的任意性, 得 $F(c) = F(a)$. 又由 $c \in [a,b]$ 的任意性, 知 $F(x)$ 在 $[a,b]$ 上为常值函数.

注意: 我们知道, 若 $F'(x) \equiv 0$ ($x \in [a,b]$), 则 $F(x) = c$ (c 为常数). 但若仅有 $F'(x) = 0$ a.e. 于 $[a,b]$, 则 $F(x)$ 在 $[a,b]$ 上未必恒为常数. 例如, 符号函数

$$\operatorname{sgn}(x) = \begin{cases} 1, & x > 0, \\ 0, & x = 0, \\ -1, & x < 0 \end{cases}$$

满足 $\operatorname{sgn}'(x) = 0$ a.e. 于 $[0,1]$, 但其在 $[0,1]$ 上不恒为常数. 所以该定理的条件"$F(x)$ 满足绝对连续性"是一个关键条件, 不可或缺.

因闭区间 $[a,b]$ 上的绝对连续函数一定为有界变差函数, 故其在 $[a,b]$ 上也几乎处处可导, 即有下面的定理.

定理 4 设 $F(x)$ 为闭区间 $[a,b]$ 上的绝对连续函数, 则

(1) $F(x)$ 在 $[a,b]$ 上几乎处处可导.

(2) $F'(x)$ 在 $[a,b]$ 上 L 可积.

(3) $F(x) = F(a) + \int_{[a,x]} F'(t) \mathrm{d}t$. 特别地, 有

第六章 勒贝格意义下的微分与不定积分

$$\int_{[a,b]} F'(x)\mathrm{d}x = F(b)-F(a) = [F(x)]_a^b.$$

证明 因为 $F(x)$ 在 $[a,b]$ 上绝对连续,所以其在 $[a,b]$ 上是有界变差函数.因此 $F(x)$ 在 $[a,b]$ 上几乎处处可导,且 $F'(x)$ 在 $[a,b]$ 上 L 可积.

设 $F'(x)=f(x)$ a.e. 于 $[a,b]$,记

$$\Phi(x) = \int_{[a,x]} f(t)\mathrm{d}t, \quad \Psi(x) = F(x)-\Phi(x).$$

因 $F(x)$ 及 $\Phi(x)$ 均为 $[a,b]$ 上的绝对连续函数,故 $\Psi(x)$ 在 $[a,b]$ 上也绝对连续,且

$$\Psi'(x) = F'(x)-\Phi'(x) = f(x)-f(x) = 0 \text{ a.e. } 于 [a,b].$$

于是,由定理 3,有 $\Psi(x)=C$ a.e. 于 $[a,b]$,即

$$F(x) = C + \int_{[a,x]} f(t)\mathrm{d}t,$$

其中 C 为某一常数.将 $x=a$ 代入上式,得 $C=F(a)$,故

$$F(x) = F(a) + \int_{[a,x]} f(t)\mathrm{d}t,$$

从而

$$F(x) = F(a) + \int_{[a,x]} F'(t)\mathrm{d}t.$$

特别地,当 x 取 b 时,有

$$\int_{[a,b]} F'(x)\mathrm{d}x = F(b)-F(a).$$

注意:该定理告诉我们,任何绝对连续函数都可以表示为一个 L 可积函数的不定积分.综合定理 1 与定理 4,我们得到下面的结论,即 L 积分意义下的牛顿-莱布尼茨公式.

定理 5(牛顿 - 莱布尼茨公式) $\int_{[a,x]} F'(t)\mathrm{d}t = F(x)-F(a)\ (x\in[a,b])$ 当且仅当 $F(x)$ 在 $[a,b]$ 上绝对连续.

证明 必要性即是定理 1,充分性即是定理 4.

例 设 $\{f_n(x)\}_{n=1}^{\infty}$ 为闭区间 $[a,b]$ 上的绝对连续函数列,满足条件:

(1) $\lim\limits_{n\to\infty} f_n(x) = f(x)\ (x\in[a,b])$;

(2) $|f_n'(x)| \leqslant F(x)$ a.e. 于 $[a,b]\ (n=1,2,\cdots)$,$F(x)$ 在 $[a,b]$ 上 L 可积;

(3) $\lim\limits_{n\to\infty} f_n'(x) = h(x)\ (x\in[a,b])$.

证明:$f'(x)=h(x)$ a.e. 于 $[a,b]$.

证明 因为 $f_n(x)\ (n=1,2,\cdots)$ 在 $[a,b]$ 上绝对连续,由勒贝格意义下的牛顿-莱布尼茨公式,有

$$\int_{[a,x]} f_n'(t)\mathrm{d}t = f_n(x)-f_n(a) \quad (n=1,2,\cdots).$$

由条件(2)与勒贝格控制收敛定理,有
$$\lim_{n\to\infty}\int_{[a,x]} f'_n(t)\,\mathrm{d}t = \int_{[a,x]} \lim_{n\to\infty} f'_n(t)\,\mathrm{d}t,$$
从而
$$f(x) - f(a) = \lim_{n\to\infty}(f_n(x) - f_n(a)) = \lim_{n\to\infty}\int_{[a,x]} f'_n(t)\,\mathrm{d}t$$
$$= \int_{[a,x]} \lim_{n\to\infty} f'_n(t)\,\mathrm{d}t = \int_{[a,x]} h(t)\,\mathrm{d}t.$$
由定理1,结论成立.

习　题　6.3

1. 设 $f(x)$ 为闭区间 $[a,b]$ 上的单调函数,且 $f'(x)$ 处处存在,证明: $f(x)$ 为 $[a,b]$ 上的绝对连续函数.

2. 设 $\{f_n(x)\}_{n=1}^{\infty}$ 为闭区间 $[a,b]$ 上单调递增的绝对连续函数列. 若级数 $\sum_{n=1}^{\infty} f_n(x)$ 在 $[a,b]$ 上收敛于 $f(x)$,证明: $f(x)$ 也为 $[a,b]$ 上的绝对连续函数.

3. 设 $\{f_n(x)\}_{n=1}^{\infty}$ 为闭区间 $[a,b]$ 上绝对连续的函数列,且存在 $\xi \in [a,b]$,使 $\sum_{n=1}^{\infty} f_n(\xi)$ 收敛. 若级数 $\sum_{n=1}^{\infty} \int_a^b |f'_n(x)|\,\mathrm{d}x$ 收敛,证明: $\sum_{n=1}^{\infty} f_n(x)$ 在 $[a,b]$ 上收敛,其和函数 $f(x)$ 在 $[a,b]$ 上绝对收敛,且 $f'(x) = \sum_{n=1}^{\infty} f'_n(x)$ a.e. 于 $[a,b]$.

§6.4　富比尼定理与分部积分公式

前面我们研究了勒贝格意义下的微分与不定积分的关系,得到 L 积分与微分互为逆运算,将数学分析中 R 积分的相应结果进行了推广. 在 R 积分中,我们研究了重积分与累次积分之间的关系,将计算重积分的问题转化为计算累次积分;也利用分部积分公式求得了一些函数的 R 积分. 上述结果对于 L 积分而言是否可以得到类似的推广呢? 答案是肯定的. 这也是本节我们要讨论的内容.

一、重积分与累次积分的关系

富比尼(Guido Fubini,1879—1943)定理给出了勒贝格意义下的重积分与累次积分的关系,其类似于黎曼意义下的重积分与累次积分的关系. 利用它可以将求 L 重积分的问题转化为求两次 L 积分.

第六章　勒贝格意义下的微分与不定积分

定理 1（富比尼定理）　设 $A\subset\mathbb{R}^p, B\subset\mathbb{R}^q$ 均为可测集，$f(x,y)$ 在 $A\times B$ 上 L 可积，则几乎对于所有的 $x\in A$，$f(x,y)$ 作为 y 的函数在 B 上 L 可积，积分 $\int_B f(x,y)\mathrm{d}y$ 作为 x 的函数在 A 上 L 可积，且

$$\int_{A\times B}f(x,y)\mathrm{d}x\mathrm{d}y=\int_A \mathrm{d}x\int_B f(x,y)\mathrm{d}y;$$

类似地，有

$$\int_{A\times B}f(x,y)\mathrm{d}x\mathrm{d}y=\int_B \mathrm{d}y\int_A f(x,y)\mathrm{d}x.$$

证明　情况 1：$f(x,y)\geqslant 0$. 由 §5.3 的定理 7，函数 $f(x,y)$ 的下方图形 $G(A\times B,f)$ 为 $\mathbb{R}^{p+q+1}$ 中的可测集，且

$$\int_{A\times B}f(x,y)\mathrm{d}x\mathrm{d}y=mG(A\times B,f),$$
$$mG(A\times B,f)=\int_A mG(A\times B,f)_x\mathrm{d}x,$$

其中 $mG(A\times B,f)_x$ 表示 $G(A\times B,f)$ 在 $x\subset A$ 处的截口 $G(A\times B,f)_x\subset\mathbb{R}^{q+1}$ 的测度，其在 A 上几乎处处有意义.

由于

$$G(A\times B,f)_x=\begin{cases}\{(y,z)\,|\,y\in B,0\leqslant z<f(x,y)\}, & x\in A,\\ \varnothing, & x\notin A,\end{cases}$$

所以对任意 $x\in A, G(A\times B,f)_x$ 即为将 x 固定，将 $f(x,y)$ 看成 y 的函数时，其在 B 上的下方图形. 因此，当 $G(A\times B,f)_x$ 可测时，有

$$mG(A\times B,f)_x=mG(B,f_{x\text{固定}})=\int_B f(x,y)\mathrm{d}y.$$

于是

$$\int_{A\times B}f(x,y)\mathrm{d}x\mathrm{d}y=mG(A\times B,f)=\int_A mG(A\times B,f)_x\mathrm{d}x$$
$$=\int_A \mathrm{d}x\int_B f(x,y)\mathrm{d}y.$$

情况 2：$f(x,y)$ 为一般的可测函数. 因为 $f(x,y)$ 在 $A\times B$ 上 L 可积，所以其正部函数 $f^+(x,y)$ 与负部函数 $f^-(x,y)$ 也在 $A\times B$ 上 L 可积. 将 $f^+(x,y)$ 与 $f^-(x,y)$ 同时应用情况 1 的结果，再由一般可测函数 L 积分的定义，得

$$\int_{A\times B}f(x,y)\mathrm{d}x\mathrm{d}y=\int_{A\times B}f^+(x,y)\mathrm{d}x\mathrm{d}y-\int_{A\times B}f^-(x,y)\mathrm{d}x\mathrm{d}y$$
$$=\int_A\mathrm{d}x\int_B f^+(x,y)\mathrm{d}y-\int_A\mathrm{d}x\int_B f^-(x,y)\mathrm{d}y$$

§6.4 富比尼定理与分部积分公式

$$= \int_A dx \left[\int_B f^+(x,y) dy - \int_B f^-(x,y) dy \right]$$

$$= \int_A dx \int_B [f^+(x,y) - f^-(x,y)] dy$$

$$= \int_A dx \int_B f(x,y) dy.$$

注意：该定理给出了 L 积分中高维积分与低维积分之间的关系. 我们看到, 在勒贝格意义下, 重积分化为累次积分的条件比 R 积分的弱得多.

下面为勒贝格意义下累次积分交换次序的定理.

推论 设 $A \subset \mathbb{R}^p, B \subset \mathbb{R}^q$ 均为可测集, 函数 $f(x,y)$ 在 $A \times B$ 上 L 可积, 则

$$\int_A dx \int_B f(x,y) dy = \int_B dy \int_A f(x,y) dx.$$

注意：(1) 由此推论, 我们看到在勒贝格意义下, 累次积分交换次序的条件也比 R 积分弱得多.

(2) 该推论的逆命题不真, 即由 $\int_A dx \int_B f(x,y) dy = \int_B dy \int_A f(x,y) dx$ 未必能推出 $f(x,y)$ 在 $A \times B$ 上 L 可积. 例如, 对于

$$f(x,y) = \begin{cases} \dfrac{xy}{(x^2+y^2)^2}, & x^2+y^2 > 0, \\ 0, & x^2+y^2 = 0, \end{cases}$$

因为 $f(x,y)$ 在 $[-1,1] \times [-1,1]$ 上关于 x 和 y 均为奇函数, 所以

$$\int_{[-1,1]} dx \int_{[-1,1]} f(x,y) dy = \int_{[-1,1]} dy \int_{[-1,1]} f(x,y) dx = 0.$$

但 $f(x,y)$ 在 $[-1,1] \times [-1,1]$ 上并不 L 可积. 事实上, 若 $f(x,y)$ 在 $[-1,1] \times [-1,1]$ 上 L 可积, 则其在 $[0,1] \times [0,1]$ 上一定也 L 可积, 且

$$\int_{[0,1] \times [0,1]} f(x,y) dx dy = \int_{[0,1]} dx \int_{[0,1]} f(x,y) dy.$$

然而

$$\int_{[0,1]} f(x,y) dy = \frac{1}{2} \left(\frac{1}{x} - \frac{x}{x^2+1} \right)$$

在 $[0,1]$ 上不 L 可积, 产生矛盾.

例 1 设函数 $f(x)$ 在 $A \subset \mathbb{R}^p$ 上 L 可积, 函数 $g(y)$ 在 $B \subset \mathbb{R}^q$ 上 L 可积, 证明: $f(x)g(y)$ 在 $A \times B$ 上 L 可积.

证明 因 $f(x)$ 在 A 上 L 可积, 故其在 A 上一定可测, 且几乎处处取有限值. 同理 $g(y)$ 为 B 上几乎处处取有限值的可测函数. 因此 $f(x)g(y)$ 在 $A \times B$ 上几乎处处有意义. 设

$$E_0 = \{(x,y) \in A \times B \mid f(x)g(y) \text{无意义}\},$$

则 $mE_0=0$,且 $f(x)g(y)$ 在 $A\times B-E_0$ 上可测. 由于函数在零测度集合上的取值不影响其 L 积分,将 $f(x)g(y)$ 在 E_0 上补充定义,使其在 E_0 有意义. 故可设 $f(x)g(y)$ 为 $A\times B$ 上的可测函数.

若 $f(x)$ 与 $g(y)$ 都是非负函数,由定理 1,有
$$\int_{A\times B}f(x)g(y)\mathrm{d}x\mathrm{d}y=\int_A\mathrm{d}x\int_B f(x)g(y)\mathrm{d}y=\int_A f(x)\mathrm{d}x\int_B g(y)\mathrm{d}y<+\infty,$$
即 $f(x)g(y)$ 在 $A\times B$ 上 L 可积.

若 $f(x)$ 与 $g(y)$ 都是一般的 L 可积函数,则 $f^+(x),f^-(x),g^+(y),g^-(y)$ 均为非负 L 可积的,且
$$\begin{aligned}f(x)g(y)&=(f^+(x)-f^-(x))(g^+(y)-g^-(y))\\ &=f^+(x)g^+(y)-f^+(x)g^-(y)-f^-(x)g^+(y)+f^-(x)g^-(y)\end{aligned}$$
中的每项都是 $A\times B$ 上的 L 可积函数,从而结论成立.

二、分部积分公式

与 R 积分类似,我们也有勒贝格意义下的分部积分公式.

定理 2(分部积分公式) 设函数 $f(x)$ 在闭区间 $[a,b]$ 上绝对连续,函数 $\gamma(x)$ 在 $[a,b]$ 上 L 可积,$g(x)=g(a)+\int_{[a,x]}\gamma(t)\mathrm{d}t$,则
$$\int_{[a,b]}f(x)g'(x)\mathrm{d}x=[f(x)g(x)]_a^b-\int_{[a,b]}f'(x)g(x)\mathrm{d}x.$$

证明 设 $D=\{(x,y)\mid a\leqslant y\leqslant x\leqslant b\}$. 因为 $f(x)$ 在 $[a,b]$ 上绝对连续,所以 $f'(x)$ 在 $[a,b]$ 上 L 可积. 令
$$F(x,y)=\begin{cases}\gamma(x)f'(y),&(x,y)\in D,\\ 0,&(x,y)\notin D,\end{cases}$$
则 $F(x,y)$ 在 $[a,b]\times[a,b]$ 上 L 可积. 由富比尼定理,有
$$\begin{aligned}\int_{[a,b]\times[a,b]}F(x,y)\mathrm{d}x\mathrm{d}y&=\int_{[a,b]}\mathrm{d}x\int_{[a,x]}\gamma(x)f'(y)\mathrm{d}y\\ &=\int_{[a,b]}\mathrm{d}y\int_{[y,b]}\gamma(x)f'(y)\mathrm{d}x.\end{aligned}$$

又因
$$\begin{aligned}\int_{[a,b]}\mathrm{d}x\int_{[a,x]}\gamma(x)f'(y)\mathrm{d}y&=\int_{[a,b]}\gamma(x)[f(x)-f(a)]\mathrm{d}x\\ &=\int_{[a,b]}\gamma(x)f(x)\mathrm{d}x-f(a)[g(b)-g(a)]\\ &=\int_{[a,b]}g'(x)f(x)\mathrm{d}x-f(a)[g(b)-g(a)],\end{aligned}$$

$$\int_{[a,b]} \mathrm{d}y \int_{[y,b]} \gamma(x) f'(y) \mathrm{d}x = \int_{[a,b]} f'(y)[g(b)-g(y)] \mathrm{d}y$$
$$= -\int_{[a,b]} f'(y) g(y) \mathrm{d}y + g(b)[f(b)-f(a)]$$
$$= -\int_{[a,b]} f'(x) g(x) \mathrm{d}x + g(b)[f(b)-f(a)],$$

故
$$\int_{[a,b]} f(x) g'(x) \mathrm{d}x = [f(x) g(x)]_a^b - \int_{[a,b]} f'(x) g(x) \mathrm{d}x.$$

例 2 设函数 $f(x)$ 在 $[0,+\infty)$ 上 L 可积,证明:
$$\int_{[0,x]} \mathrm{d}t \int_{[0,t]} f(u) \mathrm{d}u = \int_{[0,x]} (x-u) f(u) \mathrm{d}u.$$

证明 令 $F(t) = \int_{[0,t]} f(u) \mathrm{d}u (t \in [0,+\infty))$,则
$$\int_{[0,x]} \mathrm{d}t \int_{[0,t]} f(u) \mathrm{d}u = [tF(t)]_0^x - \int_{[0,x]} u f(u) \mathrm{d}u$$
$$= x \int_{[0,x]} f(u) \mathrm{d}u - \int_{[0,x]} u f(u) \mathrm{d}u$$
$$= \int_{[0,x]} (x-u) f(u) \mathrm{d}u.$$

习 题 6.4

1. 设 $f(x,y)$ 为 $\mathbb{R}^{p+q}$ 上的可测函数,且对几乎所有的 $x \in \mathbb{R}^p$, $\int_{\mathbb{R}^q} |f(x,y)| \mathrm{d}y < +\infty$, $\int_{\mathbb{R}^p} \mathrm{d}x \int_{\mathbb{R}^q} |f(x,y)| \mathrm{d}y < +\infty$,证明: $f(x,y)$ 在 $\mathbb{R}^{p+q}$ 上可积.

2. 设 $f(x,y)$ 为 $\mathbb{R}^{p+q}$ 上的非负可测函数,且对任意 $x \in \mathbb{R}^p$, $f(x,y)$ 都在 $\mathbb{R}^q$ 上几乎处处取有限值,证明:对几乎所有的 $y \in \mathbb{R}^q$, $f(x,y)$ 都在 $\mathbb{R}^p$ 上几乎处处取有限值.

3. 设 $f(x,y) = \dfrac{xy}{(x^2+y^2)^2}$, $g(x,y) = \dfrac{x^2-y^2}{(x^2+y^2)^2}$ ($0<x,y<1$),求 $f(x,y)$ 与 $g(x,y)$ 在勒贝格意义下的累次积分.

4. 证明上题中的 $f(x,y)$ 与 $g(x,y)$ 在 $(0,1) \times (0,1)$ 上均不可积.

5. 设函数 $f(x)$ 在闭区间 $[a,b]$ 上 L 可积,证明:
$$\int_{[a,b]} f(x) \mathrm{d}x \int_{[a,x]} f(t) \mathrm{d}t = \frac{1}{2} \left(\int_{[a,b]} f(x) \mathrm{d}x \right)^2.$$

参 考 文 献

[1] 周民强. 实变函数论. 第一版. 北京：北京大学出版社，2001.
[2] 江泽坚，吴智泉，纪友清. 实变函数论. 第二版. 北京：高等教育出版社，2007.
[3] 徐森林，薛春华. 实变函数论. 北京：清华大学出版社，2009.
[4] 那汤松. 实变函数论. 北京：高等教育出版社，1983.
[5] 曹广福. 实变函数论与泛函分析. 第二版. 北京：高等教育出版社，2001.
[6] 张波，张伦传. 实变函数论讲义. 北京：清华大学出版社，2012.
[7] 徐新亚. 实变函数论. 上海：同济大学出版社，2010.
[8] 周民强. 实变函数解题指南. 北京：北京大学出版社，2007.
[9] 孙雨雷，冯君淑. 实变函数与泛函分析基础同步辅导及习题全解. 北京：中国水利水电出版社，2011.
[10] Rudin W. Real and Complex Analysis. 2nd Edition. New York：McGrawHill book Pub Comp，1974.
[11] Royden H L. Real Analysis. New York：Macmillan Pub Com，1988.

名 词 索 引

A 的基数不大于 B 的基数	15
A 的基数小于 B 的基数	16
E 在 x_0 处的截口	53
E 在 $y_0 \in \mathbb{R}^q$ 处的截口	53
F_σ 集	30
G_δ 集	29
L 不定积分	114
L 覆盖	37
L 积分	78
L 积分上限函数	129
L 积分下限函数	129
L 可积	78
n 维闭区间	24
n 维开区间	24
n 维空间	22
n 维欧几里得空间	22
n 维欧氏空间	22
P_0 的 δ 邻域	23
σ 代数	10
σ 域	10

B

半径	23
被积函数	78,88,89
闭包	25
闭集	29
闭邻域	34
闭区间	24
边界	25
边界点	25
变差	114
并	7
并集	7,8
波耳查诺-维尔斯特拉斯定理	27
博雷尔集	30
补集	8
不定积分	114
不可测	42
不相等	7

C

差	8
差集	8
稠密集	28
次可加性	37,39
存在极限集	11

D

大和	77
代数	9
单调递减集合列	10
单调递增集合列	10
单调性	37,39,83,90
导函数	112
导集	25
导数	112
笛卡儿乘积	52
点	22
点 P 到点集 B 的距离	24

名词索引

点集	22	**J**	
度量空间	22	积分集合	78,88,89
对称差	9	极限	11
对称差集	9	极限集	10,11
对称性	22	集合	6
对等	13	集类	7
F		集族	7,8
法都引理	104	几乎处处成立	57
非负性	22,37,39	简单函数	60
分部积分公式	138	交	7
分划	77	交换律	8,9
分划 D^* 比 D 更细密	77	交集	7,8
分配律	8	交与对称差的分配律	9
富比尼定理	136	阶梯函数	60
负变差	119	结合律	8,9
负部	59	截断函数	89
负部函数	59	具有连续基数的集合	20
弗雷歇定理	73	距离	22,23
负总变差	119	距离空间	22
G		聚点	25
构成区间	31	绝对可积性	83,90
孤立点	25	绝对连续	121
孤立集	27	绝对连续函数	121
广义闭区间	24	**K**	
广义开区间	24	开集	29
广义区间	24	开邻域	34
广义左闭右开区间	24	开区间	24
广义左开右闭区间	24	康托尔集	32
H		康托尔集合	32
合并	77	可测	42,55
和	7	可测分划	77
和集	7,8	可测函数	55
互不相交	7,8	可测集	42

可导	112
可导函数	112
可加性	38
可列集	16
可数基数	16
可数集	16
可微函数	112
空集	6
控制函数	99

L

勒贝格不定积分	114
勒贝格测度	42
勒贝格定理	67
勒贝格覆盖	37
勒贝格积分	76,78,88,89
勒贝格积分上限函数	129
勒贝格积分下限函数	129
勒贝格可测集合	42
勒贝格可积	76,78,88,89
勒贝格控制收敛定理	97
勒贝格内测度	39
勒贝格上积分	78
勒贝格外测度	37
勒贝格下积分	78
勒贝格有界收敛定理	100
勒贝格逐项积分定理	102
勒维渐升列积分定理	101
离散集	28
黎曼积分	75
黎曼可积	75
黎斯定理	67
连续基数	20
列导数	112

列举法	7
邻接区间	32
邻域	23
零测集	42
鲁金定理	70

M

幂集	7
描述法	7

N

内测度	39
内点	25
内域	25
牛顿-莱布尼茨公式	134

O

欧几里得距离	22

P

平凡子集	7
平移不变性	37,39

Q

区间	24
全集	8
权	13

S

三角不等式	22
上极限	11
上极限集	11
势	13
收敛	11,23
疏朗集	28
数集	7

T

体积	24,33

名词索引

W

外测度	37
外点	25
外域	25
完备集	29
完全集	29
无处稠密集	28
无界集	24
无界集合	24
无穷集	14
无穷集合	13,14
无限集	14
无限集合	13,14

X

下标集	8
下方图形	94
下极限	11
下极限集	11
线性性质	86,90
相等	7
相同基数	13
小和	77

Y

叶果洛夫定理	64
依测度收敛	66
有界变差函数	115
有界集	24
有界集合	24
有勒贝格积分	89
有限集合	13
右导数	112
右可导	112
右上导数	112
右下导数	112
余集	8
域	9
元素	6
约当分解定理	120

Z

在点 x_0 处连续	56
真子集	7
正变差	119
正部	59
正部函数	59
正总变差	119
直径	24
指标集	7
至多可数集	17
中心	23
子集	7
自密集	29
总变差	115
总变差函数	115
左导数	112
左可导	112
左上导数	112
左下导数	112

习题答案与提示

习 题 2.1

1. (1) 若 $B=C$,则必有 $A\cup B=A\cup C$;若 $A=\mathbb{R}$,$B=\mathbb{Q}$,$C=\mathbb{Z}$,则 $B\neq C$,但也有 $A\cup B=A\cup C$ 成立.

(2) 若 $B=C$,则必有 $A\cap B=A\cap C$;若 $A=\mathbb{Z}$,$B=\mathbb{Q}$,$C=\mathbb{R}$,则 $B\neq C$,但也有 $A\cap B=A\cap C$ 成立.

(3) 设 $A_n=\left[\dfrac{1}{n},2+(-1)^n\right]$ $(n=1,2,\cdots)$,则 $\varliminf\limits_{n\to\infty}A_n=(0,1]$.当 n 为偶数时,$2\in A_n$,但 $2\notin\varliminf\limits_{n\to\infty}A_n$.

(4) 利用 σ 域的定义证明即可.

2. 由已知等式,显然有 $A\subset B$,故必要性成立.充分性:利用已知条件证明等式左、右两边互相包含.

3. 任取 $x\in A-B$,则 $x\in A$,且 $x\notin B$,故 $x\in A\cap B^c$;反之,任取 $x\in A\cap B^c$,则 $x\in A$,且 $x\notin B$,故 $x\in A-B$.

4. 充分性显然成立;必要性利用反证法可证.

5. 利用示性函数的定义 $\varphi_A(x)=\begin{cases}1, & x\in A \\ 0, & x\notin A\end{cases}$ 证明.

6. 利用数学归纳法证明.

7. (1) 由于对任意正整数 n,均有 $E\left[f\geqslant a+\dfrac{1}{n}\right]\subset E[f>a]$,故

$$\bigcup_{n=1}^{\infty}E\left[f\geqslant a+\dfrac{1}{n}\right]\subset E[f>a].$$

反之,任取 $x\in E[f>a]$,则必存在 n_0,使 $f(x)\geqslant a+\dfrac{1}{n_0}$,故 $x\in E\left[f\geqslant a+\dfrac{1}{n_0}\right]$,从而

$$E[f>a]\subset\bigcup_{n=1}^{\infty}E\left[f\geqslant a+\dfrac{1}{n}\right].$$

(2) 证明与(1)类似.

8. 对任意正整数 n,都有 $\mathbb{Z}=A_1\subset A_n\subset\mathbb{Q}$,故 $\mathbb{Z}\subset\varliminf\limits_{n\to\infty}A_n\subset\varlimsup\limits_{n\to\infty}A_n\subset\mathbb{Q}$.对任一有理数 $\dfrac{p}{q}$,其中 p,q 为整数,$q>0$,有 $\dfrac{p}{q}=\dfrac{pn}{qn}\in A_{qn}$ $(n=1,2,\cdots)$,故 $\dfrac{p}{q}$ 属于无穷多个 A_n.于是 $\dfrac{p}{q}\in\varlimsup\limits_{n\to\infty}A_n$,从而 $\varlimsup\limits_{n\to\infty}A_n=\mathbb{Q}$.任取 $r\in\varliminf\limits_{n\to\infty}A_n$,则 r 为有理数.记 $r=\dfrac{p}{q}$,其中 $q>0$,且 p,q 互质.因为 $\dfrac{p}{q}\in\varliminf\limits_{n\to\infty}A_n$,所以存在正整数 N,当 $n\geqslant N$ 时,$\dfrac{p}{q}\in A_n$.取一质数 $n\geqslant N$,则必有整数 m,使 $\dfrac{p}{q}=\dfrac{m}{n}$,从而 $np=qm$.于是 n 能被 q 整除.因为 n 为质数,所以 $q=1$,即 $\dfrac{p}{q}=p\in\mathbb{Z}$.故 $\varliminf\limits_{n\to\infty}A_n=\mathbb{Z}$.

9. (1) 一方面,任取 $x\in E[f>a]$,则有 $f(x)>a$.于是存在 k_0,使 $f(x)-a\geqslant\dfrac{2}{k_0}$.因为 $\lim\limits_{n\to\infty}f_n(x)=f(x)$,所

习题答案与提示

以存在正整数 N,当 $n \geqslant N$ 时,$f_n(x) \geqslant f(x) - \frac{1}{k}$. 故当 $n \geqslant N$ 时,$f_n(x) \geqslant a + \frac{1}{k}$,即 $x \in E\left[f \geqslant a + \frac{1}{k}\right]$. 于是 $x \in \bigcup_{k=1}^{\infty} \varliminf_{n \to \infty} E\left[f_n \geqslant a + \frac{1}{k}\right]$. 另一方面,任取 $x \in \bigcup_{k=1}^{\infty} \varliminf_{n \to \infty} E\left[f_n \geqslant a + \frac{1}{k}\right]$,存在 k_0,使 $x \in \varliminf_{n \to \infty} E\left[f_n \geqslant a + \frac{1}{k_0}\right]$,从而存在 N,当 $n \geqslant N$ 时,$x \in E\left[f_n \geqslant a + \frac{1}{k_0}\right]$,即有 $f_n(x) \geqslant a + \frac{1}{k_0}$. 又由 $\lim_{n \to \infty} f_n(x) = f(x)$,知 $f(x) \geqslant a + \frac{1}{k_0}$,当然有 $f(x) > a$,即 $x \in E[f > a]$.

(2) 与(3)的证明与(1)类似.

习 题 2.2

1. (1) 设 $A = \mathbb{Z}_+, B = \mathbb{Z}_- (\mathbb{Z}_- = \mathbb{Z} - \mathbb{Z}_+ - \{0\})$,则 $A \sim B$,但 $A \neq B$.
   (2) 不一定. 设 $A = \mathbb{Q}, B$ 为 $\mathbb{R}^2$ 中全体有理点构成的集合,但二者均为可数集,即 $\overline{\overline{A}} = \overline{\overline{B}}$.
   (3) 不一定. 设 $A = \mathbb{Z}$,则 $A \sim \mathbb{Z}_+$ 对等,而 A 可数集.
   (4) 不一定. 设 $A = \mathbb{Z}_+, B = \mathbb{Z}$,则 A 与 B 的一个真子集对等,而 $A \sim B$.

2. 由 $A \sim B, C = A \cup (C - A)$ 及 $C = B \cup (C - B)$ 可证得结论成立.

3. 由 $A \sim B, A = C \cup (A - C)$ 及 $B = C \cup (B - C)$ 可证得结论成立.

4. 证明其满足自反性、对称性与传递性.

5. 先就 $n = 2$ 的情况进行证明,即平面上全体有理点构成的集合为可数集,然后利用数学归纳法证明结论成立.

6. 将每一个以有理点为端点的开区间 (r, q) 与平面上坐标为有理数的点 (r, q) 对应,再由第 5 题的结果,结论成立.

7. 不妨设 $f(x)$ 为单调递增函数,x 为其一个不连续点,则 $f(x-0) < f(x+0)$. 将 x 与其对应的跳跃区间 $(f(x-0), f(x+0))$ 对应,则当不连续点 $x_1 \neq x_2$ 时,它们对应的跳跃区间为互不相交的开区间. 由本节的例 7,可得结论成立.

8. 设可数集 A 的所有有限子集构成的集合为 $\mathscr{F}$,记 $\mathscr{F}_n$ 为 A 中 n 个元素所成集合的全体构成的集合,则 $\mathscr{F} = \bigcup_{n=0}^{\infty} \mathscr{F}_n$. 用数学归纳法证明 $\mathscr{F}_n (n \geqslant 1)$ 为可数集,从而 $\mathscr{F}$ 为可数集.

9. 设 $A_0 = \{a_1, a_2, a_3, \cdots\}$ 为 A 的可数子集,$A_1 = \{a_1, a_3, a_5, \cdots\}$,令 $A^* = A - A_1$,则 A^* 即为满足条件的集合.

习 题 2.3

1. 用反证法. 假设全体无理数构成的集合为可数集,则 $\overline{\overline{\mathbb{R}}} = a$,产生矛盾. 由 §2.3 的定理 8,其基数为 c.

2. 一方面,对于正整数集 $\mathbb{Z}_+$,设其幂集为 $\mathscr{M}$. 对任意 $A \in \mathscr{M}$,考虑 A 的示性函数

$$\varphi_A(n) = \begin{cases} 1, & n \in A, \\ 0, & n \notin A. \end{cases}$$

作从 $\mathscr{M}$ 到 $(0,1)$ 的映射,使 A 对应 $x = 0.\varphi_A(1)\varphi_A(2)\cdots$,则 $2^a \leqslant c$;另一方面,作从 $(0,1)$ 到有理数集的幂

集 $2^{\mathbb{Q}}$ 的对应,使 x 对应 $A_x=\{r\mid r\leqslant x,r\in\mathbb{Q}\}$,则 $c\leqslant 2^a$. 由伯恩斯坦定理,结论成立.

3. 根据已知条件建立 B 与 $B\cup C$ 之间的 1-1 对应关系.

4. 作 1-1 映射 $\varphi:A\cup B\to\mathbb{R}^2$,证明 $\overline{\overline{\varphi(A)}}=c$ 或 $\overline{\overline{\varphi(B)}}=c$.

5. 一方面,设 $[0,1]$ 的幂集为 $\mathcal{M}$,作从 $\mathcal{M}$ 到 F 的映射,使 A 对应其示性函数 $\varphi_A(x)$,则 $2^c\leqslant\overline{\overline{F}}$;另一方面,作从 F 到 $\mathbb{R}^2$ 幂集的映射,使 $f(x)$ 对应其图像
$$\{(x,f(x))\mid x\in[0,1]\}\subset\mathbb{R}^2,$$
则 $\overline{\overline{F}}\leqslant 2^c$. 由伯恩斯坦定理,结论成立.

习 题 2.4

1. σ_1 不满足三角不等式;σ_2 不满足非负性.
2. 利用距离空间的定义证明.

习 题 2.5

1. (1) 不一定. 设 $A=\mathbb{Z}$,则 A 为无穷集,但 $A'\neq\varnothing$.

   (2) 不一定. 设 $A=\mathbb{Q}, B=\mathbb{Q}^c$,则 $A°\cup B°=\varnothing, (A\cup B)°=\mathbb{R}$,即 $A°\cup B°\neq(A\cup B)°$. 可以证明
   $$A°\cup B°\subset(A\cup B)°.$$

   (3) 是. 设 $A=\mathbb{Z}$,则其为离散的无穷集.

   (4) 不一定成立. 设 $E=[0,1], x_0=\dfrac{3}{2}$,则 $N(x_0,1)\cap E$ 为无穷集,但 $x_0\notin E'=[0,1]$.

   (5) 是,即波耳撒诺-维尔斯特拉斯定理.

   (6) 不一定. x_0 为 E 的孤立点时也有对任意 $\delta>0, N(x_0,\delta)\cap E\neq\varnothing$.

   (7) 正确. 设 $x\in E$,则对任意 $\delta>0$,有 $N(x,\delta)\cap E\neq\varnothing$. 若 $(N(x,\delta)-\{x\})\cap E\neq\varnothing$,则 $x\in E'$;否则 x 为 E 的孤立点.

   (8) 是. 由孤立点的定义,其为不是聚点的边界点.

   (9) 不一定. 设 $E=[0,1]$,则 $x=1$ 为 E 的边界点,同时它也为 E 的聚点.

   (10) 是. 因为外点一定不是聚点,所以,若 x 不是边界点,则其一定为 E 的内点.

   (11) 不正确. 设 $A=\mathbb{Q}, B=\mathbb{Q}^c$,则 $A'\cap B'=\mathbb{R}, (A\cap B)'=\varnothing, A'\cap B'\neq(A\cap B)'$.

   (12) A' 是 B' 的真子集或 $A'=B'$.

   (13) $\overline{A'\cup B'}=\overline{(A\cup B)'}$. 因为 $(A\cup B)'=A'\cup B'$,且 $\overline{A'\cup B'}=\overline{A'}\cup\overline{B'}$.

   (14) 正确. 因为此时 P_0 或者为 E 的内点,或者为 E 的边界点.

2. (1) 充分性显然. 必要性:设 $N(P)$ 为任意含有 P_0 的邻域,则存在 $\delta_0>0$,使 $N(P_0,\delta_0)\subset N(P)$. 因为 $P_0\in E'$,所以 $N(P_0,\delta_0)$ 中含有 E 的无穷多个点,从而 $N(P)$ 中亦含有 E 的无穷多个点.

   (2) 必要性显然. 充分性:设 $N(P)$ 为含有 P_0 的邻域,且 $N(P)\subset E$. 令 $0<\delta'<\delta-\rho(P_0,P)$,则 $N(P_0,\delta')\subset N(P)\subset E$. 因此 $P_0\in E°$.

3. 用反证法. 假设 E' 为至多可数集. 因为 $E-E'$ 为孤立集,所以其也为至多可数集. 于是 $\overline{E}=E'\cup(E-E')$ 为至多可数集,因而 $E\subset\overline{E}$ 为至多可数集,产生矛盾.

4. 由已知, E 为离散集, 当然也为孤立集, 故 E 为至多可数集. 因为有界无穷集满足 $E' \neq \varnothing$, 所以当 E 为非空有界集时, E 只能是有限集.

5. (1) $E' = [0,1], E^\circ = \varnothing, \overline{E} = [0,1]$.

   (2) $E' = [0,1] \times \{0\}, E^\circ = \varnothing, \overline{E} = [0,1] \times \{0\}$.

   (3) $E' = \{(x,y) \mid x^2 + y^2 \leq 1\}, E^\circ = \{(x,y) \mid x^2 + y^2 < 1\}, \overline{E} = \{(x,y) \mid x^2 + y^2 \leq 1\}$.

6. $E' = E \cup (\{0\} \times [0,1]), E^\circ = \varnothing, \overline{E} = E \cup (\{0\} \times [0,1])$.

习 题 2.6

1. (1) 因 $[0,1] = \bigcap_{n=1}^{\infty} \left(-\frac{1}{n}, 1 + \frac{1}{n}\right)$, 故闭区间 $[0,1]$ 是一个 G_δ 集.

   (2) 因 $(0,1) = \bigcup_{n=3}^{\infty} \left[\frac{1}{n}, 1 - \frac{1}{n}\right]$, 故开区间 $(0,1)$ 是一个 F_σ 集.

   (3) 是. 因为开集中的点都为内点, 内点一定是聚点, 即 $E \subset E'$.

   (4) 不一定. 如实数集 $\mathbb{R}$ 既为完备集又为开集.

   (5) 不一定. 如 $E = \left\{1, \frac{1}{2}, \frac{1}{3}, \cdots, \frac{1}{n}, \cdots\right\}$, 其为孤立集, $0 \in E'$ 但 $0 \notin E$, 故其不是闭集.

   (6) 因离散集的导集为空集, 故其一定是闭集.

   (7) 设 $A = [0,2], B = [1,3]$, 则 $\overline{A} - B' = [0,1)$, 其不是闭集.

   (8) $\overline{A} \cup B' - A^\circ$ 一定为闭集. 因为任意集合的导集与闭包均为闭集, 内部一定为开集, 且
   $$\overline{A} \cup B' - A^\circ = (\overline{A} \cup B') \cap (A^\circ)^c.$$

   (9) 因有限集合一定也为闭集, 故 $A \cup B$ 一定为闭集.

   (10) 可能. 设 $A = [0,1), B = [0,1]$, 则 $A \cup B$ 为闭集.

   (11) 一定是. 因为此时 E 中的点均为聚点, 即 $E \subset E'$.

   (12) 因 $G - F = G \cap F^c$, 故其一定是开集.

   (13) 正确. 因为此时 $x_0 \subset \overline{E}$, 若 E 为闭集, 则 $E = \overline{E}$, 从而 $x_0 \subset E$, 产生矛盾.

   (14) 一定是. 任意集合的导集都是闭集.

   (15) $G_1 - G_2$ 可能是开集, 可能是闭集, 也可能既不是开集也不是闭集.

   (16) $\left(\bigcup_{n=1}^{\infty} A_n^\circ\right)^c$ 为闭集. 因为任意集合的内域均为开集, 任意多个开集的并集为开集, 开集的补集为闭集.

   (17) $\left(\bigcap_{n=1}^{\infty} B_n'\right)^c$ 为开集. 因为任意集合的导集为闭集, 任意多个闭集的交集为闭集, 闭集的补集为开集.

   (18) $(A^\circ - A') \cap (\overline{B})^c$ 为开集. 因为任意集合的内域为开集, 导集为闭集, 闭包为闭集.

   (19) 开集. 因为该集合中的点都是内点.

   (20) G_1, G_2 均为开集是 $G_1 \cup G_2$ 为开集的充分条件而非必要条件.

2. 因两个自密集的并集为自密集,两个闭集的并集依然为闭集,故结论得证.
3. 由闭集定义及 $\overline{F}=F\cup F'$ 即可证得.
4. 因为 F 中任一收敛点列 $\{P_n\}_{n=1}^{\infty}$ 的极限点都属于 F 的闭包,根据闭集的定义得证.
5. 设 F 为包含 E 的任意闭集,往证 $F\supset\overline{E}$.
6. 利用定义证明 $N(P_0,\delta)$ 中的每一点都是内点;而 $\overline{N(P_0,\delta)}$ 由其内域与边界 $\{P\,|\,\rho(P,P_0)=\delta\}$ 构成.
7. 利用 $U=\{P\,|\,\rho(P,E)<d\}$ 为包含集合 E 的开集可证得第一部分结论;利用开集与闭集的对偶性可证得第二部分结论.
8. 利用连续函数的定义证明 $E[f>a]$ 中的任意点均为内点.同理可证 $E[f<a]$ 也为开集.因 $E[f\geqslant a]=E[f<a]^c$,故其为闭集.
9. 利用连续函数的定义证明 $E[f\geqslant c]$ 的所有聚点均在其中.
10. 利用反证法.
11. 因为 $\bigcap_{n=1}^{\infty}F_n=\varnothing$,所以 $\bigcup_{n=1}^{\infty}F_n^c=\left(\bigcap_{n=1}^{\infty}F_n\right)^c=\mathbb{R}\supset[a,b]$.又因 F_n 为 $[a,b]$ 的闭子集,故 F_n^c 为开集,$\{F_n^c\}_{n=1}^{\infty}$ 为 $[a,b]$ 的开覆盖.由海涅-博雷尔有限覆盖定理,设 $\bigcup_{i=1}^{k}F_{n_i}^c\supset[a,b]$,则 $[a,b]\subset\left(\bigcap_{i=1}^{k}F_{n_i}\right)^c$,从而 $\bigcap_{i=1}^{k}F_{n_i}\subset[a,b]^c$.又 $\bigcap_{i=1}^{k}F_{n_i}\subset[a,b]$,所以 $\bigcap_{i=1}^{k}F_{n_i}=\varnothing$.取 $N=n_k$ 即可.
12. 对任意 $x\in E$,存在 $N_x\in\mathcal{M}$,使 $x\in N_x$,进而存在 $N(x,\delta)\subset N_x$.取有理点 $r_x\in N(x,\delta)$ 与正数 $\delta_x<\delta-\rho(x,r_x)$,则 $N(r_x,\delta_x)\subset N(x,\delta)\subset N_x$,且 $E\subset\bigcup_{x\in E}N(r_x,\delta_x)$,而 $\mathbb{R}^n$ 中以有理点为中心,以有理数为半径的邻域为可数个,因此对应的开邻域为至多可数个.
13. 因为 $\mathbb{R}^n$ 中全体有理点构成的集合 $\widetilde{\mathbb{Q}}$ 为可数集,设 $\widetilde{\mathbb{Q}}=\{r_k\}_{k=1}^{\infty}$,于是 $\widetilde{\mathbb{Q}}=\bigcup_{k=1}^{\infty}\{r_k\}$,其为 F_σ 集.
14. 设 $\mathbb{Q}=\{r_1,r_2,\cdots,r_n,\cdots\}$,利用反证法,假设 $\mathbb{Q}$ 能表示成 G_δ 集,即 $\mathbb{Q}=\bigcap_{i=1}^{\infty}G_i$,其中每个 G_i 均为开集,则 $\mathbb{R}=\mathbb{Q}\cup\mathbb{Q}^c=\left(\bigcup_{n=1}^{\infty}\{r_n\}\right)\cup\left(\bigcup_{i=1}^{\infty}G_i^c\right)$.由 $\overline{G_i}=\mathbb{R}$,知 G_i^c 中没有内点,故 $\mathbb{R}$ 为可数个没有内点的闭集之并.由贝尔定理$\Big($设 $E=\bigcup_{n=1}^{\infty}F_n$,其中 F_n 均为闭集.若 F_n 都没有内点,则 E 中也无内点$\Big)$,$\mathbb{R}$ 中无内点,产生矛盾.
15. 令 $\omega_f(x)$ 为 f 在点 x 处的振幅,则 f 在 $x=x_0$ 处连续当且仅当 $\omega_f(x_0)=0$.因此 $f(x)$ 的连续点构成的集合可表示为 $\bigcap_{k=1}^{\infty}\left\{x\,\Big|\,x\in G,\text{且}\,\omega_f(x)<\dfrac{1}{k}\right\}$.因为 $\left\{x\,\Big|\,x\in G,\text{且}\,\omega_f(x)<\dfrac{1}{k}\right\}$ 为开集,所以 $f(x)$ 的连续点集是 G_δ 集.

习 题 3.1

1. (1) 因 $A\cap E\subset A$,故 $A\cap E$ 为至多可数集,从而其为可测集.

习题答案与提示

(2) 因 $P\cap E\subset P$,且康托尔集 P 为零测集,故 $P\cap E$ 是可测集.

(3) 不一定. 设 $A=\mathbb{Q}$,则其为无界可测集,且 $mA=0$.

(4) 不一定. 如令 $A_n=[n,+\infty)$,则 $mA_n=+\infty$, $\lim\limits_{n\to\infty}A_n=\varnothing$,故 $m\lim\limits_{n\to\infty}A_n\neq\lim mA_n$.

(5) 一定(定理 8).

(6) 不一定. 设 $A=\mathbb{Z}$, $B=\mathbb{Q}$,则 $A\subset B$,且 $A\neq B$,但 $m^*A=m^*B=0$.

(7) 不一定. 如本节定理 4 中的集合 S 为可测集 $(0,1)$ 的子集,但 S 为不可测集.

(8) 不正确. 可数个测度为零的集合之并一定是可测集. 设 $A_n (n=1,2,\cdots)$ 的测度均为零,则
$$m^*\left(\bigcup_{n=1}^{\infty}A_n\right)\leqslant \sum_{n=1}^{\infty}mA_n=0.\ \text{故}\ \bigcup_{n=1}^{\infty}A_n\ \text{为零测集}.$$

(9) 不一定. 设 $E=\mathbb{Q}^c$,则 E 为 $\mathbb{R}$ 的真子集,且 $m^*E=+\infty$,但 E 中不含任何区间.

(10) 不正确. 不可测集的任意可数子集均为可测集.

(11) 不一定. 设 $E_n=[n,+\infty)$,则 $\{E_n\}_{n=1}^{\infty}$ 为单调递减的可测集列, $mE_n=+\infty\ (n=1,2,\cdots)$. 而 $\bigcap\limits_{n=1}^{\infty}E_n=\varnothing$,故 $m\left(\bigcap\limits_{n=1}^{\infty}E_n\right)=0$.

2. 借助本节定理 4 中的不可测集 S 进行举例.

3. 因 $A\cap B\subset A$,故 $m^*(A\cap B)=0$. 因此 $A\cap B$ 可测. 利用反证法证明 $A\cup B$ 为不可测集. 假设 $A\cup B$ 可测,因为 $B=(A\cup B)-(A-B)$,且 $A-B\subset A$ 可测,则 B 可测,与已知矛盾.

4. 因 $E'=\varnothing$,故 E 没有聚点,即 E 为孤立集. 又因为孤立集至多可数,即 $m^*E=0$,所以 E 为可测集.

5. (1) 由 $A\cup B=A\cup(B-A)$, $A\cap(B-A)=\varnothing$, $B=(B-A)\cup(A\cap B)$, $(B-A)\cap(A\cap B)=\varnothing$,得
$$m(A\cup B)+m(A\cap B)=m(A\cup(B-A))+m(A\cap B)$$
$$=mA+m(B-A)+m(A\cap B)=mA+mB.$$

(2) 由(1)得 $m(A\cap B)=\dfrac{1}{2}$.

(3) 由(1)得 $\dfrac{1}{4}\leqslant m(A\cap B)\leqslant \dfrac{1}{2}$.

6. 因 E 有界,故存在有限开区间 I,使 $E\subset I$. 因此 $m^*E\leqslant m^*I<+\infty$.

7. 设 P 为康托尔集,记 $Q=[0,1]-P$. 由康托尔集的构造,得 $mQ=\sum\limits_{n=1}^{\infty}\dfrac{2^{n-1}}{3^n}=1$. 因 $P\cup Q=[0,1]$, $P\cap Q=\varnothing$,故结论成立.

8. 设 $a=\inf\limits_{x\in E}\{x\}$, $b=\sup\limits_{x\in E}\{x\}$,则 $E\subset[a,b]$. 令 $E_x=[a,x]\cap E$, $f(x)=m^*E_x$,则 $f(x)$ 是 $[a,b]$ 上的连续函数. 由闭区间上连续函数的性质,对任意 c: $0<c<m^*E$,存在 $x_0\in[a,b]$,使 $f(x_0)=c$. 令 $E_1=E\cap[a,x_0]$,则 E_1 即为所求.

9. 因为 $S_1,S_2,\cdots,S_i$ 互不相交,所以 $E_1,E_2,\cdots,E_i$ 互不相交. 令 $S=\bigcup\limits_{j=1}^{i}S_j$,取 $T=\bigcup\limits_{j=1}^{i}E_j$,则 S 可测. 由集合可测的定义,结论得证.

10. (1) 因为 $\varliminf\limits_{i\to\infty}E_i=\bigcup\limits_{i=1}^{\infty}\bigcap\limits_{j=i}^{\infty}E_j$, $\varlimsup\limits_{i\to\infty}E_i=\bigcap\limits_{i=1}^{\infty}\bigcup\limits_{j=i}^{\infty}E_j$,由可数个可测集并、交均为可测集,结论成立.

(2) 利用下极限集的定义与本节的定理 8 可得.

(3) 利用上极限集的定义与本节的定理 9 可得.

(4) 因为 $\varlimsup\limits_{i\to\infty}E_i=\bigcap\limits_{i=1}^{\infty}\bigcup\limits_{j=i}^{\infty}E_j$，令 $A_i=\bigcup\limits_{j=i}^{\infty}E_j$，则 $\{A_i\}_{i=1}^{\infty}$ 为单调递减的可测集列，且

$$\varlimsup\limits_{i\to\infty}E_i=\lim\limits_{i\to\infty}A_i=\lim\limits_{i\to\infty}\left(\bigcup\limits_{j=i}^{\infty}E_j\right).$$

故

$$m(\varlimsup\limits_{i\to\infty}E_i)=m(\lim\limits_{i\to\infty}A_i)=\lim\limits_{i\to\infty}mA_i=\lim\limits_{i\to\infty}m\left(\bigcup\limits_{j=i}^{\infty}E_j\right)\leqslant\lim\limits_{i\to\infty}\sum\limits_{j=i}^{\infty}mE_j.$$

由 $\sum\limits_{i=1}^{\infty}mE_i<+\infty$ 与收敛级数的性质，结论成立.

11. 先证 $m(\varliminf\limits E_i)\leqslant\varliminf mE_i$；再证 $\varlimsup mE_i\leqslant m(\varlimsup E_i)$；最后证 $mE=\varliminf mE_i=\varlimsup mE_i$.

12. 设全集为闭区间 $[0,1]$. 因 $mE=1$，故 $mE^c=m[0,1]-mE=0$. 取 $T=A$，由集合可测的定义，有 $mA=m(A\cap E)+m(A\cap E^c)$. 又因为 $E^c\cap A\subset E^c$，所以 $m(E^c\cap A)\leqslant mE^c=0$. 于是 $m(E\cap A)=mA$.

13. 利用集合可测的定义证明. 因为 $E_i(i=1,2,\cdots)$ 均可测，所以 $\bigcap\limits_{i=1}^{\infty}E_i$ 可测. 令 $T=E_j(j=1,2,\cdots)$，则

$$m^*\left(E_j\cap\left(\bigcap\limits_{i=1}^{\infty}E_i\right)\right)+m^*\left(E_j\cap\left(\bigcap\limits_{i=1}^{\infty}E_i\right)^c\right)=m^*E_j=1.$$

又因 $E_j\cap\left(\bigcap\limits_{i=1}^{\infty}E_i\right)^c=E_j\cap\left(\bigcup\limits_{i=1}^{\infty}E_i^c\right)=\bigcup\limits_{i=1}^{\infty}(E_j\cap E_i^c)$，而 $E_j\cap E_i^c\subset E_i^c$，故 $m(E_j\cap E_i^c)\leqslant mE_i^c=0$. 因为可数个零测集的并也为零测集，即 $m\left(\bigcup\limits_{i=1}^{\infty}(E_j\cap E_i^c)\right)=0$，从而 $m\left(E_j\cap\left(\bigcap\limits_{i=1}^{\infty}E_i\right)^c\right)=0$，于是有

$$m\left(\bigcap\limits_{i=1}^{\infty}E_i\right)=m^*\left(E_j\cap\left(\bigcap\limits_{i=1}^{\infty}E_i\right)\right)=1,$$

结论得证.

习 题 3.2

1. 不一定. 如设 $E=\mathbb{Q}$，则 $\overline{E}=\mathbb{R}$. 因此 $m\overline{E}=+\infty\neq 0$.

2. 只需证得存在 $x_0\in(G_2-G_1)^\circ$ 即可.

3. 仿照康托尔集的做法，设 $G=\bigcup\limits_{n=1}^{\infty}\bigcup\limits_{i=1}^{2^{n-1}}I_i^{(n)}$，其中 $I_i^{(n)}$ 表示第 n 次挖掉的第 i 个区间，其长度为 $\dfrac{1}{4^n}$，则

$$mG=\frac{1}{2},\quad \overline{G}=[0,1],\quad m\overline{G}=1.$$

4. **必要性** 当 $mE<+\infty$ 时，对任意 $\varepsilon>0$，存在一列开区间 $\{I_i\}_{i=1}^{\infty}$，使 $\bigcup\limits_{i=1}^{\infty}I_i\supset E$，且 $\sum\limits_{i=1}^{\infty}|I_i|<mE+\varepsilon$.

令 $G=\bigcup\limits_{i=1}^{\infty}I_i$，则 G 为开集，$G\supset E$，且

习题答案与提示

$$mE \leqslant mG \leqslant \sum_{i=1}^{\infty} mI_i = \sum_{i=1}^{\infty} |I_i| < mE + \frac{\varepsilon}{2}.$$

因此 $mG - mE < \frac{\varepsilon}{2}$,从而 $m(G-E) < \frac{\varepsilon}{2}$. 当 $mE = +\infty$ 时,将 E 表示成可数个互不相交的有界可测集的并,即 $E = \bigcup_{i=1}^{\infty} E_i (mE_i < +\infty)$. 由上面的结果,对每个 E_i,存在开集 $G_i \supset E_i$,使 $m(G_i - E_i) < \frac{\varepsilon}{2^{i+1}}$. 令 $G = \bigcup_{i=1}^{\infty} G_i$,则 G 为开集,$G \supset E$,且 $G - E = \bigcup_{i=1}^{\infty} G_i - \bigcup_{i=1}^{\infty} E_i \subset \bigcup_{i=1}^{\infty} (G_i - E_i)$. 因此

$$m(G-E) \leqslant \sum_{i=1}^{\infty} m(G_i - E_i) < \frac{\varepsilon}{2}.$$

根据开集与闭集的对偶性,可找到相应的闭集 $F \subset E$,使 $m(E-F) < \frac{\varepsilon}{2}$,从而

$$m(G-F) = m(G-E) + m(E-F) < \varepsilon.$$

充分性 对任意正整数 i,都存在开集 $G_i \supset E$ 及闭集 $F_i \subset E$,使 $m(G_i - F_i) < \frac{1}{i}$. 令 $G = \bigcap_{i=1}^{\infty} G_i$,则

$$m^*(G-E) \leqslant m(G_i - F_i) < \frac{1}{i} \to 0 \quad (i \to \infty).$$

故 $G - E$ 可测,从而 $E = G - (G - E)$ 可测.

5. 设 $F = E'$,则 F 为完备集.令 $P = E - F$,则其为孤立集,从而至多可数.因此 $mP = 0, mE = mF + mP = mF$.

习 题 3.3

1. 参见习题 3.2 第 3 题.
2. 利用博雷尔集与截口的定义即可证得结论成立.

习 题 4.1

1. (1) $f(x) + g(x)$ 在 E 中有意义的集合上一定可测.因为简单函数列的极限函数一定可测,且 $g(x) = g^+(x) - g^-(x)$,而可测函数的差一定可测.
   (2) 若 $E \subset \mathbb{R}^n$ 为可测集,则 $f(x)$ 为可测函数;若 $E \subset \mathbb{R}^n$ 为不可测集,则 $f(x)$ 为不可测函数.
   (3) 一定可测.因为 $f(x)$ 可测当且仅当 $f^+(x)$ 与 $f^-(x)$ 均可测,而 $|f(x)| = f^+(x) + f^-(x)$,可测函数的和一定可测.
   (4) 不正确.$f(x)$ 在 E 上可测是 $|f(x)|$ 在 E 上可测的充分条件而非必要条件.
   (5) 定义在可测集上常值函数一定为可测函数.若 E 不可测,则 $f(x)$ 在 E 上不可测.
   (6) 不正确.设 S 为 $(0,1)$ 中的不可测集,
   $$f(x) = \begin{cases} 1, & x \in S, \\ -1, & x \in (0,1) - S, \end{cases} \quad g(x) = \begin{cases} -1, & x \in S, \\ 1, & x \in (0,1) - S, \end{cases}$$
   则 $f(x)$ 与 $g(x)$ 均为 $(0,1)$ 上的不可测函数.而在 $(0,1)$ 上 $f(x) + g(x) \equiv 0$,故其为可测函数.
   (7) 不正确.设 $S \subset (0,1)$ 为不可测集,$E = (0,1)$,令 $f(x) = \begin{cases} x, & x \in S, \\ -x, & x \in E - S, \end{cases}$ 则对任意实数 $a, E[f = a]$

均为可测集,而 $f(x)$ 在 E 上不可测.

(8) 若 $E_1 \subset E$ 为可测集,则 $f(x)$ 在 E_1 上一定可测.

(9) 一定可测.

(10) 是可测函数.因为博雷尔集的示性函数为简单函数.

(11) $f^2(x) + g^2(x)$ 在 E 上一定可测.

(12) 正确.因康托尔集的测度为零,故其任意子集依然为零测集.

(13) 正确.

(14) 不一定.若 $A \subset \mathbb{R}^n$ 为可测集,则其示性函数一定是简单函数;若 A 不可测,则其示性函数不是简单函数.

(15) 一定可测.

2. 设 $\psi_1(x) = \sum_{i=1}^{m} c_i \varphi_{E_i^{(1)}}(x)$ 与 $\psi_2(x) = \sum_{j=1}^{l} d_j \varphi_{E_j^{(2)}}(x)$ 均为 E 上的简单函数,其中 $E_i^{(1)}$ ($i = 1, 2, \cdots, m$),$E_j^{(2)}$ ($j = 1, 2, \cdots, l$) 各自互不相交,且 $\bigcup_{i=1}^{m} E_i^{(1)} = E$, $\bigcup_{j=1}^{l} E_j^{(2)} = E$. 令

$$E = \Big(\bigcup_{i=1}^{m} E_i^{(1)}\Big) \cap \Big(\bigcup_{j=1}^{l} E_j^{(2)}\Big) = \bigcup_{i=1}^{m} \bigcup_{j=1}^{l} (E_i^{(1)} \cap E_j^{(2)}),$$

其中 $E_i^{(1)} \cap E_j^{(2)}$ 为 ml 个互不相交的可测子集,则

$$\psi_1(x) \pm \psi_2(x) = \sum_{i=1}^{m} \sum_{j=1}^{l} (c_i \pm d_j) \varphi_{E_i^{(1)} \cap E_j^{(2)}}(x),$$

$$\psi_1(x) \cdot \psi_2(x) = \sum_{i=1}^{m} \sum_{j=1}^{l} c_i d_j \varphi_{E_i^{(1)} \cap E_j^{(2)}}(x), \quad \frac{\psi_1(x)}{\psi_2(x)} = \sum_{i=1}^{m} \sum_{j=1}^{l} \frac{c_i}{d_j} \varphi_{E_i^{(1)} \cap E_j^{(2)}}(x)$$

均为 E 上的简单函数.

3. 设 $E_\infty = E[f = +\infty]$. 因 $f(x)$ 为在 E 上几乎处处取有限值的非负可测函数,故 $mE_\infty = 0$. 设 $E_n = E[f > n]$,则 $\{E_n\}_{n=1}^{\infty}$ 为单调递减的可测集列,且 $\lim_{n \to \infty} E_n = E_\infty$. 因 $mE < +\infty$,故 $\lim_{n \to \infty} mE_n = m \lim_{n \to \infty} E_n = mE_\infty = 0$. 于是,对任意正数 $\varepsilon > 0$,总存在正整数 N,使 $mE_N < \frac{\varepsilon}{2}$. 设 $E_0 = E - E_N$,则 E_0 为 E 的可测子集,且在 E_0 上有 $0 \leqslant f(x) \leqslant N$. 由习题 3.2 的第 4 题,存在闭集 $F \subset E_0$,使 $m(E_0 - F) < \frac{\varepsilon}{2}$,从而

$$m(E - F) = m(E - E_0) + m(E_0 - F) < \varepsilon,$$

且在 F 上 $0 \leqslant f(x) \leqslant N$.

4. 设 $H = \bigcup_{k=1}^{\infty} \bigcap_{N=1}^{\infty} \bigcup_{n=N}^{\infty} E\Big[f_n \geqslant \frac{1}{k}\Big]$,则其为使 $f_n(x) \to 0$ 不成立的点构成的集合. 因为 $\bigcup_{n=N}^{\infty} E\Big[f_n \geqslant \frac{1}{k}\Big]$ ($N = 1, 2, \cdots$) 为单调递减的集合列,且对任意 $k \in \mathbb{Z}_+$,$\sum_{n=1}^{\infty} mE\Big[f_n > \frac{1}{k}\Big]$ 均收敛,故

$$m\Big(\bigcap_{N=1}^{\infty} \bigcup_{n=N}^{\infty} E\Big[f_n \geqslant \frac{1}{k}\Big]\Big) = \lim_{N \to \infty} m\Big(\bigcup_{n=N}^{\infty} E\Big[f_n \geqslant \frac{1}{k}\Big]\Big) = 0,$$

于是

$$0 \leqslant mH \leqslant \sum_{k=1}^{\infty} m\Big(\bigcap_{N=1}^{\infty} \bigcup_{n=N}^{\infty} E\Big[f_n \geqslant \frac{1}{k}\Big]\Big) = 0,$$

即 $mH=0$,结论成立.

5. 因为博雷尔集类是由全体开集构成的集合族生成的 σ 域,再根据一维开集的构造,只需证明一维空间中任意开区间的原像集为开区间即可. 因为 $f^{-1}(a,b)=E[f<b]-E[f\leqslant a]$,且 $f(x)$ 在 E 上可测,所以对任意博雷尔集 $B\subset\mathbb{R}$,$f^{-1}(B)$ 均为可测集. 反之,令 $B=(a,+\infty)$,则 $E[f>a]=f^{-1}(B)$ 为可测集. 若 $f(x)$ 在 E 上是连续,则可证明开集的原像依然为开集,从而 $f^{-1}(B)$ 依然为博雷尔集.

6. 只需证对任意实数 $a,E[g\circ f>a]=f^{-1}(g^{-1}(a,+\infty))$ 均为可测集. 由于 $g(y)$ 为 $\mathbb{R}$ 上的连续函数,故 $g^{-1}(a,+\infty)$ 为博雷尔集. 又因为 $f(x)$ 为 E 上的可测函数,所以 $f^{-1}(g^{-1}(a,+\infty))$ 为可测集.

7. 由 $\lim\limits_{n\to\infty}m^*E[|f_n-f|>\varepsilon]=0$,对任意正整数 i,总存在 n_i,使

$$m^*E\left[|f_{n_i}-f|>\frac{1}{2^i}\right]<\frac{1}{2^i}.$$

因此 $m\left(\bigcap\limits_{N=1}^{\infty}\bigcup\limits_{i=N}^{\infty}E_i\right)=0$. 所以,对几乎所有的 $x\in E, x\in\bigcup\limits_{N=1}^{\infty}\bigcap\limits_{i=N}^{\infty}E_i^c$. 故存在 N_0,当 $i\geqslant N_0$ 时,$x\in E_i^c$,即 $|f_{n_i}(x)-f(x)|\leqslant\frac{1}{2^i}$. 因此 $\lim\limits_{i\to\infty}f_{n_i}(x)=f(x)$ a.e. 于 E,从而 $f(x)$ 在 E 上可测.

习题 4.2

1. 由叶果洛夫定理,对任意正整数 i,存在可测集 $A_i\subset E$,使 $m(E-A_i)<\frac{1}{i}$,且在 A_i 上 $\{f_n(x)\}_{n=1}^{\infty}$ 一致收敛于 1. 令 $E_n=\bigcup\limits_{i=1}^{n}A_i(n=1,2,\cdots)$,则 $\{E_n\}_{n=1}^{\infty}$ 为单调递增的可测集列,且在每个 E_n 上 $\{f_n(x)\}_{n=1}^{\infty}$ 都一致收敛于 1. 因 $mE<+\infty$,故对任意正整数 i,有

$$mE-\frac{1}{i}<mA_i\leqslant m\left(\bigcup\limits_{i=1}^{\infty}A_i\right)\leqslant mE.$$

因此 $m\left(\bigcup\limits_{i=1}^{\infty}A_i\right)=mE$. 故

$$\lim\limits_{n\to\infty}mE_n=m\left(\bigcup\limits_{n=1}^{\infty}E_n\right)=m\left(\bigcup\limits_{k=1}^{\infty}A_k\right)=mE.$$

2. (1) 因为对任意 $\sigma>0$,有

$$E[|(f_n+g_n)-(f+g)|\geqslant\sigma]\subset E\left[|f_n-f|\geqslant\frac{\sigma}{2}\right]\cup E\left[|g_n-g|\geqslant\frac{\sigma}{2}\right],$$

所以 $mE[|(f_n+g_n)-(f+g)|\geqslant\sigma]\leqslant mE\left[|f_n-f|\geqslant\frac{\sigma}{2}\right]+mE\left[|g_n-g|\geqslant\frac{\sigma}{2}\right].$

由于 $f_n(x)\Rightarrow f(x)$ 于 E,且 $g_n(x)\Rightarrow g(x)$ 于 E,故

$$\lim\limits_{n\to\infty}mE\left[|f_n-f|\geqslant\frac{\sigma}{2}\right]=0, \quad \lim\limits_{n\to\infty}mE\left[|g_n-g|\geqslant\frac{\sigma}{2}\right]=0,$$

从而 $\lim\limits_{n\to\infty}mE[|(f_n+g_n)-(f+g)|\geqslant\sigma]=0.$

由依测度收敛的定义,结论成立.

(2) 若 $a=0$,则结论显然成立.

若 $a\neq 0$,则对任意 $\sigma>0$,有
$$E[|af_n-af|\geqslant\sigma]=E\left[|f_n-f|\geqslant\frac{\sigma}{|a|}\right].$$

由依测度收敛的定义,易知结论成立.

(3) 因为 $f_n(x)\Rightarrow f(x)$ 于 E,且 $g_n(x)\Rightarrow g(x)$ 于 E,所以对 $\{f_n(x)g_n(x)\}_{n=1}^{\infty}$ 的任一子列 $\{f_{n_i}(x)g_{n_i}(x)\}_{i=1}^{\infty}$,

存在 $\{f_{n_{i_j}}\}_{j=1}^{\infty}\subset\{f_{n_i}\}_{i=1}^{\infty}$ 与 $\{g_{n_{i_j}}\}_{j=1}^{\infty}\subset\{g_{n_i}\}_{i=1}^{\infty}$,使 $\lim_{j\to\infty}f_{n_{i_j}}(x)=f(x)$ a.e. 于 E,且

$\lim_{l\to\infty}g_{n_{i_{j_l}}}(x)=g(x)$ a.e. 于 E. 于是
$$\lim_{l\to\infty}f_{n_{i_{j_l}}}(x)g_{n_{i_{j_l}}}(x)=f(x)g(x)\text{ a.e. 于 }E,$$

结论成立.

若 $mE=+\infty$,举例如下:设 $E=[0,+\infty)$,作函数列
$$f_n(x)=\begin{cases}0, & x\in[0,n),\\ \dfrac{1}{x}, & x\in[n,+\infty)\end{cases}(n=1,2,\cdots),\quad g_n(x)=x\ (n=1,2,\cdots),$$

则 $f_n(x)\Rightarrow 0$ 于 E,$g_n(x)\Rightarrow x$ 于 E. 因 $E[|f_n(x)g_n(x)|\geqslant 1]=[n,+\infty)$,故 $f_n(x)g_n(x)$ 在 E 上不依测度收敛于 $f(x)g(x)$.

(4) 不妨设 $f(x)\neq 0$,且 $f_n(x)\neq 0\ (n=1,2,\cdots)$. 由 $f_n(x)\Rightarrow f(x)$ 于 E 知,对 $\{f_n(x)\}_{n=1}^{\infty}$ 的任意子列

$\{f_{n_i}(x)\}_{i=1}^{\infty}$,均存在子列 $\{f_{n_{i_j}}(x)\}_{j=1}^{\infty}$,使 $\lim_{j\to\infty}f_{n_{i_j}}(x)=f(x)$ a.e. 于 E,从而对任意子列 $\left\{\dfrac{1}{f_{n_i}(x)}\right\}_{i=1}^{\infty}$,

均存在子列 $\left\{\dfrac{1}{f_{n_{i_j}}(x)}\right\}_{j=1}^{\infty}$,使 $\lim_{j\to\infty}\dfrac{1}{f_{n_{i_j}}(x)}=\dfrac{1}{f(x)}$ a.e. 于 E,结论成立.

(5) 对任意 $\sigma>0$,有
$$E[|f_ng_n|\geqslant\sigma]\subset E[|f_n|\geqslant\sqrt{\sigma}]\cup E[|g_n|\geqslant\sqrt{\sigma}],$$

故
$$mE[|f_ng_n|\geqslant\sigma]\leqslant mE[|f_n|\geqslant\sqrt{\sigma}]+mE[|g_n|\geqslant\sqrt{\sigma}].$$

因为 $f_n(x)\Rightarrow f(x)$ 于 E,且 $g_n(x)\Rightarrow g(x)$ 于 E,所以
$$\lim_{n\to\infty}mE[|f_n|\geqslant\sqrt{\sigma}]=0,\quad \lim_{n\to\infty}mE[|g_n|\geqslant\sqrt{\sigma}]=0,$$

从而
$$\lim_{n\to\infty}mE[|f_ng_n|\geqslant\sigma]=0.$$

由依测度收敛的定义,结论成立.

3. 因 $f_n(x)\Rightarrow f(x)$ 于 E,故对任意 $\sigma>0$,有 $\lim_{n\to\infty}mE[|f_n-f|\geqslant\sigma]=0$. 令 $E_0=E[f\neq g]$. 由于 $f(x)=g(x)$

a.e. 于 E,所以 $mE_0=0$,从而
$$\lim_{n\to\infty}mE[|f_n-g|\geqslant\sigma]=\lim_{n\to\infty}m(E-E_0)[|f_n-f|\geqslant\sigma]+\lim_{n\to\infty}mE_0[|f_n-g|\geqslant\sigma]=0.$$

4. 因为 $f_n(x)\Rightarrow f(x)$ 于 E,由黎斯定理,存在 $\{f_n(x)\}_{n=1}^{\infty}$ 的子列 $\{f_{n_i}(x)\}_{i=1}^{\infty}$,使 $\lim_{i\to\infty}f_{n_i}(x)=f(x)$ a.e. 于 E. 又因为 $\{f_n(x)\}_{n=1}^{\infty}$ 在 E 上单调,所以 $\lim_{n\to\infty}f_n(x)=f(x)$.

5. 因为 $f_n(x)\Rightarrow f(x)$ 于 E,由黎斯定理,存在 $\{f_n(x)\}_{n=1}^{\infty}$ 的子列 $\{f_{n_i}(x)\}_{i=1}^{\infty}$,使 $\lim_{i\to\infty}f_{n_i}(x)=f(x)$ a.e. 于 E. 又因为 $|f_n(x)|\leqslant K$ a.e. 于 E,所以 $|f_{n_i}(x)|\leqslant K$ a.e. 于 E. 因此 $|f(x)|\leqslant K$ a.e. 于 E.

6. 必要性 因为 $f_n(x) \Rightarrow f(x)$ 于 E, 所以对 $\{f_n(x)\}_{n=1}^{\infty}$ 的任一子列 $\{f_{n_i}(x)\}_{i=1}^{\infty}$, 都有 $f_{n_i}(x) \Rightarrow f(x)$ 于 E. 由黎斯定理,存在 $\{f_{n_{i_k}}(x)\}_{k=1}^{\infty} \subset \{f_{n_i}(x)\}_{i=1}^{\infty}$, 使 $\lim\limits_{k\to\infty} f_{n_{i_k}}(x) = f(x)$ a.e. 于 E.

充分性 用反证法. 假若 $f_n(x) \Rightarrow f(x)$ 于 E 不成立,则存在 $\sigma > 0$, 使当 $n \to \infty$ 时, $mE[|f_n - f| \geq \sigma]$ 不收敛于 0. 因此必有 $\{f_{n_i}(x)\}_{i=1}^{\infty}$, 使 $\lim\limits_{i\to\infty} mE[|f_{n_i} - f| \geq \sigma] > 0$, 从而 $\{f_{n_i}(x)\}_{i=1}^{\infty}$ 就不存在几乎处处收敛于 $f(x)$ 的子列 $\{f_{n_{i_k}}(x)\}_{k=1}^{\infty}$. 若不然,如果有 $\{f_{n_{i_k}}(x)\}_{k=1}^{\infty}$ 几乎处处收敛于 $f(x)$, 则 $\lim\limits_{i\to\infty} mE[|f_{n_i} - f| \geq \sigma] = 0$, 产生矛盾. 故 $f_n(x) \Rightarrow f(x)$ 于 E.

习 题 4.3

1. 充分性 因为 $[a,b]$ 上的多项式函数为连续函数,故其也为可测函数. 又因为 $\lim\limits_{n\to\infty} p_n(x) = f(x)$ a.e. 于 $[a,b]$, 所以 $f(x)$ 在 $[a,b]$ 上可测.

必要性 由鲁金定理,对任意正整数 n, 存在闭集 $F_n \subset [a,b]$ 及 $\mathbb{R}$ 上的连续函数 $g(x)$, 使 $m([a,b] - F_n) < \dfrac{1}{n}$, 且在 F_n 上 $g(x) = f(x)$. 我们还可以要求 $F_n \subset F_{n+1}$. 因为 $g(x)$ 在 $[a,b]$ 上连续,所以存在多项式函数列 $\{p_n(x)\}_{n=1}^{\infty}$, 使在 $[a,b]$ 上 $|g(x) - p_n(x)| < \dfrac{1}{n}$ ($n \in \mathbb{Z}_+$), 从而在 $F_n \subset [a,b]$ 上, $|f(x) - p_n(x)| < \dfrac{1}{n}$ ($n \in \mathbb{Z}_+$). 令 $F = \bigcup\limits_{n=1}^{\infty} F_n$, 则 $m([a,b] - F) = 0$. 对任意 $x \in F$, 存在 n_0, 使当 $n \geq n_0$ 时, $x \in F_n$. 对任意正数 $\varepsilon > 0$, 取 $N > n_0$, 使 $\dfrac{1}{N} < \varepsilon$, 于是当 $n > N$ 时, $|f(x) - p_n(x)| < \dfrac{1}{n} < \varepsilon$, 结论成立.

2. 因为定义在可测集上的连续函数可测,并且可测函数列的极限函数依然为可测函数,所以充分性成立. 下证必要性. 由鲁金定理,对任意正整数 i, 总存在闭集 $F_i \subset E$, 使 $m(E - F_i) < \dfrac{1}{i}$, 且 $f(x)$ 在 F_i 上连续. 令 $A_n = \bigcup\limits_{i=1}^{n} F_i$, $A = \bigcup\limits_{i=1}^{\infty} F_i$, 则 $m(E - A) = 0$. 因 $f(x)$ 在闭集 F_i 上连续,故其在闭集 A_n 上也连续. 将 $f(x)$ 扩张到 $\mathbb{R}^n$ 上得到连续函数 $f_n(x)$. 易得当 $x \in A$ 时, $\lim\limits_{n\to\infty} f_n(x) = f(x)$, 从而
$$\lim\limits_{n\to\infty} f_n(x) = f(x) \text{ a.e. } \text{于 } E.$$

3. 仅就一维空间的情形证明, n 维空间的情形可类似证之. 设 $f(x)$ 为有界闭集上的连续函数,由鲁金定理,存在 $\mathbb{R}$ 上的连续函数 $g(x)$, 使在 F 上 $f(x) = g(x)$. 因为 F 为有界闭集,所以存在闭区间 $[a,b] \supset F$. 由闭区间上连续函数的性质, $g(x)$ 在 $[a,b]$ 上有界,从而在 F 上也有界,所以 $f(x)$ 在 F 上有界.

习 题 5.2

1. 设 $g(x) = x^4$ ($x \in [0,1]$). 因 A 为可数集合,故 $mA = 0$. 于是 $f(x) = g(x)$ a.e. 于 $[0,1]$. 因此
$$\int_{[0,1]} f(x) \mathrm{d}x = \int_{[0,1]} g(x) \mathrm{d}x = \int_0^1 x^4 \mathrm{d}x = \dfrac{1}{5}.$$

2. 设 $f(x) \equiv 0$ ($x \in [0,1]$), 则 $D(x) = f(x)$ a.e. 于 $[0,1]$, $R(x) = f(x)$ a.e. 于 $[0,1]$. 故
$$\int_{[0,1]} D(x) \mathrm{d}x = \int_{[0,1]} f(x) \mathrm{d}x = 0, \quad \int_{[0,1]} R(x) \mathrm{d}x = \int_{[0,1]} f(x) \mathrm{d}x = 0.$$

3. 对每个 E_i ($i=1,2,\cdots,k$),作示性函数 $\varphi_{E_i}(x) = \begin{cases} 1, & x \in E_i \\ 0, & x \notin E_i \end{cases}$,则

$$\varphi_{E_i}(x) + \cdots + \varphi_{E_k}(x) \geqslant p, \quad \int_E (\varphi_{E_i}(x) + \cdots + \varphi_{E_m}(x)) \mathrm{d}x \geqslant \int_E p \mathrm{d}x = p \cdot mE,$$

即 $mE_1 + mE_2 + \cdots + mE_k \geqslant p \cdot mE$,故存在某个 i_0 ($1 \leqslant i_0 \leqslant k$),使 $mE_{i_0} \geqslant \dfrac{p}{k} mE$. 若不然,即对任意 $i \leqslant k$,有 $mE_i < \dfrac{p}{k} mE$,则 $mE_1 + \cdots + mE_k < k \cdot \dfrac{p}{k} mE < p \cdot mE$,产生矛盾.

习 题 5.3

1. 对任意 $\sigma > 0$,有 $\sigma mE[|f_n| \geqslant \sigma] \leqslant \int_{E[|f_n| \geqslant \sigma]} f_n(x) \mathrm{d}x \leqslant \int_E f_n(x) \mathrm{d}x$,所以

$$mE[|f_n| \geqslant \sigma] \leqslant \frac{1}{\sigma} \int_E f_n(x) \mathrm{d}x, \quad \text{从而} \quad 0 \leqslant \lim_{n \to \infty} mE[|f_n| \geqslant \sigma] \leqslant \lim_{n \to \infty} \frac{1}{\sigma} \int_E f_n(x) \mathrm{d}x = 0,$$

结论成立.

2. 令 $A_i = E[i \leqslant f < i+1]$ ($i = 0,1,2,\cdots$),则 A_i 互不相交,且 $E_n = \bigcup_{i=n}^{\infty} A_i$. 因此

$$mE_n = \sum_{i=n}^{\infty} mA_i, \quad \text{从而} \quad \sum_{n=1}^{\infty} mE_n = \sum_{i=1}^{\infty} mA_i + \sum_{i=2}^{\infty} mA_i + \cdots + \sum_{i=n}^{\infty} mA_i + \cdots = \sum_{i=1}^{\infty} i mA_i.$$

因为 $imA_i \leqslant \int_{A_i} f(x) \mathrm{d}x \leqslant (i+1) mA_i$,所以

$$\sum_{n=1}^{\infty} mE_n = \sum_{i=1}^{\infty} imA_i = \sum_{i=0}^{\infty} imA_i \leqslant \sum_{i=0}^{\infty} \int_{A_i} f(x) \mathrm{d}x = \int_E f(x) \mathrm{d}x < +\infty.$$

3. 令 $E_n = E[f \geqslant 2^n]$,则 $2^n m(E_n - E_{n+1}) \leqslant \int_{E_n - E_{n+1}} f(x) \mathrm{d}x \leqslant 2^{n+1} m(E_n - E_{n+1})$,于是

$$\sum_{n=0}^{\infty} 2^n m(E_n - E_{n+1}) + \int_{E[f<1]} f(x) \mathrm{d}x \leqslant \int_E f(x) \mathrm{d}x \leqslant 2 \sum_{n=0}^{\infty} 2^n m(E_n - E_{n+1}) + \int_{E[f<1]} f(x) \mathrm{d}x.$$

上式表明 $f(x)$ 在 E 上 L 可积当且仅当 $\sum_{n=0}^{\infty} 2^n m(E_n - E_{n+1}) < +\infty$. 又因为

$$\sum_{n=0}^{\infty} 2^n m(E_n - E_{n+1}) = \sum_{n=0}^{\infty} 2^n mE_n - \sum_{n=0}^{\infty} 2^n mE_{n+1} = \sum_{n=0}^{\infty} 2^n mE_n - \frac{1}{2} \sum_{n=1}^{\infty} 2^n mE_n$$

$$= mE_0 + \frac{1}{2} \sum_{n=1}^{\infty} 2^n mE_n = \frac{1}{2} mE_0 + \frac{1}{2} \sum_{n=0}^{\infty} 2^n mE_n,$$

所以 $\sum_{n=0}^{\infty} 2^n m(E_n - E_{n+1}) < +\infty$ 当且仅当 $\sum_{n=0}^{\infty} 2^n mE_n < +\infty$.

4. 因为 $f(x)$ 在 E 上可测,故 E_n ($n = 0, \pm 1, \pm 2, \cdots$) 为互不相交的可测集,且 $E = \bigcup_{n=-\infty}^{+\infty} E_n$.

当 $n \geqslant 1$ 时,在 E_n 上,有 $n-1 \leqslant f(x) < n$;

当 $n \leqslant 0$ 时,在 E_n 上,有 $|n| < |f(x)| \leqslant |n-1| = 1 - n = 1 + |n|$.

故对任意 n,在 E_n 上,均有 $|n| - 1 \leqslant |f(x)| \leqslant |n| + 1$. 于是

$$(|n|-1)mE_n \leqslant \int_{E_n} |f(x)| \,\mathrm{d}x \leqslant (|n|+1)mE_n \quad (n=0, \pm 1, \pm 2, \cdots).$$

由积分的完全可加性,可得

$$\sum_{n=-\infty}^{+\infty} |n| \cdot mE_n - \sum_{n=-\infty}^{+\infty} mE_n \leqslant \sum_{n=-\infty}^{+\infty} \int_{E_n} |f(x)| \,\mathrm{d}x \leqslant \sum_{n=-\infty}^{+\infty} |n| \cdot mE_n + \sum_{n=-\infty}^{+\infty} mE_n,$$

从而

$$\sum_{n=-\infty}^{+\infty} |n| \cdot mE_n - mE \leqslant \int_E |f(x)| \,\mathrm{d}x \leqslant \sum_{n=-\infty}^{+\infty} |n| \cdot mE_n + mE,$$

结论成立.

5. 因为 $\int_{e_n} n \,\mathrm{d}x \leqslant \int_{e_n} f(x) \,\mathrm{d}x \leqslant \int_E f(x) \,\mathrm{d}x < +\infty$,所以 $n \cdot me_n \leqslant \int_E f(x) \,\mathrm{d}x < +\infty$. 于是

$$me_n \leqslant \frac{1}{n} \int_E f(x) \,\mathrm{d}x \to 0, \quad 即 \quad \lim_{n \to \infty} me_n = 0.$$

由积分绝对连续性,对任意 $\varepsilon > 0$,存在 $\delta > 0$,当 $me < \delta$ 时,有 $\int_e f(x) \,\mathrm{d}x < \varepsilon$. 因为 $\lim_{n \to \infty} me_n = 0$,所以对上述 $\delta > 0$,存在正整数 N,当 $n \geqslant N$ 时,$me_n < \delta$,从而 $n \cdot me_n \leqslant \int_{e_n} f(x) \,\mathrm{d}x < \varepsilon$,即 $\lim_{n \to \infty} n \cdot me_n = 0$.

6. 利用勒贝格积分的几何意义易于证得结论成立.

7. $mE[|f| \geqslant a] = \frac{1}{a} \int_{E[|f| \geqslant a]} a \,\mathrm{d}x \leqslant \frac{1}{a} \int_E |f(x)| \,\mathrm{d}x$; $mE[f \geqslant a] = \mathrm{e}^{-a} \int_{E[f \geqslant a]} \mathrm{e}^a \,\mathrm{d}x \leqslant \mathrm{e}^{-a} \int_E \mathrm{e}^{f(x)} \,\mathrm{d}x$.

8. 令 $e_n = E[|f| > n]$ $(n=1, 2, \cdots)$,则 e_n 为单调递减的可测集列,且 $E[|f| = +\infty] = \bigcap_{n=1}^{\infty} e_n$. 因 $f(x)$ 在 $E \subset \mathbb{R}$ 上可积,故 $\lim_{n \to \infty} me_n = 0$. 由积分的绝对连续性,对任意 $\varepsilon > 0$,存在正整数 N,使 $N \cdot me_N \leqslant \int_{e_N} |f(x)| \,\mathrm{d}x < \frac{\varepsilon}{4}$. 令 $E_N = E - e_N$,由鲁金定理,存在闭集 $F_N \subset E_N$ 与 $\mathbb{R}$ 上的连续函数 $h(x)$,使 $m(E_N - F_N) < \frac{\varepsilon}{4N}$,且在 F_N 上,$f(x) = h(x)$. 于是

$$\int_E |f(x) - h(x)| \,\mathrm{d}x = \int_{e_N} |f(x) - h(x)| \,\mathrm{d}x + \int_{F_N} |f(x) - h(x)| \,\mathrm{d}x$$

$$\leqslant \int_{e_N} |f(x)| \,\mathrm{d}x + \int_{e_N} |h(x)| \,\mathrm{d}x + \int_{E_N - F_N} |f(x) - h(x)| \,\mathrm{d}x$$

$$< \frac{\varepsilon}{4} + N \cdot me_N + 2N \cdot m(E_N - F_N) < \varepsilon.$$

9. 取 $g(x) \equiv 1$,根据已知条件,可得 $\int_E f(x) \,\mathrm{d}x = 0$. 由定理 4,$f(x) = 0$ a.e. 于 E.

习 题 5.4

1. 利用 $\dfrac{\sin \alpha x}{\mathrm{e}^x - 1} = \sin \alpha x \cdot \dfrac{\mathrm{e}^{-x}}{1 - \mathrm{e}^{-x}} = \sin \alpha x \sum_{n=1}^{\infty} \mathrm{e}^{-nx}$ 与勒贝格基本定理,结论成立.

2. 令 $f_n(x) = \left(1 + \dfrac{x}{n}\right)^{-n} x^{-1/n}$,$F(x) = \begin{cases} x^{-1/2}, & 0 < x \leqslant 1, \\ 4x^{-2}, & 1 < x < +\infty, \end{cases}$ 则 $F(x)$ 在 $(0, +\infty)$ 上 L 可积.

当 $0<x\leqslant 1, n\geqslant 2$ 时,$f_n(x)\leqslant x^{-1/n}\leqslant x^{-1/2}$;

当 $1<x<+\infty, n\geqslant 2$ 时,
$$f_n(x)\leqslant \left(1+\frac{x}{n}\right)^{-n}=\left[\left(1+\frac{x}{n}\right)^{n/x}\right]^{-x}\leqslant \left[\left(1+\frac{x}{2}\right)^{2/x}\right]^{-x}=\left(1+\frac{x}{2}\right)^{-2}\leqslant 4x^{-2}.$$

因此,当 $x\in(0,+\infty), n\geqslant 2$ 时,$f_n(x)\leqslant F(x)$. 由勒贝格控制收敛定理,有
$$\lim_{n\to\infty}\int_{(0,+\infty)}\frac{1}{\left(1+\frac{x}{n}\right)^n x^{1/n}}\mathrm{d}x=\int_{(0,+\infty)}\lim_{n\to\infty}\frac{1}{\left(1+\frac{x}{n}\right)^n x^{1/n}}\mathrm{d}x=\int_{(0,+\infty)}\mathrm{e}^{-x}\mathrm{d}x=\int_0^{+\infty}\mathrm{e}^{-x}\mathrm{d}x=1.$$

3. 令 $f_n(x)=\left(1-\frac{x}{n}\right)^n x^{a-1}\varphi_n(x)$,其中 $\varphi_n(x)$ 为 $(0,+\infty)$ 的示性函数. 易知 $f_n(x)$ 在 $(0,+\infty)$ 上可测,且 $\lim\limits_{n\to\infty} f_n(x)=\mathrm{e}^{-x}x^{a-1}$ $(x\in(0,+\infty))$. 令 $F(x)=x^{a-1}$,由勒贝格控制收敛定理,结论成立.

4. 设 $f_n(x)=f(x)\varphi_{E_n}(x)$ $(x\in E)$,其中 $\varphi_{E_n}(x)$ 为 E_n 的示性函数,且 $|f_n(x)|\leqslant |f(x)|$. 由勒贝格控制收敛定理,有
$$\lim_{n\to\infty}\int_{E_n}f(x)\mathrm{d}x=\lim_{n\to\infty}\int_E f_n(x)\mathrm{d}x=\int_E \lim_{n\to\infty}f_n(x)\mathrm{d}x=\int_E f(x)\varphi_{\lim\limits_{n\to\infty} E_n}(x)\mathrm{d}x=\int_{\lim\limits_{n\to\infty} E_n}f(x)\mathrm{d}x$$

5. 由已知条件,可得 $|f(x)|\leqslant g(x)$ $(x\in E)$. 因为 $g(x)$ 在 E 上 L 可积,所以 $f(x)$ 在 E 上也 L 可积. 由于 $|f_n(x)|\leqslant g_n(x)$,故 $g_n(x)+f_n(x), g_n(x)-f_n(x)$ $(n=1,2,\cdots)$ 均为 E 上的非负可测函数列. 对上述两个函数列应用法都引理,可得
$$\int_E \varliminf_{n\to\infty} f_n(x)\mathrm{d}x\leqslant \varliminf_{n\to\infty}\int_E f_n(x)\mathrm{d}x,\quad \int_E f(x)\mathrm{d}x\leqslant \varliminf_{n\to\infty}\int_E f_n(x)\mathrm{d}x,\quad \int_E f(x)\mathrm{d}x\geqslant \varlimsup_{n\to\infty}\int_E f_n(x)\mathrm{d}x.$$

于是
$$\varliminf_{n\to\infty}\int_E f_n(x)\mathrm{d}x\geqslant \int_E f(x)\mathrm{d}x\geqslant \varlimsup_{n\to\infty}\int_E f_n(x)\mathrm{d}x\geqslant \varliminf_{n\to\infty}\int_E f_n(x)\mathrm{d}x,$$

结论成立.

6. 必要性 由于函数 $y=\dfrac{x}{1+x}$ 在 $[0,+\infty)$ 上严格增加,故对任意 $\delta>0$,有
$$\int_E \frac{|f_n(x)|}{1+|f_n(x)|}\mathrm{d}x\geqslant \int_{E[|f_n|\geqslant \delta]}\frac{|f_n(x)|}{1+|f_n(x)|}\mathrm{d}x\geqslant \int_{E[|f_n|\geqslant \delta]}\frac{\delta}{1+\delta}\mathrm{d}x=\frac{\delta}{1+\delta}mE[|f_n|\geqslant \delta]\geqslant 0.$$

由 $\lim\limits_{n\to\infty}\int_E\dfrac{|f_n(x)|}{1+|f_n(x)|}\mathrm{d}x=0$,知 $\lim\limits_{n\to\infty}mE[|f_n|\geqslant \delta]=0$,即 $f_n(x)\Rightarrow 0$ 于 E.

充分性 设 $f_n(x)\Rightarrow 0$ 于 E,则对任意 $\delta>0$,有
$$\int_E \frac{|f_n(x)|}{1+|f_n(x)|}\mathrm{d}x=\int_{E[|f_n|\geqslant \delta]}\frac{|f_n(x)|}{1+|f_n(x)|}\mathrm{d}x+\int_{E[|f_n|<\delta]}\frac{|f_n(x)|}{1+|f_n(x)|}\mathrm{d}x$$
$$\leqslant \int_{E[|f_n|\geqslant \delta]}1\mathrm{d}x+\int_{E[|f_n|<\delta]}\frac{\delta}{1+\delta}\mathrm{d}x\leqslant mE[|f_n|\geqslant \delta]+\delta mE.$$

由 $\lim\limits_{n\to\infty}mE[|f_n|\geqslant \delta]=0, mE<+\infty$ 及 δ 的任意性,知 $\lim\limits_{n\to\infty}\int_E\dfrac{|f_n(x)|}{1+|f_n(x)|}\mathrm{d}x=0$.

7. 设 E_0 为 E 上使得 $\{f_n(x)\}_{n=1}^\infty$ 不收敛于 $f(x)$ 的点构成的集合,则 $mE_0=0$. 而在 $E-E_0$ 上,$\lim\limits_{n\to\infty}f_n(x)=f(x)$,因此在 $E-E_0$ 上也有 $\lim\limits_{n\to\infty}|f_n(x)|=|f(x)|$. 由法都引理,有
$$\int_{E-E_0}|f(x)|\mathrm{d}x=\int_{E-E_0}\lim_{n\to\infty}|f_n(x)|\mathrm{d}x\leqslant \varliminf_{n\to\infty}\int_{E-E_0}|f_n(x)|\mathrm{d}x\leqslant \varliminf_{n\to\infty}\int_E|f_n(x)|\mathrm{d}x<K.$$

于是
$$\int_E |f(x)|\,\mathrm{d}x = \int_{E_0} |f(x)|\,\mathrm{d}x + \int_{E-E_0} |f(x)|\,\mathrm{d}x < 0 + K = K.$$

8. 首先由法都引理得到 $\int_e |f(x)|\,\mathrm{d}x = \int_e \varliminf_{n\to\infty} |f_n(x)|\,\mathrm{d}x \leqslant \varliminf_{n\to\infty} \int_e |f_n(x)|\,\mathrm{d}x$, 然后用反证法证得 $\varlimsup_{n\to\infty} \int_e |f_n(x)|\,\mathrm{d}x \leqslant \int_e |f(x)|\,\mathrm{d}x$, 从而结论成立.

习 题 6.1

1. 任取 $x \in (a,b]$. 因为 $0 \leqslant |f(x)-f(a)| \leqslant V_a^x(f) \leqslant V_a^b(f) = 0$, 所以 $|f(x)-f(a)| = 0$. 故 $f(x) = f(a)$, 即 $f(x)$ 在 $[a,b]$ 上为常值函数.

2. 对 $[a,b]$ 的任意分割 $\Delta: a = x_0 < x_1 < \cdots < x_{m-1} < x_m = b$, 有
$$\sum_{i=1}^m |f_n(x_i) - f_n(x_{i-1})| \leqslant V_a^b(f_n) \leqslant K \quad (n=1,2,\cdots).$$
于是
$$\sum_{i=1}^m |f(x_i) - f(x_{i-1})| = \lim_{n\to\infty} \sum_{i=1}^m |f_n(x_i) - f_n(x_{i-1})| \leqslant K,$$
由 Δ 的任意性, $f(x)$ 也为 $[a,b]$ 上的有界变差函数.

3. 因为绝对连续函数一定一致连续, 设 $\max_{x\in[a,b]}\{f(x)\} = M_1$, $\min_{x\in[a,b]}\{f(x)\} = m_1$, $\max_{x\in[a,b]}\{g(x)\} = M_2$, $\min_{x\in[a,b]}\{f(x)\} = m_2$, 则由下面各式与绝对连续函数的定义可证得结论成立:
$$\sum_{i=1}^n |(f(b_i) - g(b_i)) - (f(a_i) - g(a_i))| = \sum_{i=1}^n |f(b_i) - f(a_i) - g(b_i) + g(a_i)|$$
$$\leqslant \sum_{i=1}^n |f(b_i) - f(a_i)| + \sum_{i=1}^n |g(b_i) - g(a_i)|;$$
$$\sum_{i=1}^n |f(b_i)g(b_i) - f(a_i)g(a_i)| = \sum_{i=1}^n |f(b_i)g(b_i) - f(a_i)g(b_i) + f(a_i)g(b_i) - f(a_i)g(a_i)|$$
$$= \sum_{i=1}^n |g(b_i)(f(b_i) - f(a_i)) + f(a_i)(g(b_i) - g(a_i))|$$
$$\leqslant \sum_{i=1}^n |g(b_i)(f(b_i) - f(a_i))| + \sum_{i=1}^n |f(a_i)(g(b_i) - g(a_i))|$$
$$\leqslant M_2 \sum_{i=1}^n |f(b_i) - f(a_i)| + M_1 \sum_{i=1}^n |g(b_i) - g(a_i)|;$$
$$\sum_{i=1}^n \left|\frac{1}{g(b_i)} - \frac{1}{g(a_i)}\right| = \sum_{i=1}^n \left|\frac{g(b_i) - g(a_i)}{g(a_i)g(b_i)}\right| \leqslant \frac{1}{m_1 m_2} \sum_{i=1}^n |g(b_i) - g(a_i)|.$$

4. 因为 $|g'(x)|$ 在 $[0,1]$ 上 R 可积, 所以其也 L 可积. 又因
$$g(x) = g(0) + \int_{[0,x]} g'(t)\,\mathrm{d}t,$$
故结论成立.

5. 取 $[0,1]$ 的分割 $\Delta: 0 < \frac{1}{2n} < \frac{1}{2n-1} < \cdots < \frac{1}{3} < \frac{1}{2} < 1$, 则
$$\sum_{i=1}^n |f(x_i) - f(x_{i-1})| = \sum_{i=1}^n \frac{1}{i} = +\infty,$$

即 $f(x)$ 不是有界变差函数,从而其也不是绝对连续函数.

6. 由绝对连续函数的定义与微分中值定理,结论成立.

7. 当 $\alpha \leqslant \beta$ 时,在 $[0,1]$ 上取分点 $x_0 = 0, x_i = \left((n-1-i)\pi + \frac{\pi}{2}\right)^{-1/\beta} (i=1,2,\cdots,n-1), x_n = 1$,则

$$\sum_{i=1}^n |f(x_i) - f(x_{i-1})| > \frac{2}{\pi} \sum_{j=2}^n \frac{1}{j} \to +\infty \quad (n \to \infty).$$

故此时 $f(x)$ 不是 $[0,1]$ 上的有界变差函数,因此也不是绝对连续函数.

当 $\alpha > \beta > 0$ 时,$f'(x) = \alpha x^{\alpha-1} \sin x^{-\beta} - \beta x^{\alpha-\beta-1} \cos x^{-\beta}$,因此
$$|f'(x)| \leqslant \alpha x^{\alpha-1} + \beta x^{\alpha-\beta-1},$$
所以 $|f'(x)|$ 在 $[0,1]$ 上 R 可积,当然也 L 可积. 又因为
$$f(x) = f(0) + \int_{[0,x]} f'(t) \mathrm{d}t,$$
所以 $f(x)$ 在 $[0,1]$ 上绝对连续,当然其也为有界变差函数.

习 题 6.2

1. 令 $F(x) = \int_{[a,x]} f(t) g'(t) \mathrm{d}t$,由已知条件,$F(x)$ 在 $[a,b]$ 上有意义. 因为 $f(x)$ 为 $[a,b]$ 上的连续函数,所以存在 $M > 0$,使对任意 $x \in [a,b]$,有 $|f(x)| \leqslant M$ 成立. 对 $[a,b]$ 的任意分割 $\Delta: a = x_0 < x_1 < \cdots < x_{m-1} < x_m = b$,有

$$\sum_{i=1}^n |F(x_i) - F(x_{i-1})| = \sum_{i=1}^n \left| \int_{[x_{i-1},x_i]} f(t) g'(t) \mathrm{d}t \right|$$

$$\leqslant M \sum_{i=1}^n |g(x_i) - g(x_{i-1})| \leqslant M V_a^b(g) < +\infty,$$

即 $F(x)$ 为 $[a,b]$ 上的有界变差函数.

2. 令 $f(x_i) = a_i (i=1,2,\cdots), E_0 = \{x_i\}_{i=1}^\infty$. 设

$$E_k = \left\{ x \mid x \in [a,b], x \notin E_0, \text{且存在无限多个 } y, \text{使} \left| \frac{f(y)-f(x)}{y-x} \right| > \frac{1}{k} \right\} \quad (k=1,2,\cdots).$$

则 $x \in E_k$ 当且仅当有无限多个 i,使 $|x-x_i| < k|a_i|$. 设 $J_i = (x_i - k|a_i|, x_i + k|a_i|)$,易得 $E_k \subset \bigcup_{i=1}^\infty J_i$,且 $\sum_{i=1}^\infty m J_i = 2k \sum_{i=1}^\infty |a_i| < +\infty$(因为 $f(x)$ 为 $[a,b]$ 上的有界变差函数). 所以 $m \left(\bigcup_{N=1}^\infty \bigcup_{i=N}^\infty J_i \right) = 0$,于是 $m E_k = 0$,从而 $m \left(E_0 \cup \left(\bigcup_{k=1}^\infty E_k \right) \right) = 0$,在 $[a,b] - E_0 \cup \left(\bigcup_{k=1}^\infty E_k \right)$ 上,$f'(x) = 0$.

习 题 6.3

1. 因为 $f(x)$ 为 $[a,b]$ 上的单调函数,且 $f'(x)$ 处处存在,所以 $f'(x)$ 为可积函数. 设
$$f_n(x) = \begin{cases} f'(x), & f'(x) \leqslant n, \\ n, & f'(x) > n, \end{cases}$$

则 $f_n(x) \leqslant f'(x)$,且 $\lim\limits_{n\to\infty} f_n(x) = f'(x)$. 令 $F_n(x) = f(x) - \int_{[a,x]} f_n(x)\mathrm{d}x$,则 $F'_n(x) \geqslant 0$. 因此 $F_n(x) \geqslant F_n(a)$,即 $f(x) - f(a) \geqslant \int_{[a,x]} f_n(x)\mathrm{d}x$. 由勒贝格控制收敛定理,有

$$\lim_{n\to\infty} \int_{[a,x]} f_n(x)\mathrm{d}x = \int_{[a,x]} f'(x)\mathrm{d}x,$$

从而 $f(x) - f(a) \geqslant \int_{[a,x]} f'(x)\mathrm{d}x$. 同理可得 $f(x) - f(a) \leqslant \int_{[a,x]} f'(x)\mathrm{d}x$,于是

$$f(x) = f(a) + \int_{[a,x]} f'(x)\mathrm{d}x.$$

故 $f(x)$ 在 $[a,b]$ 上绝对连续.

2. 因为 $f_n(x)$ 为 $[a,b]$ 上单调递增的绝对连续函数,所以

$$f_n(x) = f_n(a) + \int_{[a,x]} f'_n(t)\mathrm{d}t \quad (n = 1, 2, \cdots),$$

且 $f'_n(t) \geqslant 0$ a.e. 于 $[a,b]$,从而

$$f(x) = \sum_{i=1}^{n} f_n(x) = \sum_{i=1}^{n} f_n(a) + \sum_{i=1}^{n} \int_{[a,x]} f'_n(t)\mathrm{d}t.$$

又因 $\sum_{n=1}^{\infty} f_n(x)$ 在 $[a,b]$ 上收敛,故

$$\int_{[a,x]} \sum_{i=1}^{n} f'_n(t)\mathrm{d}t = \sum_{i=1}^{n} \int_{[a,x]} f'_n(t)\mathrm{d}t \leqslant \sum_{i=1}^{n} [f_n(b) - f_n(a)] < +\infty.$$

于是 $f(x) = \sum_{n=1}^{\infty} f_n(a) + \int_{[a,x]} \sum_{i=1}^{n} f'_n(t)\mathrm{d}t$ 在 $[a,b]$ 上绝对收敛.

3. 因为 $f_n(x)$ 在 $[a,b]$ 上绝对连续,所以 $f'_n(x)$ 在 $[a,b]$ 上几乎处处存在. 由勒贝格逐项积分定理,有

$$\int_{[a,b]} \sum_{n=1}^{\infty} |f'_n(x)|\mathrm{d}x = \sum_{n=1}^{\infty} \int_{[a,b]} |f'_n(x)|\mathrm{d}x.$$

因为 $\sum_{n=1}^{\infty} \int_{[a,b]} |f'_n(x)|\mathrm{d}x$ 收敛,所以 $\sum_{n=1}^{\infty} |f'_n(x)|$ 在 $[a,b]$ 上 L 可积,且

$$\lim_{k\to\infty} \int_{[c,x]} \sum_{n=1}^{k} f'_n(x)\mathrm{d}x = \int_{[c,x]} \sum_{n=1}^{k} |f'_n(x)|\mathrm{d}x \quad 或 \quad \lim_{k\to\infty} \int_{[x,c]} \sum_{n=1}^{k} f'_n(x)\mathrm{d}x = \int_{[x,c]} \sum_{n=1}^{k} |f'_n(x)|\mathrm{d}x.$$

因为 $f_n(x) = \int_{[c,x]} f'_n(t)\mathrm{d}t + f_n(c)$ 或 $f_n(x) = \int_{[x,c]} f'_n(t)\mathrm{d}t + f_n(c)$,所以

$$\sum_{n=1}^{k} f_n(x) = \int_{[c,x]} \sum_{n=1}^{k} f'_n(t)\mathrm{d}t + \sum_{n=1}^{k} f_n(c) \quad 或 \quad \sum_{n=1}^{k} f_n(x) = \int_{[x,c]} \sum_{n=1}^{k} f'_n(t)\mathrm{d}t + \sum_{n=1}^{k} f_n(c).$$

令 $k \to \infty$,得

$$\sum_{n=1}^{\infty} f_n(x) = \int_{[c,x]} \sum_{n=1}^{k} f'_n(t)\mathrm{d}t + \sum_{n=1}^{\infty} f_n(c) \quad 或 \quad \sum_{n=1}^{\infty} f_n(x) = \int_{[x,c]} \sum_{n=1}^{k} f'_n(t)\mathrm{d}t + \sum_{n=1}^{\infty} f_n(c),$$

于是 $\sum_{n=1}^{\infty} f_n(x)$ 在 $[a,b]$ 上收敛. 设其和函数为 $f(x)$,从而

$$f_n(x) = \int_{[c,x]} \sum_{n=1}^{k} f'_n(t)\mathrm{d}t + \sum_{n=1}^{\infty} f_n(c) \quad 或 \quad f_n(x) = \int_{[x,c]} \sum_{n=1}^{\infty} f'_n(t)\mathrm{d}t + \sum_{n=1}^{\infty} f_n(c),$$

因此 $f(x)$ 在 $[a,b]$ 上绝对收敛,且 $f'(x) = \sum_{n=1}^{\infty} f'_n(x)$ a. e. 于 $[a,b]$.

习 题 6.4

1. 当 $f(x,y)$ 为非负可测函数时,令 $A_n = \{x \in \mathbb{R}^p \mid \|x\| \leq n\}$,$B_n = \{y \in \mathbb{R}^q \mid \|y\| \leq n\}$,则
$$m(A_n \times B_n) = mA_n \cdot mB_n < +\infty.$$
考虑有界可测函数 $[f(x,y)]_n$,其在 $A_n \times B_n$ 上 L 可积,由富比尼定理,有
$$\int_{A_n \times B_n} [f(x,y)]_n \mathrm{d}x \mathrm{d}y = \int_{A_n} \mathrm{d}x \int_{B_n} [f(x,y)]_n \mathrm{d}y \leqslant \int_{\mathbb{R}^p} \mathrm{d}x \int_{\mathbb{R}^q} |f(x,y)| \mathrm{d}y < +\infty,$$
因此 $f(x,y)$ 在 $\mathbb{R}^{p+q}$ 上可积. 当 $f(x,y)$ 为一般的可测函数时,由上面的证明知 $|f(x,y)|$ 在 $\mathbb{R}^{p+q}$ 上 L 可积,由 $f(x,y)$ 的可测性知 $f(x,y)$ 也在 $\mathbb{R}^{p+q}$ 上 L 可积.

2. 设 $A = \{(x,y) \in \mathbb{R}^p \times \mathbb{R}^q \mid |f(x,y)| < +\infty\}$,$B = \mathbb{R}^p \times \mathbb{R}^q - A$,则 $mB = 0$. 因此
$$\int_{\mathbb{R}^p} \mathrm{d}x \int_{\mathbb{R}^q} \varphi_B(x,y) \mathrm{d}y = 0.$$
由富比尼定理,有
$$\int_{\mathbb{R}^q} \mathrm{d}y \int_{\mathbb{R}^p} \varphi_B(x,y) \mathrm{d}x = 0.$$
故对几乎所有的 $y \in \mathbb{R}^q$,有
$$\int_{\mathbb{R}^p} \varphi_B(x,y) \mathrm{d}x = 0,$$
即对几乎所有的 $y \in \mathbb{R}^q$,B 的截口为零测集,从而结论成立.

3. 因为 $\int_{(0,1)} f(x,y) \mathrm{d}y = \frac{1}{2x} - \frac{x}{2(x^2+1)}$ 在 $(0,1)$ 上不 L 可积,所以累次积分 $\int_{(0,1)} \mathrm{d}x \int_{(0,1)} f(x,y) \mathrm{d}y$ 不存在. 同理 $\int_{(0,1)} \mathrm{d}y \int_{(0,1)} f(x,y) \mathrm{d}x$ 也不存在.
$$\int_{(0,1)} \mathrm{d}x \int_{(0,1)} g(x,y) \mathrm{d}y = \int_{(0,1)} \frac{1}{1+x^2} \mathrm{d}x = \int_0^1 \frac{1}{1+x^2} \mathrm{d}x = \frac{\pi}{4};$$
$$\int_{(0,1)} \mathrm{d}y \int_{(0,1)} g(x,y) \mathrm{d}x = \int_{(0,1)} \frac{-1}{1+y^2} \mathrm{d}y = \int_0^1 \frac{-1}{1+y^2} \mathrm{d}y = -\frac{\pi}{4}.$$

4. 用反证法. 假设 $f(x,y)$ 在 $(0,1) \times (0,1)$ 上 L 可积,则 $\int_{(0,1)} \mathrm{d}x \int_{(0,1)} f(x,y) \mathrm{d}y$ 与 $\int_{(0,1)} \mathrm{d}y \int_{(0,1)} f(x,y) \mathrm{d}x$ 均存在且相等. 但由上题可知上述二者均不存在,故 $f(x,y)$ 在 $(0,1) \times (0,1)$ 上不 L 可积.
由上题,知 $\int_{(0,1)} \mathrm{d}x \int_{(0,1)} g(x,y) \mathrm{d}y \neq \int_{(0,1)} \mathrm{d}y \int_{(0,1)} g(x,y) \mathrm{d}x$,所以 $g(x,y)$ 在 $(0,1) \times (0,1)$ 上也不 L 可积.

5. 令 $F(x) = \int_{[a,x]} f(t) \mathrm{d}t$,则 $F(a) = 0$. 由分部积分公式,有
$$\int_{[a,b]} f(x) \mathrm{d}x \int_{[a,x]} f(t) \mathrm{d}t = \int_{[a,b]} f(x) F(x) \mathrm{d}x = [F^2(x)]_a^b - \int_{[a,b]} F(x) f(x) \mathrm{d}x,$$
故 $F^2(b) = 2 \int_{[a,b]} f(x) F(x) \mathrm{d}x$,即结论成立.